普通高等教育"十一五"国家级规划教材

陈东方 黄远林 李顺新 李文杰 王晓峰 编著

C语言
程序设计基础

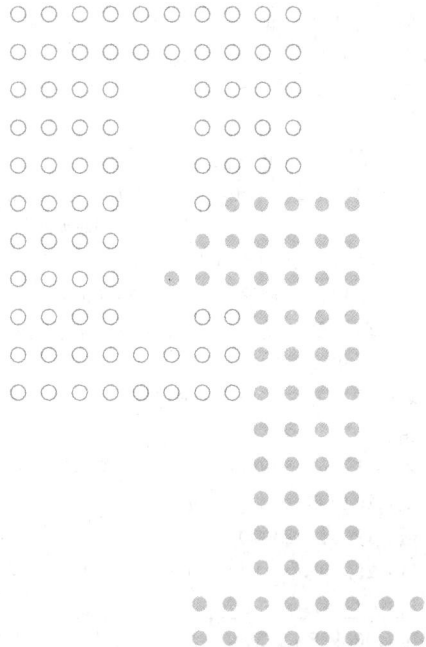

清华大学出版社

北京

内 容 简 介

本书以标准 C 为框架,以 Visual C++ 6.0 为编程环境,按照紧扣基础和面向应用的原则,介绍了 C 语言程序设计的基本规范、思路和方法。本书从培养学生的实际编程能力出发,注重实例教学和实践练习,突出重点讲解和难点分析,图文并重,文字流畅。

本书概念清楚、内容全面、题例和习题丰富,书中所有示例程序均给出了算法思路的分析和算法步骤,并上机调试运行后给出了结果,每个程序都遵循标准化的编程风格,便于学生理解和自学。

本书适合作为高等院校各类专业"C 语言程序设计"课程的教材,亦适合初学者自学或供广大程序设计及开发人员参考。

图书在版编目(CIP)数据

C 语言程序设计基础/陈东方等编著 . —北京:清华大学出版社,2010.3(2016.1 重印)
ISBN 978-7-302-21642-1

Ⅰ. ①C…　Ⅱ. ①陈…　Ⅲ. ①C 语言－程序设计　Ⅳ. ①TP312

中国版本图书馆 CIP 数据核字(2010)第 016290 号

责任编辑:魏江江　薛　阳
责任校对:李建庄
责任印制:李红英

出版发行:清华大学出版社
　　　　　网　　　址:http://www.tup.com.cn,http://www.wqbook.com
　　　　　地　　　址:北京清华大学学研大厦 A 座　　　　邮　　编:100084
　　　　　社 总 机:010-62770175　　　　　　　　　　　邮　　购:010-62786544
　　　　　投稿与读者服务:010-62776969,c-service@tup.tsinghua.edu.cn
　　　　　质 量 反 馈:010-62772015,zhiliang@tup.tsinghua.edu.cn
印 刷 者:清华大学印刷厂
装 订 者:三河市新茂装订有限公司
经　　销:全国新华书店
开　　本:185mm×260mm　　　　印　张:20　　　　字　　数:496 千字
版　　次:2010 年 3 月第 1 版　　　　　　　　　　印　　次:2016 年 1 月第 8 次印刷
印　　数:18501~20000
定　　价:29.50 元

产品编号:034938-01

在众多的程序设计语言中，C 语言一直是广大程序设计人员和编程爱好者学习软件编程的首选语言。C 语言简洁紧凑，语言表达能力强，其结构化的流程控制有助于编制结构良好的程序。C 语言程序经编译后生成的目标程序代码效率高，几乎可以与汇编语言媲美。C 语言既具备高级语言使用方便、接近自然语言和数学语言的特性，同时也具备对计算机硬件系统的良好操纵和控制能力。C 语言可移植性好，一个 C 语言源程序可以不做改动，或者稍加改动，就可以从一种型号的计算机移转到另外一种型号的计算机上编译运行。因此，C 语言被广泛应用于各类系统软件和应用软件的开发。

但 C 语言语法规则较多，要灵活使用，对初学者来说有一定难度。本书编著者根据多年从事 C 语言教学的经验，按照紧扣基础和面向应用的撰写原则，以标准 C 为框架，以Visual C++ 6.0 为编程环境，介绍了 C 语言程序设计的基本规范、思路和方法，力图做到概念解释通俗化、文字介绍简洁化、算法描述多样化、例程解释详尽化和复杂问题图表化，使之适合初学者学习和掌握。

本书的特点是：循序渐进，由浅入深，通俗易懂，实践性强。本书概念清楚、内容全面、题例和习题丰富，书中所有示例程序均给出了算法思路的分析和算法步骤，并上机调试运行后给出了结果，每个程序都遵循标准化的编程风格，便于学生理解和自学，同时兼顾等级考试。

全书共分为 11 章，其内容包括：第 1 章介绍程序设计和算法的基本概念，同时对 C 语言及其编程环境简单介绍；第 2 章介绍数据类型及其运算；第 3～5 章介绍了顺序、选择和循环结构程序设计；第 6～8 章分别介绍了数组、函数和预处理命令；第 9～11 章分别介绍了指针、结构体与共用体、文件。

本书是编著者在总结多年从事 C 语言教学和编程实践的基础上，参考了国内外相关资料和书籍编著而成，适用于计算机专业的本科生、研究生、大专生、专升本的学生使用，也可以作为各类非计算机专业计算机公共课教材和计算机等级考试参考书，也可供编程人员、自学人员自学参考。

本书由武汉科技大学陈东方副教授、黄远林副教授主编，具体撰写人员是陈东方、李顺新、李文杰、黄远林和王晓峰，陈东方负责全书策划、总纂与定稿工作。本书在编著过程中得到了武汉科技大学计算机学院众多教师的大力支持和帮助，在此一并致谢。

由于编者水平有限，书中不妥之处在所难免，恳请各位同行和读者赐教。

编　者

2010 年 1 月于武汉

《C语言程序设计基础》 **目录**

第1章 概　　述

本章主要介绍程序设计的基本内容,包括程序设计语言、算法的基本概念及其表示方法、C语言程序的基本结构以及C语言程序的开发环境等内容。

本章重点:

理解算法和程序的基本概念,掌握C程序的基本结构。

本章难点:

算法流程图的绘制和C程序的上机操作。

1.1　程序设计及程序设计语言

程序是为解决某一特定问题而用程序程序设计语言编写的指令序列的集合。程序设计是将解题任务转变成程序的过程,一般包括:分析问题、确定算法(对复杂算法需要画出程序流程图)、用选定的程序设计语言编写源程序、上机调试和运行程序等基本步骤。

程序设计语言是计算机能够理解的、用于人和计算机交流的语言,程序设计语言可分为低级语言和高级语言。

1.1.1　低级语言

低级语言分为机器语言和汇编语言。

机器语言用二进制代码表示机器指令和数据。机器语言程序能够直接被机器理解和执行。虽然这种语言程序效率高,但编程繁琐,且不便于记忆和阅读,因而程序维护困难。

汇编语言采用符号来表示机器指令和数据的内存地址,是一种符号化的低级语言。用汇编语言编写的程序称为汇编语言源程序。汇编语言程序必须被转换为机器语言程序才能被计算机理解和执行,完成这种转换任务的系统软件称为汇编程序,该转换过程称为汇编。

低级语言是面向机器的。用低级语言编写的程序效率高,但没有可移植性,即不能从一个机器系统移到另一个机器系统上运行。此外,用低级语言编写源程序要求程序员必须懂得具体机器系统的硬件结构(指令系统)。

1.1.2　高级语言

高级语言起始于20世纪50年代中期,是一种能够被计算机接收同时更接近自然语言的程序设计语言。和汇编语言相比,高级语言去掉了与机器有关但与完成工作无关的细节,大大简化了程序中的指令。同时,由于省略了很多细节,编程者不需要有太多的专业知识。因此,使用高级语言编写的程序可读性强,编程方便。

高级语言所编写的程序叫做源程序。源程序不能直接被计算机识别和理解,必须经过转换才能被计算机执行。其转换方式可分为解释方式和编译方式两种。

1. 解释方式

解释方式类似于日常生活中的"同声翻译",即一边将源代码由相应语言的解释器"翻译"成目标代码,一边执行,因此效率比较低,而且不能生成可执行文件。但这种翻译方式比较灵活,可以及时发现错误,动态地调整、修改应用程序。BASIC、Prolog 等语言就是采用解释方式。

2. 编译方式

编译方式是指在源程序被执行之前,就将源程序源代码"翻译"成目标代码(机器语言),因此其目标程序可以脱离其语言环境独立执行,使用比较方便,效率较高。但源程序一旦需要修改,必须先修改源代码,再重新编译生成新的目标文件才能执行。目前大多数高级语言均采用编译方式,如 Pascal、FORTRAN、C 语言等。

目前高级语言的种类有近千种之多。常用的有 BASIC、FORTRAN、Pascal、C/C++ 和 Java 等。

1.2　算法及其表示方法

1.2.1　算法的基本概念及特性

计算机解决问题的方法和步骤,就是计算机的算法。每一个算法都是由一系列的操作指令组成的,研究算法的目的就是研究怎样把各种类型的问题的求解过程分解成一些基本的操作。

为便于计算机执行算法而用程序设计语言或半形式语言所表示的算法被称为程序。所有算法都能被编制成程序,但由程序设计语言书写的程序并不一定都满足算法的特性。一个算法应具有以下重要特性。

(1) 有穷性:一个算法应该包含有限个的操作步骤,而不是无限的,也就是说一个算法的实现应该在有限的时间之内完成。

(2) 确定性:算法中的每个步骤都是确定的、含义清楚的,而不是模棱两可的,算法每个步骤的动作是唯一的。

(3) 有效性:或者说可行性,算法中的每一个步骤都应当能够有效地被执行,并得到确定的结果。即在计算机能力范围内,并且在有限时间内能正确地执行每一个步骤。

(4) 有 0 个或者多个输入:所谓输入是指在执行算法时需要从外界取得的必要的信息。

(5) 有一个或者多个输出:算法的目的是为了解决问题,"解决了的问题"就是输出。输出是算法执行的结果。

【例 1-1】　统计某班单科成绩不及格的人数。

设用 n 表示某班的人数,x 表示每个人的单科成绩,k 表示成绩不及格的人数,求解该问题的算法描述为:

（1）输入某班人数 n 的值,并置 k 为 0。

（2）按顺序输入每个学生的单科成绩并对每个学生的单科成绩 x 进行检查,如果 x 是小于 60 就按成绩不及格进行计数(即使 k 的值加 1)。

（3）当输入单科成绩的学生人数为 n 时,成绩输入完毕,输出统计成绩不及格的人数 k 的值。

（4）停止。

1.2.2 算法的表示方法

把算法用一种适当的方式描述出来称为算法的表示。表示算法的方法有多种,在此仅介绍用自然语言、流程图和类 C 语言方法表示算法。下面通过一个简单的例子来说明。

【例 1-2】 在 a,b,c 中存放 3 个不同的数,要求对其排序,最后的结果使 a,b,c 中的数按升序排列并输出 a,b,c。对完成此排序任务的算法描述如下。

1. 用自然语言表示算法

（1）按顺序输入 a,b,c 3 个数的值。

（2）若 a>b,则转(3),否则转(4)。

（3）a,b 两数交换。

（4）若 b>c,则转(5),否则转(6)。

（5）b,c 两数交换。

（6）若 a>b,则转(7),否则转(8)。

（7）a,b 两数交换。

（8）输出 a,b,c。

（9）结束。

自然语言就是人们日常用的语言,可以是汉语、英语或其他语言。自然语言描述算法通俗易懂,但是叙述比较繁琐,文字冗长,又容易出现多义性,不易精确描述算法。自然语言用来描述顺序执行步骤还比较方便,若有判断和转移(即含有分支和循环的算法)的情况时,则其表示就不够直观,即不能清晰地表示算法中各步骤间的逻辑顺序。

2. 用流程图表示算法

流程图是用图形表示算法,用一些几何图形的框来代表各种不同性质的操作。表 1.1 给出了国际信息处理标准 ISO 8631—1986E 中规定使用的部分图形符号。

表 1.1 常用的流程图符号

图 形 符 号	符 号 名 称	说 明	流 线
⬭	开始、结束框	表示算法的开始或结束	开始框:一流出线 结束框:一流入线
▱	输入、输出框	框中标明输入、输出的内容	只有一流入线和一流出线

续表

图形符号	符号名称	说　　明	流　　线
☐	处理框	框中标明进行什么处理	只有一流入线和一流出线
◇	判断框	框中标明判定条件并在框外标明判定后的两种结果的流向	一流入线两流出线(T 和 F)但同时只能一流出线起作用
⟶	流线	表示从某一框到另一框的流向	
○	连接圈	表示算法流向出口或入口连接点	一条流入(出)线

下面介绍例 1-2 中算法的流程图描述,如图 1.1 所示。

用流程图表示算法,使算法的逻辑结构比较明显,容易形成算法的模块结构,直观易学。但是流程图是通过流程线指出各框的执行顺序,对流程线的使用没有严格限制,使用者可随意地使流程转来转去。当用该流程图表示算法时,若不注意流程线的使用,就容易出现混乱,难以阅读,难以理解算法的逻辑。

3. 用类 C 语言表示算法

用流程图表示算法,直观易懂,但画起来比较费时,不便于在计算机上直接实现。为此,可用计算机易接受的程序设计语言来描述算法。同时,为了突出算法描述,便于阅读理解,可适当省略程序设计语言某些语法上的严格要求,采用类似某种程序设计语言来描述,例如类 C 语言、类 Pascal 语言等。

类 C 语言(即类似程序设计语言 C 语言的一种语言)是以 C 语言为基础的一种简化的高级语言,它既不像 C 语言那样形式化,又不像自然语言那样非形式化,称它为半形式程序设计语言或伪形式程序设计语言。用它描述算法时,重点突出算法的实质,暂时避开繁琐的语法细节,集中研究算法的基本思想和主要结构,这种用于描述算法的半形式语言称为算法描述语言。算法描述语言比较灵活,虽然不能直接将算法在计算机上执行,却能很方便地将其转换成计算机上能实现的高级语言程序。

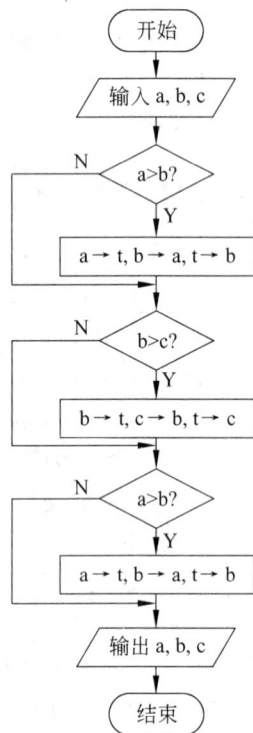

图 1.1　排序算法流程图

下面给出例 1-2 中算法的类 C 语言表示。

```c
void  sort()
{   scanf("%d%d%d",&a,&b,&c);
    if (a>b) {t=a;a=b;b=t;}
    if (b>c)
       {t=b;b=c;c=t; }
    if (a>b)
         {t=a;a=b;b=t;}
       printf("%d%d%d\n",a,b,c);
}
```

至此,以 3 个不同的数进行排序为例,介绍了 3 种表示算法的方法:自然语言、流程图和半形式语言(类 C 语言)。它们各有其特点:自然语言比较容易理解,但表述起来文字冗长,而且容易出现"歧义性",表述的含义不唯一;流程图很直观,但是当算法较复杂时画起来很麻烦,尤其是不易修改;半形式算法语言书写方便,将它所描述的算法转换成计算机能接受的高级语言程序比较容易,但是它不如流程图直观。所以,常常将流程图和半形式算法语言二者结合起来使用,即先用流程图粗略地描述算法,在流程图的基础上论证算法的正确性,然后进一步细化为半形式算法语言描述。这样可以提高算法设计的效率,保证设计的质量。在实际使用时,可以根据个人的情况和特点来选择适合自己的方法来表示算法。

1.3 C 语言简介

C 语言是目前世界上使用最为广泛的一种程序设计语言。C 语言的产生有其深刻的技术背景与应用需求背景。

1.3.1 C 语言的产生与发展

C 语言的最早起源可以追溯到 1957 年产生的 FORTRAN 语言。FORTRAN 语言成功的两个重要特征是:程序的编写接近人类使用的自然语言和数学公式,同时编译后产生的目标代码的执行速度与汇编语言编写的程序的执行速度相仿。

借助 FORTRAN 语言的成功,人们 1960 年又设计了一种通用语言 ALGOL 60,实现了程序共享,使得一般人员能够用该语言编程进行数值处理。

由于 ALGOL 60 缺乏对计算机硬件的操作能力,不宜用来编写系统程序,英国剑桥大学于 1963 年在 ALGOL 60 的基础上设计了 CPL(Combined Programming Language)语言。该语言能够对机器硬件进行操作,但 CPL 语言过于复杂,规模过大,学习和使用比较困难。

针对 CPL 的弱点,英国剑桥大学的 Martin Richards 于 1967 年对 CPL 语言进行了简化,提出了简化的 CPL 语言——BCPL。

1970 年,美国贝尔实验室的 K. Thompson 对 BCPL 进一步简化,取名为 B 语言,并用 B 语言编写了第一个 UNIX 操作系统,在 DEC PDP-7 上实现。B 语言突出了硬件处理能力,不过它过于简单,功能有限。

1972—1973 年,美国贝尔实验室的 D. M. Ritchie 对 B 语言进行了完善和扩充,即在保留 B 语言强大的硬件处理能力基础上,扩充了数据类型,恢复了通用性,并取名为 C 语言。1973 年,D. M. Ritchie 和 K. Thompson 用 C 语言重写了 UNIX 操作系统。

1977—1978 年,C 完全独立于 UNIX 和 PDP,成为计算机上通用的计算机语言,使得 C 语言不依赖于具体机器,C 语言能够移植到其他机器上。

1978 年以后,C 的不断发展导致了各种 C 语言版本的出现。不同的 C 语言版本对传统 C 都有所扩充和发展。1988 年,美国高价标准协会(ANSI)综合了各版本对 C 的扩充和发展,制定了新的 C 语言文本标准,称为 ANSI C。ANSI C 实现了 C 语言的规范化。

1.3.2 C 语言的特点

1. 语言简洁紧凑

C 语言的关键字和语句都非常少,运算符、语句等语言成分的表示简明扼要,为程序员减少了编程需要记忆的成分,有利于人们对语言的学习与使用。

2. 语言表达能力强

C 语言有丰富的数据类型和运算符。可以直接访问内存物理地址和硬件寄存器,可以表达直接由硬件实现的针对二进制位的运算。

3. 流程控制结构化

C 语言具有各种流程结构的控制语句和多种转移语句,控制语句与适当的转移语句相结合可具有很强的流程控制功能,有助于编制结构良好的程序。此外,使用函数作为程序的基本单位以及变量的存储类属性,这在某种程度上实现了数据的掩藏和模块化程序设计。

4. 效率高

C 语言程序经编译后生成的目标程序代码质量高,或者说效率高。代码质量是指 C 语言源程序经编译后生成的目标程序在运行速度上和存储空间上的开销大小。运行速度越快,占用的存储空间越少则代码质量越高。C 语言在代码质量上几乎可以与汇编语言媲美。

5. 弱类型

类型要求的强弱由语言赋值操作的语义来规定。赋值操作是将赋值操作符的右操作数的值赋给左边的操作数(即变量)。如果一种语言的赋值操作的语义要求其左右操作数的类型完全一致,则称该语言为强类型语言。如果一种语言的赋值操作的语义要求其左右操作数的类型完全自由,则称该语言为无类型语言。C 语言赋值操作中右操作数可以经过适当地转换向左操作数看齐,称之为弱类型语言。

在精度允许范围内,C 语言的弱类型特性可以减少编程所需要记忆的语法规则,有利于编程的灵活性。

6. "中级语言"特性

人们常称 C 语言是一种中级语言,这是指 C 语言既具备高级语言使用方便、接近自然语言和数学语言的特性,同时也具备对计算机硬件系统的良好操纵和控制能力。C 语言的这种中级语言特性既使程序员摆脱了用汇编语言编程的封锁和低下的效率,又使程序员能够像用汇编语言编程那样对机器硬件操纵自如。

7. 书写自由,使用灵活

C 语言的书写比较自由,接近人们平时的写作习惯。一行写不下时允许续行,续行的要求远比 FORTRAN 自由。程序的注释允许单行或跨行。表达式后面加一个分号就构成表达式语句。引入指针后，变量、数组元素、结构成员、函数等有多种等价的访问形式。C 语言的这一特性使得编程变得非常灵活。

8. 可移植性好

可移植性是衡量语言对计算机硬件依赖程度与敏感程度的一种量度。语言的可移植性越好，对机器硬件的依赖程度越低，或者说对机器硬件就越不敏感。C 语言可移植性好是指一个 C 语言源程序可以不做改动，或者稍加改动就可以从一种型号的计算机移转到另外一种型号的计算机上，经过重新编译连接后即可运行。

1.3.3　C 语言程序的基本结构

一个计算机高级语言程序均由一个主程序和若干个（包括 0 个）子程序组成，程序的运行从主程序开始，子程序被主程序直接或间接调用执行。

在 C 语言中，主程序和子程序都称为函数，规定主函数必须以 main 命名。因此，一个 C 语言程序必须由一个名为 main 的主函数和若干个（包括 0 个）子函数组成，程序的运行从 main 函数开始，其他函数被 main 函数直接或间接调用执行。

1. 程序举例及其说明

本节以 3 个具有代表性的简单 C 语言程序来说明 C 语言程序的基本结构。

【例 1-3】　输出字符串 This is a C program，并在输出后换行。

【程序】

```
/* example1-1.c */
#include<stdio.h>
void main(void)
{
    printf("This is a C program\n");
}
```

【说明】　第 1 行：/* example 1-1. c */是注释，"/*"是注释的开始符号，"*/"是注释的结束符号，注释符号之间的文字是注释内容。"/*"和"*/"必须成对出现且不能嵌套，例如/*…/*…*/…*/是非法的。注释是供程序员看的，编译程序对注释不做翻译。注释内容任意，例如 example 1-1. c 为该程序的磁盘文件名；也可以是对程序功能、被处理数据或处理方法的说明。注释可以出现在程序中分隔符可以出现的任何位置。

第 2 行：#include 是编译程序的预处理指令，它不是 C 语言的语句，指令末尾不能加分号。stdio. h 是 C 编译程序提供的系统头文件（或称为包含文件）之一，程序中凡是调用了标准输入输出函数则必须在调用之前写上 #include<stdio. h>。预处理指令必须独占一行，一般写在源程序文件的开始部分。

第 3 行：main 是主函数的函数名，void 是一个类型名。main 前面的 void 是函数返回值的类型，用 void 说明函数的返回值类型表明该函数没有返回值（void 不能缺省）；main 后面用圆括号()括起来的部分是函数参数表,()中的 void 说明该函数的参数表为空,即该函数没有参数(void 可以缺省)。函数返回值类型、函数名和函数表 3 部分合起来称为函数头部。

第 4~6 行:用花括号{}括起来的部分称为函数体。函数体中可以有说明部分和语句部分。说明部分由说明语句组成,语句部分由可执行语句组成。本例中主函数的函数体无说明语句,仅有一个可执行语句(第 5 行)。该语句是对 C 的标准输出函数 printf 的调用,习惯上称为输出语句。该语句执行的结果是输出一行英文 This is a C program("This is a C program \n"称为字符串),其中\n 是换行字符,表示输出字符串中\n 左边的符号之后要回车换行。分号(;)是一个 C 语句的结束符,每一个 C 语句都必须以分号结束。

【例 1-4】 输入两个整数,输出其中较大的一个值。

【程序】

```
/* example1-2.c */
#include<stdio.h>
void main(void)
{
    int a,b,c;
    scanf("%d%d",&a,&b);
    if(a>b)  c=a;
    else  c=b;
    printf("max=%d\n",c);
}
```

【说明】 程序 1-4 也是仅由一个主函数组成,但函数体包括两部分:说明部分和语句部分。说明部分必须位于语句部分之前。说明部分包含一个说明语句 int a,b,c;(第 5 行),该说明语句定义了 a,b,c 3 个整型变量,分别用于存放用户输入的两个整数及比较结果。语句部分包含 3 个可执行语句(第 6~9 行)。

第 6 行:对标准输入函数 scanf 的调用,习惯上称为输入语句。该语句的作用是从标准输入设备(键盘)输入两个整数分别赋予变量 a 和 b。参数"%d%d"是格式字符串,每个%d是个转换说明,用于指出输入数据为十进制整数。&a 和&b 分别表示变量 a 和变量 b 的地址。

第 7~8 行:是 if…else 语句,用于判断 a 和 b 中哪个值较大,并将较大的一个值赋予变量 c。

第 9 行:用于输出变量 c 的值,即求解结果。其中%d 的含义同 scanf 中的%d,它指出 c 的值按十进制整数格式输出,输出时在%d 的位置上被替换成 c 的值。max=是普通字符,按照原样输出。

【例 1-5】 修改程序 1-4,将其中找极大值的任务定义成一个函数。

【程序】

```
/* example1-3.c */
#include<stdio.h>
int max(int x,int y)
```

```
{
    int z;
    if(x>y)  z=x;
    else z=y;
    return z;
}
void main(void)
{
    int a,b,c;
    scanf("%d%d",&a,&b,&c);
    c=max(a,b);
    printf("max=%d\n",c);
}
```

【说明】　程序 1-5 的功能与程序 1-4 完全相同,只是程序的结构不同。程序 1-5 由两个函数组成:主函数 main 和一个名为 max 的用户定义函数(第 3～9 行),max 函数由主函数调用执行,第 14 行:c＝max(a, b);语句的作用是调用 max 函数并将函数的返回值赋予变量 c。

用户定义函数 max 用于代替程序 1-4 中第 7～8 行的 if…else 语句找出两个整数中较大的一个值,并由 max 函数体中的 return 语句将该值返回给 main 函数(由 max(a, b)表示该值)。函数 max 的语法形式与主函数 main 相同,只是各组成部分的具体内容不同。max 函数有 x 和 y 两个整数参数,参数表(int x,int y)是对参数的定义(称为参数说明),参数表中说明的参数称为形式参数,简称形参。函数返回值类型为整型,返回值为形参 x 和 y 中较大的一个值。形参 x 和 y 的值来源于调用时的参数(称为实际参数,简称实参)的值,即 main 中变量 a 和 b 的值。a 的值被传给形参 x,b 的值被传给形参 y。

2. C 语言程序的基本结构

1) C 语言程序的组成

一个 C 语言程序可以由若干个函数构成,其中必须有且只能有一个以 main 命名的主函数,可以没有其他函数。每个函数完成一定的功能,参数是被函数处理的数据,参数能够在函数与函数之间传递数据。

main 函数可以位于源程序文件中的任何位置,但程序的运行总是从 main 函数的第一个可执行语句开始的。当遇到一个函数调用的时候,执行的控制转入被调用函数,从被调用函数返回到调用函数继续执行调用点之后的代码。

2) 函数的组成

函数是一个独立的程序块,相互不能嵌套。main 函数以外的其他任何函数只能由 main 函数或其他函数调用,自己不能单独运行。

一个函数由两部分组成:函数首部和函数体。函数首部包括函数返回值的类型、函数名和参数表,函数首部的末尾不能加分号(;)。参数表可以为空,参数表为空时用 void 表示(void 可以缺省)。函数体包括说明部分(局部说明)和语句部分,可以没有说明部分,也可以没有语句部分。说明部分和语句部分都为空的函数称为哑函数。例如 int max(int x, int y){},max 是一个哑函数。哑函数是一个最小的合法函数,调用一个哑函数在功能上不执行任何操作,但在调试由多个函数组成的大程序时很有用处。

3)C 语言标准函数

C 语言的函数分为两类:标准函数和用户自定义的函数。用户自定义函数是由程序员在自己的源程序中编写的函数,例如程序 1-5 中的 max 函数。标准函数是由 C 语言编译程序提供的一些通用函数,这些函数以编译后的目标代码的形式集中存放在称为 C 标准函数库的文件中。C 标准函数又称为 C 库函数。例如,scanf 和 printf 函数都是 C 标准函数(或 C 库函数)。

用户程序需要使用标准函数时,只需要在使用前用♯include 包含该标准函数所需的系统头文件。例如,scanf 和 printf 函数的头文件为 stdio.h,然后按规定的格式调用所需标准函数即可。系统头文件中包含了相应标准函数的说明(函数原型)、有关的类型定义及常量定义等。

4)书写格式

书写 C 程序时,一个语句可以写成多行,但是不能在一个单词内部换行,也可以在一行上写多个语句,但最好一行只写一个语句。

为使程序层次清晰、美观,易于阅读,易于在调试程序时检查错误,对具有嵌套结构的语句应写成层层缩进对齐的格式。即将处于同一个层次的语句在列上对齐,处于下一层次的语句用制表符(按 Tab 键)使其向右缩进相同的空白。此外,程序中还应加必要的注释(英文或汉字均可),这对程序员自己可起备忘录的作用,对其他人则起帮助理解程序功能和算法的作用。必要的注释是提高程序可读性的又一有效措施,也是良好的程序设计风格的一种体现。

1.3.4　C 语言的基本语法单位

任何一种程序设计语言都有自己的一套语法规则以及由基本的符号按照语法规则构成的各种语法成分。例如常量、变量、表达式、语句和函数等。基本语法单位是指具有一定语法意义的最小语法成分,C 语言的基本语法单位被称为单词,单词是编译程序的词法分析单位。组成单词的基本符号是字符,标准 C 及大多数 C 编译程序使用的字符集是 ASCII 字符集。

C 语言的单词分为 6 类:标识符、关键字、常量、字符串、运算符及分隔符。本节介绍关键字、标识符及分隔符 3 类,其他 3 类在第 2 章介绍。

1. 关键字

关键字由固定的小写字母组成,是系统预定义的名字,用于表示 C 语言的语句、数据类型、存储类型或运算符。用户不能用它们作为自己定义的常量、变量、数据类型或函数的名字。关键字又称为保留字,即本系统保留作为专门用途的名字。

标准 C 定义的 32 个关键字如下。

- char、int、short、long、signed、unsigned、float、double;
- const、void、volatile、enum、struct、union、typedef;

- auto、extern、static、register；
- if、else、switch、case、default、while、do、for、break、continue、goto、return、sizeof。

2. 标识符

1）标识符的含义

标识符的概念一般是指，在高级语言程序中由用户（即程序员）或编译程序（有时称系统）定义的常量、变量、数据类型、函数、过程等的名字。在 C 语言中，标识符的含义是指用户定义的常量、变量、数据类型和函数的名字。例如程序 1-3～程序 1-5 中的变量名 a，b，c，z，形参 x，y 以及函数名 max，main 和所有标准函数的名字（例如 scanf，printf）都是标识符。其中 main 是唯一由编译程序预定义的名字，被规定为主函数的函数名。

2）标识符的组成规则

- 标识符由字母（A～Z，a～z）、数字（0～9）和下划线（_）组成。
- 第一个字符必须是字母或下划线。
- 字母要区分大小写。
- 标识符不能与关键字同名。
- 标准 C 规定标识符的有效长度为前 31 个字符，即程序员可以写一个很长的标识符，但在有效长度以内的字符才是有意义的字符。
- 为了便于阅读和记忆应选用能够表达含义的英文单词、英文单词的一部分、英文缩写、英文组合（也可用汉语拼音）作为标识符。
- 在使用标识符时，习惯上将变量名和函数名小写，将常量名和用 typedef 定义的数据类型名大写。

例如，下面是一些合法的标识符。

a、A、Ax、ax、_Ax、A_x、Ax_、x1、PI、TREENOFE、month、name、student、filename、main、getchar、scanf。

其中：A 和 a，Ax 和 ax 都是不同的标识符。

下面的表示均不是标识符。

4ab	不是以字母开头（非法表示）。
student. name	小数点（.）不是字母也不是数字。
burth－date	减号（－）不是字母也不是数字（非法表示）。
a[i]	[]不是字母也不是数字。
p－＞name	－＞不是字母也不是数字。

3. 分隔符

分隔符是一类字符，包括空格符、制表符、换行符、换页符及注释符。分隔符统称为空白字符，空白字符在语法上仅起分隔单词的作用。程序中两个相邻的标识符、关键字和常量之间必须用分隔符隔开（通常用空格符）。或者说，当两个单词之间如果不用分隔符就不能将两者区分开时必须加分隔符。

此外，任何单词之间都可以适当加空白字符使程序更加清晰，更易于阅读。例如将变量说明"int a,b,c;"写成"int a, b, c;"较好（后者在每个逗号后面加了个空格符）。

1.3.5 运行 C 语言程序的一般步骤

运行一个 C 语言程序是指从建立 C 语言源程序文件直到执行该程序并输出正确结果的全过程。在不同的操作系统和编译环境下运行 C 语言程序,其操作和命令形式可能不同,但基本过程是相同的,即必须经历如图 1.2 所示的 4 个步骤。

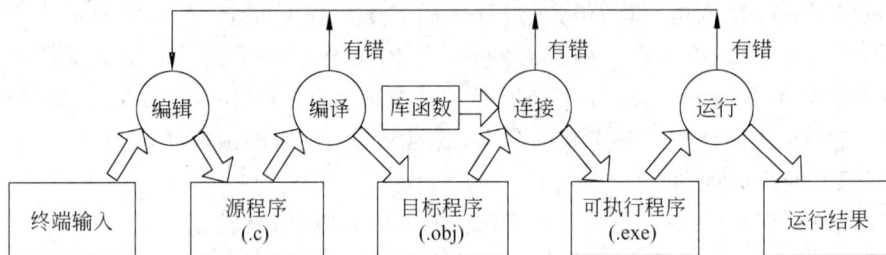

图 1.2 运行 C 语言程序的一般步骤

图 1.2 中,一个圆表示一个处理步骤,矩形框表示处理的输入数据或输出数据,双箭头表示操作过程的顺序关系,单线箭头表示编译、连接和运行过程中遇到错误时应该重新回到编辑阶段重新修改源程序。

1. 编辑

在 C 编译程序提供的集成开发环境中的编辑窗口,通过键盘将源程序输入到计算机内并建立以.c 为扩展名的 C 源程序文件。

2. 编译

用所选用的 C 语言编译程序将 C 语言源程序翻译为二进制代码形式的目标程序。如果编译成功,将生成扩展名为.obj 的目标程序文件。如果有语法错误则不会生成目标程序文件,此时必须回到步骤 1 修改源程序,然后重新执行步骤 2,重复此过程,直到没有语法错误,生成目标程序为止。

3. 连接

将步骤 2 得到的目标程序与 C 语言的库函数装配成可执行的程序。如果连接成功,则生成扩展名为.exe 的可执行程序文件。如果连接不成功,则应根据错误情况重复步骤 1 至 3 直到连接成功。

4. 运行

经过编译和连接,最后得到了扩展名为.exe 的可执行文件。该文件就可以直接给计算机执行。如果程序不能正确运行或输出结果不正确,则需要重复步骤 1 至 4,直到正常运行并输出正确结果为止。

1.4 Visual C++ 6.0 集成开发环境简介

Microsoft Visual C++（简称 VC）是微软公司在多年使用、不断改进的基础上推出的基于 Windows 平台的可视化、面向对象的软件开发环境,是 Windows 平台下最强有力的开发工具之一。它不但提供了功能强大的 C/C++ 开发环境,而且具有程序框架自动生成、灵活方便的类管理、代码编写和设计集成的功能,可开发多种程序（应用程序、动态链接库、组件开发）。通过简单地设置还可以使其生成的程序框架支持数据库接口、组件、Winsock 网络等。目前,它已经成为开发 Win32 程序的主要工具。

1. Visual C++ 的开发环境

在已安装好 VC 的 Windows 操作系统中,用鼠标单击任务栏的"开始"按钮,在"程序"菜单中选择 Microsoft Visual Studio 6.0 | Microsoft Visual C++ 6.0 命令,即进入 VC 的集成开发环境的主窗口,如图 1.3 所示。

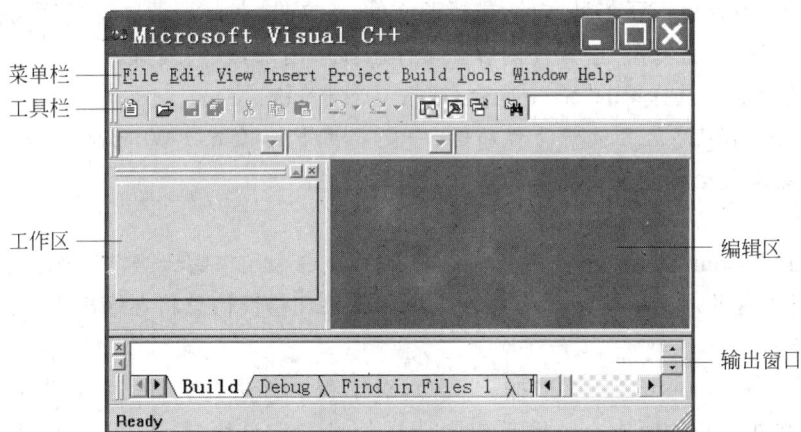

图 1.3 VC 集成开发环境

集成开发环境的主界面上有菜单栏（Menu Bars）,工具栏（Tool Bars）和工作区、编辑区、输出窗口等 3 个区。其中左侧是工作区（Workspace）,它是确定开发项目中各部分位置的关键。右侧是编辑区（Edit area）,它是集成开发环境的重要区域。当编辑 C/C++ 源程序代码时,它显示源程序代码。在设计对话框时,窗口绘制器也在此显示。另外,当设计应用程序中使用的图标时,编辑区将显示图标绘制器。底部是输出窗口（Output）,它是显示编译程序的进展说明、警告及出错信息的地方。在调试程序时,它是 VC 调试程序实现所有变量当前值的地方。当关闭输出窗口后,它在 VC 需要显示有关信息时自动打开。

工具栏可以实现菜单中大部分选项的功能,启动 VC 时,在菜单下方有 3 个工具栏被自动打开,它们分别如下。

（1）标准（Standard）工具栏：它包括绝大多数标准工具。如打开和保存文件、剪切、复制、粘贴以及可能用到的其他各种命令（把鼠标移到图标上会显示命令名）。

（2）小型连编（Build MiniBar）工具栏：它提供开发和测试应用程序时最可能用到的编

译、连接和运行命令。

(3) 向导(WizardBar)工具栏：它能执行许多类向导动作，而不用打开类向导。

此外，VC 还有许多其他工具栏，这些工具栏都可以根据需要被打开和关闭。选择 Tools 菜单下的 Customize 命令，此时打开一个 Customize 命令对话框，在对话框中单击 ToolBars 选项，可以设置界面的工具栏。

2. 运行 C 程序的步骤及其命令

1) 编辑和存盘

(1) 输入新程序：选择 File 菜单下的 New 命令(File|New)，或按 Ctrl＋N 键，此时打开一个 New 命令对话框，在对话框中单击 Files 选项，再在左侧列表中选择 C++ Source File 项，然后分别在右侧的文本框 File 和 Location 中输入文件名和路径。文件的扩展名一定要用.c，以确保系统将输入的源程序文件作为 C 文件保存。否则，系统默认为 C++ 源程序文件。

(2) 装入已存在的文件：选择 File|Open 命令，或按 Ctrl＋O 键，此时可选择要装入的文件名。Open 命令可打开多种文件，包括源文件、头文件、各种资源文件、工程文件、图形文件等，并打开相应的编辑器，使文件内容在工作区显示出来，以供编辑。

(3) 保存文件：选择 File|Save 命令，或按 Ctrl＋S 键。

注意：调试完程序后另编新的程序时，一定要用 File|Close Workspace 命令关闭工程文件，否则，编译或运行时总是原来的程序。

2) 编译

选择 Build|Compile 命令(或按 Ctrl＋F7 键)，该命令用来编译当前工作区的 C 或 C++ 文件，执行时出现的对话框均按 Yes 按钮。编译结果和错误信息将在输出窗口中显示。

3) 连接

(1) 选择 Build|Build 命令(或按 F7 键)，对工程文件进行编译、连接并生成可执行文件。可执行文件有两种版本：一种是包含调试信息的调试版(Debug)，文件较大，运行较慢，且编译器不对程序代码进行优化；另一种是发行版(Release)，文件紧凑，运行快，但不能调试源代码或从中看到任何的调试消息。一般来说，在开发应用程序时使用调试模式，以便对开发过程中出现的问题进行调试。当程序开发完成，准备发布的时候，则应将程序在发布模式下重新编译。

(2) 选择 Build|Set Active Configuration 命令，设置当前工程编译、连接后输出可执行文件的模式是调试版还是发行版。

4) 运行

选择 Build|Execute 命令(或按 Ctrl＋F5 键)，执行编译连接后生成可执行文件。如果文件尚未编译、连接，或源文件修改后尚未重新编译、连接，则系统自动提示是否要先进行编译和连接。

3. 调试程序的方法

程序出现问题时，设置断点和单步执行程序是两个最有效的调试工具。单步执行即一次执行一行代码，以便查看每一个变量的值。单步执行的关键是断点。可以在程序的任何地方设置断点。当程序运行到一个断点时,会停下来,编辑窗口会显示断点处的代码,以便单步跟踪可能有问题的程序段或继续程序的执行,从中发现问题。在 VC 中,对各种各样的断点的支持和单步执行程序中可以使用的信息非常复杂,这里只能初步讲述一下如何使用这两种工具。

1) 设置断点

设置无条件断点的步骤:选择特定的代码行(在编辑窗口中的代码行中单击鼠标的左键),然后在 Build MiniBar 工具栏中单击断点图标(图标为小手形状)或按下功能键 F9。如要去掉此断点,则只需再次单击断点图标或再次按下功能键 F9。被设置为断点的代码行的开始处会有一个红色的实心圆。

设置条件断点的步骤:单击 Edit 菜单并选择 Breakpoints 选项,出现 Breakpoints 对话框。条件断点的使用比较复杂。所谓条件断点,是指当某个条件满足时程序中断的断点,一般在 Windows 的串口程序中用得较多。

在设置断点后,就可以通过调试器来运行程序。其方法为:单击 Build 菜单,选择 Start Debug,选择 Go,或者在 Build MiniBar 工具栏中单击 Go 图标,或者直接按功能键 F5。

通过调试器运行程序,程序将正常执行直到碰到一个断点。此时,程序将在此断点处停下,并在编辑窗口中显示断点所在的代码行(用一个箭头来标记执行到的代码行),这时,如把鼠标移到变量上面停留一会儿,就会发现在鼠标的下面会显示出该变量的值,然后可通过 Debug 工具栏来控制单步执行程序。

2) 单步执行

单步执行程序时可以使用表 1.2 所示的选项,可以在 Debug 工具栏或 Debug 菜单上找到这些选项。通过这些选项,可以查看程序执行的流程和执行过程中各个变量的值。编辑窗口中的黄色箭头标记了当前执行的代码行。

表 1.2 调试功能键

选　　项	快　捷　键	功　　能
Step Into	F11	一次执行当前代码,如果代码行包含了一个函数调用,就进入这个函数
Step over	F10	一次执行当前代码,如果代码行包含了一个函数调用,不进入这个函数
Step Out	Shift＋F11	一次执行完函数中剩下的所有代码
Run to Cursor	Ctrl＋F10	一直执行,知道到达指定的光标所在的有效代码行
Go	F5	继续执行程序,知道到达下一个断点
Stop Debugging	Shift＋F5	停止调试程序,返回到编辑模式
Restart	Ctrl＋Shift＋F5	重新从程序的开始处运行应用程序,停在程序的第一行的有效代码中
Break Execution		当程序正在执行时可以使用这个选项来停止程序的执行
Apply Code Changes	Alt＋F10	在调试中对代码进行修改后,重新编译程序,接着刚才所在位置调试

在调试应用程序的过程中可以使用调试窗口。常用的调试窗口有 Watch 窗口和 Variables 窗口。在这两个窗口中显示了调试程序时程序中变量的情况,显示的是当前各个变量在这一时刻的值。显示这些窗口的方法为:单击 View 菜单,选择 Debug Windows,再从弹出的菜单中选择相应的选项;或者从 Debug 工具栏中选择相应的图标。

在 Variables 窗口中,显示的是在目前执行的代码中起作用的各个变量及其值。在单步执行程序的过程中,Variables 窗口中的各个变量及其值将自动更新,这样就可以知道变量在程序的执行过程中是如何变化的。

可以在 Watch 窗口中输入变量名,也可以直接从编辑窗口中把变量拖到 Watch 窗口(应先选中要拖动的变量)。Watch 窗口中将显示所输入的各个变量的值。在程序的单步执行中,这些变量的值将自动更新,直到当前正在执行的代码已经超出了变量的作用域。

4. 运行多文件组成的 C 程序的方法

在 VC 集成环境中,最重要的是工程(Project)的概念。"工程"是相关源文件的集合,包括源程序、头文件及资源定义文件。Visual 平台是自动化很高的编译系统,它能自动处理源文件间的关系,利用其内在推理规则来激活编译器、连接器和资源编译器,最后生成可执行文件。

假设 C 程序由两个已编辑好的源文件 demo_1.c 和 demo_2.c 组成,这两个文件保存在 d:\myfile 目录中。那么,运行该程序的步骤如下。

(1) 选择 File/New 命令,打开 New 命令对话框,在对话框中点击 Project 选项,再在左侧列表中选择 Win32 Console Application 项,然后在右端的文本框 Project name:中输入工程文件名(设为 demo),在文本框 Location:中输入该工程文件的路径(设为 d:\myfile\demo)。最后,选择下面的 OK 按钮,此时打开一个窗口。

(2) 在打开的窗口中有 4 个选项,选择 An empty Project 选项,再单击窗口中的 Finish 按钮,单击窗口中的 OK 按钮,则创建好了一个名为 demo 的空白的工程文件。

(3) 选择 Project|Add To Project 命令,执行其下的 File 选项,即可打开一个选择框。选中文件 demo_1.c,则可将 C 源程序文件 demo_1.c 加入到该工程文件中。重复上述步骤,将文件 demo_2.c 也加入到该工程文件中。

(4) 进行编译和连接,则可得到可执行文件。

习题 1

1.1 C 语言有什么特点?

1.2 C 语言程序的基本结构是怎样的? 举一个例子说明。

1.3 请参照本章例程,编写一个 C 程序,输入 a、b、c 三个值,输出其中最大值。

1.4 编程计算函数 $y=3x^2+2x-4$ 的值(假设 x=2)。

1.5 什么是算法? 什么是计算机算法? 算法的描述有哪些基本方法?

1.6 一个算法应具有哪几个重要特性?

1.7 用自然语言和流程图表示求解下列各问题的算法。

（1）输入 4 个整数，计算它们的和及平均值。

（2）输入 3 个整数，打印出其中的最小数。

（3）输入 100 个整数，要求将其中最大的整数打印出来。

（4）求 n 个数的平方和（其中 n 的值由输入来定）。

（5）求 $1+\dfrac{1}{2}+\dfrac{1}{3}+\cdots+\dfrac{1}{100}$ 的值。

第 2 章　数据类型、运算符与表达式

C 语言程序就是对数据处理的过程,本章主要介绍 C 语言中与数据相关的基础知识,包括数据的类型、常量和变量以及各种运算符。每个知识点都有语法讲解和实例,使读者从理论和实践上掌握数据的使用方法。

本章重点:

(1) C 语言的基本数据类型。

(2) 变量的定义、赋值、初始化以及使用方法。

(3) 常量的表示。

(4) 基本运算符的运算规则及优先级别。

(5) 表达式的构成规则和计算。

(6) 数据类型转换的意义和实质。

本章难点:

(1) 数据类型的作用。

(2) 自增、自减运算符的使用。

(3) 运算符优先级别。

(4) 混合表达式运算。

2.1　C 语言的数据类型

在 C 语言中,要求每个数据在使用之前必须明确其数据类型,这是因为程序中涉及的各种数据,都必须存放在内存里,而数据类型决定了数据在内存中的存放形式以及数据可以进行何种运算。

1. 数据类型的分类

在 C 语言中,数据类型可分为:基本数据类型,构造数据类型,指针类型和空类型 4 大类。在本章中只介绍基本数据类型,其他类型在以后各章中陆续介绍。

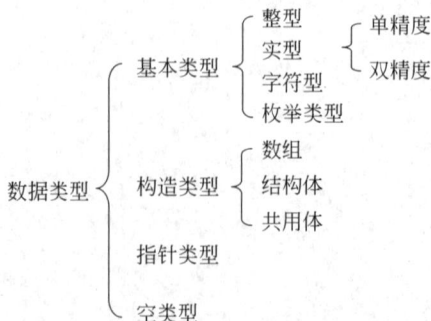

```
                            ┌ 整型          ┌ 单精度
                  ┌ 基本类型 ┤ 实型 ─────────┤
                  │         │ 字符型         └ 双精度
                  │         └ 枚举类型
                  │         ┌ 数组
        数据类型 ┤ 构造类型 ┤ 结构体
                  │         └ 共用体
                  │ 指针类型
                  └ 空类型
```

（1）基本数据类型：整型、实型、字符型、枚举类型属于基本数据类型。基本数据类型的值是不可以再分解为其他数据类型的。

（2）构造数据类型：构造数据类型是根据已定义的一个或多个数据类型用构造的方法来定义的。也就是说，一个构造类型的值可以分解成若干个"成员"或"元素"。每个"成员"都是一个基本数据类型或又是一个构造类型。在 C 语言中，构造类型有数组类型、结构体类型和共用体（或联合）类型等 3 种。

（3）指针类型：指针是一种特殊的，同时又是具有重要作用的数据类型。其值用来表示某个变量在内存储器中的地址。虽然指针变量的取值类似于整型量，但这是两个类型完全不同的量，因此不能混为一谈。

（4）空类型：在调用函数值时，通常应向调用者返回一个函数值。这个返回的函数值是具有一定数据类型的，应在函数定义及函数说明中予以说明。例如在例题中给出的 max 函数定义中，函数头为：int max(int a,int b)；其中"int"类型说明符即表示该函数的返回值为整型量。又如在例题中，使用了库函数 sin，由于系统规定其函数返回值为双精度浮点型，因此在赋值语句 s＝sin(x)；中，s 也必须是双精度浮点型，以便与 sin 函数的返回值一致。所以在说明部分，把 s 说明为双精度浮点型。但是，也有一类函数，调用后并不需要向调用者返回函数值，这种函数可以定义为"空类型"。其类型说明符为 void。

2. 基本数据类型的名字

下列 8 个关键字中的每一个都是一种基本类型的名字，即类型名。类型名又称为类型说明符。

    char int short long signed unsigned float double

此外，类型说明符 char，int 和 double 都可以用 short，long，signed 或 unsigned 中的一个或两个来修饰。类型关键字的组合规则说明如下。

（1）signed 和 unsigned 可用于修饰整型（char，short，int，long），但不能同时修饰。

（2）short 和 long 可用于修饰 int，但不能同时修饰。

（3）float 不能用任何修饰。

（4）double 可以用 long 修饰。

（5）程序中一般用简写类型名。

表 2.1 列出了 C 的所有合法的基本类型的名字、长度和值的范围。

表 2.1 基本数据类型

完整类型名	简写类型名	类型长度	值的范围
char	char	1	有符号：−128～＋127 无符号：0～255
signed char	signed char	1	−128～＋127
unsigned char	unsigned char	1	0～255
int	int 或 signed	2 或 4（与具体机器有关）	2 字节：−32 768～＋32 767
signed int			4 字节：−2 147 483 648～＋2 147 483 647

续表

完整类型名	简写类型名	类 型 长 度	值 的 范 围
unsigned	unsigned	2 或 4(与具体机器有关)	2 字节：0～65 535 4 字节：0～4 294 967 295
unsigned int			
short	short	2	−32 768～+32 767
short int			
signed short			
signed short int			
long	long	4	−2 147 483 648～2 147 483 647
long int			
signed long			
signed long int			
unsigned short	unsigned short	2	0～65 535
unsigned short int			
unsigned long	unsigned long	4	0～4 294 967 295
unsigned long int			
float	float	4	约|3.4e−38|～|3.4e+38| (7 位有效数字)
double	double	8	约|1.7e−308|～|1.7e+308| (15 位有效数字)
long double	long double	≥8	由具体实现定义

2.2 常量

在程序执行过程中,其值不发生改变的量称为常量。在 C 语言中,常量分为直接常量和符号常量。

2.2.1 直接常量

从字面上可以看出数据的值,同时可以分析出数据的类型,则称之为直接常量。直接常量分为整型常量、实型常量、字符常量和字符串常量 4 种。

1. 整型常量

整型常量就是整常数。在 C 语言中,使用的整常数有八进制、十六进制和十进制 3 种。

1) 十进制整常数

十进制整常数没有前缀,其数码为 0～9,但不能以 0 打头。

以下各数是合法的十进制整常数。

237 　−568 　65535 　1627

以下各数不是合法的十进制整常数。

023(不能有前导 0) 　23D(含有非十进制数码)

在程序中是根据前缀来区分各种进制数的,因此在书写常数时不要把前缀弄错造成结果不正确。

2）八进制整常数

八进制整常数必须以 0 打头,数码取值为 0～7。八进制数通常是无符号数。

以下各数是合法的八进制数。

015(十进制为 13) 　0101(十进制为 65) 　0177777 (十进制为 65535)

以下各数不是合法的八进制数。

256(无前缀 0) 　03A2(包含了非八进制数码) 　−0127(出现了负号)

3）十六进制整常数

十六进制整常数的前缀为 0X 或 0x,其数码取值为 0～9,A～F 或 a～f。

以下各数是合法的十六进制整常数。

0X2A(十进制为 42) 　0XA0(十进制为 160) 　0XFFFF(十进制为 65535)

以下各数不是合法的十六进制整常数。

5A(无前缀 0X) 　0X3H(含有非十六进制数码)

在 16 位字长的机器上,十进制无符号整常数的范围为 0～65535,有符号数为−32768～+32767。八进制无符号数的表示范围为 0～0177777,十六进制无符号数的表示范围为 0X0～0XFFFF 或 0x0～0xFFFF。如果使用的数超过了上述范围,就必须用长整型数来表示。长整型数是用后缀"L"或"l"来表示的。

例如:

十进制长整常数:158L (十进制为 158),358000L (十进制为 358000)。

八进制长整常数:012L (十进制为 10),077L(十进制为 63),0200000L (十进制为 65536)。

十六进制长整常数:0X15L (十进制为 21),0XA5L (十进制为 165),0X10000L (十进制为 65536)。

长整数 158L 和基本整常数 158 在数值上并无区别。但对 158L,因为是长整型量,C 编译系统将为它分配 4 个字节存储空间。而对 158,因为是基本整型,只分配两个字节的存储空间。因此,运算和输出格式上要注意,避免出错。

无符号数也可用后缀表示,整型常数的无符号数的后缀为"U"或"u"。

例如:358u,0x38Au,235Lu 均为无符号数。

前缀、后缀可同时使用以表示各种类型的数。如 0XA5Lu 表示十六进制无符号长整数 A5,其十进制为 165。

【例 2-1】

【程序】

```
#include<stdio.h>
void  main()
```

```
{
    int    a,b,c;
    a=10;
    b=010;
    c=0x10;
    printf("%d,%d,%d \n",a,b,c);
}
```

【运行】

10,8,16

2. 实型常量

实型也称为浮点型。实型常量也称为实数或者浮点数。在 C 语言中,实数只采用十进制。它有两种形式:十进制小数形式和指数形式。

(1) 十进制小数形式:由数码 0~9 和小数点组成。例如:

$$0.0 \quad 25.0 \quad 5.789 \quad 0.13 \quad 5.0 \quad 300. \quad -267.8230$$

等均为合法的实数。注意,必须有小数点。

(2) 指数形式:由十进制数,加阶码标志"e"或"E"以及阶码(只能为整数,可以带符号)组成。其一般形式为:

$$a E n \quad (a \text{ 为十进制数}, n \text{ 为十进制整数}, \text{其值为 } a \times 10^n)$$

如: 2.1E5   (等于 2.1×10^5)

3.7E-2   (等于 3.7×10^{-2})

0.5E7   (等于 0.5×10^7)

−2.8E−2   (等于 -2.8×10^{-2})

以下不是合法的实数:

345   (无小数点)

E7   (阶码标志 E 之前无数字)

−5   (无阶码标志)

53.−E3   (负号位置不对)

2.7E   (无阶码)

标准 C 允许浮点数使用后缀。后缀为"f"或"F"即表示该数为浮点数。例 2-2 说明了这种情况。

【例 2-2】
【程序】

```
#include<stdio.h>
void    main()
{
    printf("%f\n",356.);
    printf("%f\n",356.f);
}
```

【运行】

356.000000

　356.000000

3．字符常量

1）常用字符常量

字符常量是用单引号括起来的一个字符。例如：

'a'、'b'、'='、'+'、'?'

都是合法字符常量。

在 C 语言中，字符常量有以下特点。

（1）字符常量只能用单引号括起来，不能用双引号或其他括号。

（2）字符常量只能是单个字符，不能是字符串。

（3）字符可以是字符集中任意字符。但数字被定义为字符型之后就不能参与数值运算。如'5'和 5 是不同的。'5'是字符常量，不能参与数值运算。

2）转义字符常量

转义字符是一种特殊的字符常量。转义字符以反斜线"\"开头，后跟一个或几个字符。转义字符具有特定的含义，不同于字符原有的意义，故称"转义"字符。例如，在前面各例题 printf 函数的格式串中用到的"\n"就是一个转义字符，其意义是"回车换行"。转义字符主要用来表示那些用一般字符不便于表示的控制代码，如表 2.2 所示。

表 2.2　常用的转义字符及其含义

转义序列	ASCII 字符码	表示的字符	转义序列	ASCII 字符码	表示的字符
\0	0	空字符	\r	13	回车符
\a	7	响铃符	\"	34	双引号
\b	8	退格符	\'	39	单引号
\t	9	水平制表符	\?	63	问号
\n	10	换行符	\\	92	反斜线
\v	11	垂直制表符	\ooo	0～255	八进制数
\f	12	换页符	\xhh	0～255	十六进制数

转义序列有两种形式，一种是"字符转义序列"，即反斜线后面跟一个图形符号，用于表示字符集中的非图形符号和一些特殊的图形字符。说明如下。

（1）单引号（'）和反斜线（\）虽然是图形符号，但作为字符常量时必须用转义序列。如'\''和'\\'是合法的，而'''和'\'是非法的。

（2）双引号（"）作为字符常量时既可用图形符号也可用转义序列表示。如'"'和'\"'均合法。

（3）字符常量'\0'表示其值为 0 的字符，称为空字符，既不引起任何控制动作，也不是一个可显示字符，注意它不同于空格符，空格符的值为 32。'\0'通常用于表示一个字符串结束。用'\0'来代替 0，是为了在某些表达式中强调字符的性质。

(4) 如果字符串中要包含将被替换的 3 字符序列(如"??＝"),则至少要将其中一个字符用转义序列表示。例如,字符串常量"What?\?＝"实际表示包含字符 What??＝的字符串,而字符串常量"What??＝"将被替换成"What♯"。

【例 2-3】

【程序】

```
#include<stdio.h>
void    main()
{
    printf("\n\\n causes \na line feed to occur");
    printf("\n\\\"causes a double quote (\") to be printed");
    printf("\n\\a causes the bell,or beep, to sound\a");
    printf("\n\\t can be used to align some numbers to tab");
    printf("columns \n\t1\t2\t3\n\t4\t5\t6");
}
```

【运行】

```
\n causes
a line feed to occur
\"causes a double quote (") to be printed
\a causes the bell,or beep, to sound
\t can be used to align some numbers to tab columns
        1       2       3
        4       5       6
```

转义序列的另一种是"数字转义序列",即反斜线后面跟一个字符的八进制或十六进制字符码,即\ooo 或\xhh。ooo 表示 1～3 个八进制数字,hh 表示 1～2 个十六进制数字,x 是十六进制前缀。例如'A'、'\101'和'\x41'均表示字符 A,'t'、'\11'、'\011'、'\x9'和'\x09'均表示水平制表符。使用数字转义序列时注意以下两点。

(1) 使用数字转义序列时可能依赖于字符编码方式,因此是不可移植的。最好把转义符隐藏在宏定义中,便于修改。

```
#define  EOT  '\004'
#define  ACK  '\006'
#define  NAK  '\004'
```

(2) 数字转义序列的语法是独特的,八进制转义序列在用完 3 个八进制位之后或遇到第一个非八进制位时终止,因此字符串"\0111"包含两个字符\011 和 1,字符串"\090"包含 3 个字符\0、9 和 0。十六进制转义序列中的十六进制位超过 2 时,编译出错,这时为了终止十六进制转义,可以把字符串分段。

```
"\xabc"            /* 出错 */
"\xa""bc"          /* 这个字符串包含 3 个字符 */
```

4. 字符串常量

字符串常量是由一对双引号括起的字符序列。例如：

```
"CHINA"    "C program"     "$ 12.5"
```

都是合法的字符串常量。

字符串常量和字符常量是不同的量。它们之间主要有以下区别。

(1) 字符常量由单引号括起来，字符串常量由双引号括起来。

(2) 字符常量只能是单个字符，字符串常量则可以含一个或多个字符。

(3) 可以把一个字符常量赋予一个字符变量，但不能把一个字符串常量赋予一个字符变量。在 C 语言中没有相应的字符串变量。这是与 BASIC 语言不同的。但是可以用一个字符数组来存放一个字符串常量。将在数组一章内予以介绍。

(4) 字符常量占一个字节的内存空间。字符串常量占的内存字节数等于字符串中字节数加 1。增加的一个字节中存放字符"\0"（ASCII 码为 0），这是字符串结束的标志。

例如：字符串 "C program" 在内存中所占的字节为：

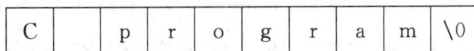

C		p	r	o	g	r	a	m	\0

字符常量'a'和字符串常量"a"虽然都只有一个字符，但在内存中的情况是不同的。

'a'在内存中占一个字节，可表示为：

a

"a"在内存中占两个字节，可表示为：

a	\0

2.2.2 符号常量

在 C 语言中，可以用一个标识符来表示一个常量，称之为符号常量。符号常量在使用之前必须先定义，其一般形式为：

```
#define 标识符 常量
```

其中 ♯define 也是一条预处理命令（预处理命令都以"♯"开头），称为宏定义命令（在后面预处理程序中将进一步介绍），其功能是把该标识符定义为其后的常量值。一经定义，以后在程序中所有出现该标识符的地方均代之以该常量值。

【例 2-4】

【程序】

```
#include<stdio.h>
#define  PI  3.1415926          /* 定义符号常量 PI,其值为 3.141 592 6  */
void  main()                    /*说明符号常量的使用*/
```

```
    {
        float r,l,area;
        scanf("%f",&r);                    /* 输入圆的半径 */
        l=2*PI*r;                          /* PI 为符号常量 */
        area=PI*r*r;
        printf("\n l=%f, area=%f\n", l, area);
    }
```

【说明】 从该程序中可以看出,程序用#define 命令行定义 PI 代表常量 3.141 592 6,程序在编译时将用 3.141 592 6 替代 PI。

2.3 变量

在 C 语言程序中,其值可以改变的量称为变量。

2.3.1 变量名与变量值

C 语言中参与运算的变量必须有一个唯一的名字,称之为变量名。变量名的取名规则遵循标识符的取名规则。

在程序运行过程中,变量的值存储在内存中。在 C 语言程序中,通过变量名来引用变量的值。

例如对于整型变量 a,编译时系统自动给变量 a 分配内存并给变量名 a 一个对应的内存地址。程序从变量中取值,则是通过变量名找到相应的内存地址,再从存储单元读取数据。

2.3.2 变量的定义

变量定义的一般形式为:

类型说明符　变量名表;

类型说明符说明变量的数据类型。变量名表中可以包括多个变量名,各变量名之间以逗号分隔。

在 C 语言中,对所有用到的变量要先定义后使用。如变量未定义而使用,编译时系统会给出有关出错信息。

下面就是一个错误的例子:

```
#include<stdio.h>
void main ()
{
    int a=3;
    b=a+2;
    printf("%d%d\n",a,b);
```

```
}
```

该程序在 VC 下编译时,系统将会出现如下信息。

```
error C2065:'b :undeclared identifier
```

它表示程序有"C2065 号错误:b 未声明的标识符"。

2.3.3 变量初始化

在程序中常常需要对变量赋初值,以便使用变量。C 语言程序中可有多种方法为变量提供初值,变量初始化就是其中一种。变量初始化就是在变量定义的同时给变量赋以初值的方法。

变量初始化的一般形式为:

类型说明符 变量 1=值 1,变量 2=值 2,…;

例如:

```
int a=3;
int b,c=5;
float x=3.2,y=3f,z=0.75;
char ch1='K',ch2='P';
```

应注意,在定义中不允许连续赋值,如 int a=b=c=5 是不合法的。

【例 2-5】

【程序】

```
#include<stdio.h>
void   main()
{
    int a=3,b,c=5;
    b=a+c;
    printf("a=%d,b=%d,c=%d\n",a,b,c);
}
```

【运行】

```
a=3,b=8,c=5
```

2.4 运算符与表达式

2.4.1 C 语言的运算符简介

C 语言的运算符十分丰富,由运算符构成的表达式形式多样,使用灵活。学习过程中对于每一种运算符,都应该掌握运算符的运算功能、操作数的类型要求、运算结果的类型、运算的次序(优先级与结合性)以及运算过程中的数据类型转换。

1. 运算符

C 语言的运算符可分为以下几类。

(1) 算术运算符：用于各类数值运算。包括：＋(加)、－(减)、＊(乘)、/(除)、％(求余,或称模运算)、＋＋(自增)、－－(自减)共 7 种。

(2) 关系运算符：用于比较运算。包括：＞(大于)、＜(小于)、＝＝(等于)、＞＝(大于等于)、＜＝(小于等于)、!＝(不等于)共 6 种。

(3) 逻辑运算符：用于逻辑运算。包括：＆＆(与)、‖(或)、!(非)共 3 种。

(4) 位操作运算符：参与运算的量,按二进制位进行运算。包括：＆(位与)、|(位或)、~(位非)、^(位异或)、＜＜(左移)、＞＞(右移)共 6 种。

(5) 赋值运算符：用于赋值运算。分为：＝(简单赋值),＋＝,－＝,＊＝,/＝,％＝(复合算术赋值)和 ＆＝,‖＝,^＝,＞＞＝,＜＜＝(复合位运算赋值)3 类共 11 种。

(6) 条件运算符(?)：这是一个三目运算符,用于条件求值。

(7) 逗号运算符(,)：用于把若干表达式组合成一个表达式。

(8) 指针运算符：用于取内容(＊)和取地址(＆)两种运算。

(9) 求字节数运算符(sizeof)：用于计算数据类型所占的字节数。

(10) 特殊运算符：有括号(),下标[ ],成员(→,.)等几种。

2. 运算符的优先级与结合性

表达式的运算规则是由运算符的功能和运算符的优先级与结合性来决定的。为使表达式按一定的顺序求值,编译程序将所有运算符分成若干组,按运算执行的先后顺序为每组规定一个等级,称为运算符的优先级。当一个表达式中有多个运算符时,优先级高的运算符先执行运算,优先级较低的运算符后执行运算。处于同一优先级的运算符的运算顺序称为结合性,运算符的结合性分为从左至右(左结合性)和从右至左(右结合性)两种。绝大部分运算符都是左结合性。

C 语言运算符的优先级及结合性见附录 B。

2.4.2 算术运算

算术运算符有：＋(加)、－(减)、＊(乘)、/(除)、％(求余数或取模)、＋＋(自增 1)、－－(自减 1)。其中：＋、－、＊、/、％为基本的算术运算符。

1. 基本的算术运算

(1) 5 种基本的算术运算符均是二目运算符,结合性为左结合性。

(2) 优先级：＊、/、％运算符的优先级相同,＋、－运算符的优先级相同,前面 3 种的优先级高于后面两种。

(3) 对于求余运算％,规定两个操作数必须为整数,运算结果也是整数,值为左操作数除以右操作数所得的余数,符号与左操作数相同。

例子：17％5 或 17％－5 的结果都为 2，－17％5 的结果为－2。

2. 算术表达式

算术表达式是算术运算符和括号将运算对象(也称操作数)连接起来的符合 C 语法规则的式子。

(1) 算术运算的两个运算对象的数据类型可以不相同。当不同时,运算之前自动转换为相同类型。

(2) 算术运算结果的数据类型与操作数类型相同。如果操作数执行了类型转换,则与转换后的操作数类型相同。

例如：

13+5　　　　结果为 18,两个操作数类型相同,都为 int,不执行类型转换。

13.0+5　　　结果为双精度浮点数 18.0,运算前自动执行了类型转换。

1/2　　　　结果为 0,两操作数类型相同,均为 int,结果也为 int。

3. 自增、自减运算符

C 语言还提供了两个很奇特的单目运算符：＋＋(自增运算符)和－－(自减运算符)。＋＋和－－的操作数只能是变量,可以是整型、浮点型和指针类型。＋＋使内存中存储的变量值加 1,－－使内存中存储的变量值减 1。例如：

```
++x;  相当于  x=x+1;
--x;  相当于  x=x-1;
```

＋＋和－－的奇特之处在于,它们前缀式和后缀式都行。＋＋x 和 x＋＋都使 x 加 1,但它们有区别。表达式＋＋x 使内存中存储的变量 x 先加 1,然后以 x 的新值作为该表达式的值。相反,表达式 x＋＋以内存中 x 的值作为它值,然后内存中存储的变量 x 再加 1。－－x 和 x－－的道理也一样。

当＋＋x 或 x＋＋单独使用时,两者的效果是一样的,但在与其他运算符一起使用时,两者的效果是不相同的。

假如 x 的值为 5,那么 y＝＋＋x;相当于 x＝x+1;y＝x;y 赋值为 6。而 y＝x＋＋;相当于 y＝x;x＝x+1;y 赋值为 5。在这两种情况下,x 的值都是 6,差别在于 x 何时为 6。

【例 2-6】

【程序】

```
#include<stdio.h>
void   main()
{
    int a, b, c=10;
    a=++c;
    b=c++;
    printf ("\n a=%d, b=%d, c=%d", a, b, c ) ;
    printf ("\n ++a=%d, --b=%d, c--=%d", ++a, --b, c--) ;
}
```

【运行】

```
a=11, b=11; c=12
++a=12, --b=10; c--=12
```

【说明】 可见，后缀＋＋(或－－)的复杂点在于，操作数值的更改并不是马上发生，而是在引用原值之后发生的，这称为后缀＋＋(或－－)的计算延迟。计算延迟的终止点称为序列点。当到达序列点时，执行前面出现的所有后缀＋＋(或－－)的增 1(或减 1)运算。也就是说，在序列点之前，后缀＋＋(或－－)的操作数用原值，在序列点之后，该操作数是更改后的新值。下列条件出现序列点。

(1) ＆＆、||、?：或，运算符，即这些运算符的第一个操作数之后。

(2) 完整表达式结束时，即表达式语句、return 语句中的表达式、if、switch 或循环语句中的条件表达式(包括 for 语句中的每个表达式)之后。

【例 2-7】

【程序】

```
#include<stdio.h>
void   main()
{
    int a,b,s;
    a=5;b=5;
    s=a+b;
    printf("%d,%d,%d\n",a,b,s);
    s=a+++b;                    /*等价于 (a++)+b */
    printf("%d,%d,%d\n",a,b,s);
    s=++a+b;                    /*等价于 (++a)+b */
    printf("%d,%d,%d\n",a,b,s);
    s=--a+b;                    /*等价于 (--a)+b */
    printf("%d,%d,%d\n",a,b,s);
    s=a--+b;                    /*等价于 (a--)+b */
    printf("%d,%d,%d\n",a,b,s);
    s=-a+++-b;                  /*等价于 -(a++)+(-b) */
    printf("%d,%d,%d\n",a,b,s);
}
```

【运行】

```
5,5,10
6,5,10
7,5,12
6,5,11
5,5,11
9,5,-13
```

【说明】 通过这个程序可以分析出,如果在两个运算分量之间连续出现多个表示运算符的字符(中间没有空格),那么在保证有意义的条件下,就从左到右尽可能多地将若干个字符组成一个运算符。表达式 a+++b 就解释为(a++)+b,而不是 a+(++b)。建议在录入程序时,在各个运算符之间加空格,或者使用圆括号,把有关部分括起来,使之作为整体处理,则可以避免不必要的错误。

2.4.3 关系运算

在程序中经常需要比较两个量的大小关系,以决定程序下一步的工作。比较两个量的运算符称为关系运算符。

1. 关系运算符及其优先次序

在 C 语言中有 6 种关系运算符,分别是:<(小于),<=(小于或等于),>(大于),>=(大于或等于),==(等于),!=(不等于)。

关系运算符都是双目运算符,其结合性均为左结合(即自左至右)。

【说明】

(1) 前 4 种关系运算符的优先级相同,后两种也相同,但前 4 种高于后两种。

(2) 关系运算符的优先级低于算术运算符。

(3) 关系运算符的优先级高于赋值运算符。

按照运算符的优先顺序可以得出:

a>b-c 等价于 a>(b-c)

a==b>=c 等价于 a==(b>=c)

a=b!=c 等价于 a=(b!=c)

2. 关系表达式

(1) 关系表达式的一般形式为:

表达式 关系运算符 表达式

例如:

a+b>c-d

x>3/2

'a'+1<c

-i-5*j==k+1

都是合法的关系表达式。由于表达式也可以是关系表达式,因此也允许出现嵌套的情况。例如:

a>(b>c)

a!=(c==d)

(2) 关系表达式的值只能是 1 或 0,当关系成立时即为"真",表达式的值为整数 1;否则为"假",取值为整数 0。如：

5＞0 的值为"真"，即为 1。

(a＝3)＞(b＝5)由于 3＞5 不成立，故其值为假，即为 0。

3. 例子

【例 2-8】

【程序】

```
#include<stdio.h>
void main()
{
    char x='m',y='n';
    int n;
    n=x<y;                          /*取关系表达式 x<y 的值*/
    printf("%d\n",n);
    n=x==y-1;                       /*取关系表达式 x==y-1 的值*/
    printf("%d\n",n);
    n=('y'!='Y')+(5<3)+(y-x==1);    /*取关系表达式 x==y-1 的值*/
    printf("%d\n",n);
}
```

【运行】

```
1
1
2
```

【说明】 通过上面的程序可以看出，关系运算的结果为"真"时值等于 1；结果为"假"时值等于 0。同时关系表达式可以参加算术运算，因为关系表达式的值为整数 0 与 1。

2.4.4 逻辑运算

1. 逻辑运算符及其优先次序

C 语言中提供了 3 种逻辑运算符：＆＆(与运算)，||(或运算)，!(非运算)。

与运算符"＆＆"和或运算符"||"均为双目运算符，具有左结合性。非运算符"!"为单目运算符，具有右结合性。

逻辑运算符的优先级(从高到低排列)为：!(非)→＆＆(与)→||(或)，其中"＆＆"和"||"低于关系运算符，"!"高于算术运算符。

按照运算符的优先顺序可以得出。

```
a>b && c>d        等价于    (a>b)&&(c>d)
!b==c||d<a        等价于    ((!b)==c)||(d<a)
a+b>c&&x+y<b      等价于    ((a+b)>c)&&((x+y)<b)
```

2. 逻辑运算的值

逻辑运算的值也为"真"和"假"两种,用"1"和"0"来表示。其求值规则如下。

(1) 与运算"&&":参与运算的两个量都为真时,结果才为真,否则为假。例如:

```
5>0 && 4>2
```

由于5>0为真,4>2也为真,相与的结果也为真。

(2) 或运算"||":参与运算的两个量只要有一个为真,结果就为真。两个量都为假时,结果为假。例如:

```
5>0||5>8
```

由于5>0为真,相或的结果也就为真。

(3) 非运算"!":参与运算量为真时,结果为假。参与运算量为假时,结果为真。例如:

```
!(5>0)
```

其结果为假。

虽然C编译在给出逻辑运算值时,以"1"代表"真","0"代表"假"。但反过来在判断一个量是为"真"还是为"假"时,以"0"代表"假",以"非0"的数值作为"真"。

例如:由于5和3均为非"0",因此5&&3的值为"真",即为1。

又如,5||0的值为"真",即为1。

3. 逻辑表达式

逻辑表达式的一般形式为:

表达式　逻辑运算符　表达式

其中的表达式可以又是逻辑表达式,从而组成了嵌套的情形。例如:

```
(a&&b)&&c
```

根据逻辑运算符的左结合性,上式也可写为:

```
a&&b&&c
```

逻辑表达式的值是式中各种逻辑运算的最后值,以"1"和"0"分别代表"真"和"假"。在逻辑表达式的求解过程中,并不是所有的逻辑运算符都被执行,只是在必须执行下一个逻辑运算符才能求出表达式的解时,才执行该运算符。

(1) 两个表达式作&&,只要一个的值为0,不必计算另一个,该表达式的值为0。

(2) 两个表达式作||,只要一个的值为1,不必计算另一个,该表达式的值肯定为1。

例如:

```
a=1, b=2, c=3, d=4, m=n=1
(m=a>b)&&(n=c>d)
```

因为首先计算 m=a>b,计算结果 m=0,所以整个表达式的值就确定为假即数值0,因此不计算 n＝c＞d,所以 n 的值不变即 n＝0。

【例 2-9】

【程序】

```
#include<stdio.h>
void main()
{
    int   m,n;
    int k;
    k= (m=0)&&(m=1);              /* 逻辑与表达式计算是左边操作数为 0*/
    printf ("%d,%d\n",m,k);
    k= (m=1)&&(m=0);              /* 逻辑与表达式计算是右边操作数为 0*/
    printf ("%d,%d\n",m,k);
    k= (m=2)&&(m=1)&&(m=0);       /* 多层逻辑与运算的规则测试*/
    printf ("%d,%d\n",m,k);
    m=0,k=0;
    n=k++&&m++;                   /* 自加表达式作为逻辑与运算的操作数*/
    printf ("%d,%d,%d\n",k,m,n);
    m=0,k=0;
    n=m++&&k++;                   /* 测试表达式 k++&&m++ 与 m++&&k++ */
    printf ("%d,%d,%d\n",k,m,n);
}
```

【运行】

```
0,0
0,0
0,0
1,0,0
0,1,0
```

【说明】　本例中,逻辑与运算首先计算第一个表达式,然后从左至右计算每个表达式,只要有一个为 0,就不在计算其他子表达式。例如当计算 m＝0 的值为 0 时,便可确定整个表达式的值为 0,因此后面的子表达式就不再计算了。所以结果 m 的值为 0,表达式的值为 0。

【例 2-10】

【程序】

```
#include<stdio.h>
void main()
{
    int   m,n;
    int k;
    k= (m=0)||(m=1);             /* 逻辑或运算的计算规则,左边为 0*/
    printf ("%d,%d\n",m,k);
    k= (m=1)||(m=0);             /* 逻辑或运算的右边为 0*/
```

```
    printf ("%d,%d\n",m,k);
    k= (m=2)||(m=1)||(m=0);          /* 多层逻辑或运算的规则测试 */
    printf ("%d,%d\n",m,k);
    m=0,k=0;
    n=++m||++k;
    printf ("%d,%d,%d\n",k,m,n);
    m=0,k=0;
    n=++k||++m;
    printf ("%d,%d,%d\n",k,m,n);     /* 测试表达式++k||++m与++m||++k+ */
}
```

【运行】

```
1,1
1,1
2,1
0,1,1
1,0,1
```

【说明】 从程序中可以分析出逻辑或运算也是从左至右分别计算每个子表达式,只要有一个结果为真,则不再计算后面的子表达式。第一个子表达式为 m＝0,结果为 0,再计算 m＝1,结果为 1,整个表达式的结果为 1。由于第二个子表达式 m＝1,结果为 1,因此就不再计算后面的子表达式。所以结果 m 的值为 1,表达式的值为 1。

【例 2-11】
【程序】

```
#include<stdio.h>
void   main()
{ int m,k;
    k= (m=0)||(m=1)&&(m=2);          /* 表达式理解为 (m=0)||((m=1)&&(m=2)) */
    printf ("%d,%d\n",m,k);
    k= (m=2)||(m=1)&&(m=0);          /* 表达式理解为 (m=2)||((m=1)&&(m=0)) */
    printf ("%d,%d\n",m,k);
    k= (m=2)&&(m=1)||(m=0);          /* 表达式理解为 ((m=2)&&(m=1))||(m=0) */
    printf ("%d,%d\n",m,k);
    k= (m=0)&&(m=1)||(m=2);          /* 表达式理解为 ((m=0)&&(m=1))||(m=2) */
    printf ("%d,%d\n",m,k);
}
```

【运行】

```
2,1
2,1
1,1
2,1
```

2.4.5 赋值运算

1. 赋值运算符

赋值运算就是把数据赋给内存中存储的变量。与其他语言不一样,C把赋值处理为运算符,其好处是使赋值表达式可以像其他任何表达式一样当做一个数据来处理。

2. 赋值表达式

赋值表达式的一般形式为:

变量=表达式

符号＝是简单的赋值运算符,它有两个操作数,左操作数必须是一个变量,右操作数是一个表达式。首先计算右边表达式的值,然后将该值赋给左边的变量。

赋值表达式的值和类型与左操作数的值和类型相同。假设 a、b 和 x 是 int 型,如下语句:

```
a=2;
b=3;
x=a+b;
```

通过使用赋值表达式,可以被简化为:

```
x=(a=2)+(b=3);
```

赋值表达式 a＝2 把值 2 赋给变量 a,这个表达式的值为 2。同样,赋值表达式 b＝3 把值 3 赋给变量 b,这个表达式的值为 3。最终,这两个表达式的值相加,结果赋给 x。赋值运算符的优先级较低,上式中的括号不能省略。

当右操作数又是一个赋值表达式时,形成多重赋值表达式。例如:

```
a=b=c=3;
```

由于赋值运算符是右结合性,上式等价于:

```
a=(b=(c=3));
```

3. 赋值表达式的类型转换

赋值表达式也有类型转换的问题。当赋值运算符两边的数据类型不相同时,系统将进行自动类型转换,即把赋值符右边的类型转换为左边的类型。其转换规则为:

(1) 实型(float,double)赋给整型变量时,只将整数部分赋给整型变量,舍去小数部分。如"int x;",执行 x=6.89 后,x 的值为 6。

(2) 整型(int,short int,long int)赋给实型变量时,数值不变,但将整型数据以浮点形式存放到实型类型变量中,即增加小数部分(小数部分的值为 0)。

如"float x;",执行 x=6 后,先将 x 的值 6 转换为 6.000000,再存储到变量 x 中。

（3）字符型（char）赋给整型（int）变量时，由于字符型只占一个字节，整型为两个字节，所以 int 变量的高 8 位补的数与 char 的最高位相同，低 8 位为字符的 ASCII 码值。

如"int x; x='\154';（01101100）"，高 8 位补 0，x 的值为 0000000001101100。同样，int 赋给 long int，也按这个规则进行。

（4）整型（int）赋给字符型（char），只把低 8 位赋给字符变量。同样，long int 赋给 int 变量时，只把低 16 位赋给 int 变量。

由此可见，当右边表达式的数据类型长度比左边变量定义的长度要长时，将丢失一部分数据，这样会降低精度。丢失的部分按四舍五入进行。

【例 2-12】
【程序】

```
#include<stdio.h>
void   main()
{
    int a,b=322;
    float x,y=8.88;
    char c1='k',c2;
    a=y;   x=b;   a=c1;   c2=b;
    printf("%d,%f,%d,%c",a,x,a,c2);
}
```

【运行】

```
107,322.000000,107,B
```

【说明】 本例表明了赋值运算中类型转换的规则。a 为整型，赋予实型量 y 值 8.88 后只取整数 8。x 为实型，赋予整型量 b 值 322，后增加了小数部分。字符型量 c1 赋予 a，变为整型，整型量 b 赋予 c2 后取其低 8 位，成为字符型（b 的低 8 位为 01000010，即十进制 66，按 ASCII 码对应于字符 B）。

4. 复合的赋值运算符

在赋值符"＝"之前加上其他二目运算符可构成复合赋值符。如＋＝，－＝，＊＝，/＝，％＝，＜＜＝，＞＞＝，＆＝，^＝，|＝。

构成复合赋值表达式的一般形式为：

变量　双目运算符=表达式

它等效于：

变量=变量 运算符 表达式

例如：

```
i+=2          等价于   i=i+2
y/=x+10       等价于   y=y/(x+10)
x*=k=m+5      等价于   x=x*(k=m+5)
```

而 s[i＋＋]＋＝1 和 s[i＋＋]＝s[i＋＋]＋1 不等价。前者执行 s[i]＝s[i]＋1 后 i 自

增 1 次,后者执行 s[i]=s[i]+1 后 i 自增 2 次。

复合赋值运算符是 C 的特色之一。这类运算符简明,其表示方式与人们的思维习惯比较接近。i+=2 可读作"把 2 加到 i 上",i=i+2 可读作"取 i,加上 2,再把结果放回到 i 中"。因此,前者比后者好。而且,这类运算符还有助于编译程序产生高效的目标代码。

【例 2-13】

【程序】

```c
#include<stdio.h>
void main()
{
    int   x=2,y,z;
    x*=3+2;                    /* 等价于 x=x*(3+2) */
    printf("(1)x=%d\n",x);
    x*=y=z=4;                  /* 等价于 y=z=4,x=x*y */
    printf("(2)x=%d\n",x);
    x=y=1;
    z=x++-1;                   /* 等价于 z=x-1,x=x+1 */
    printf("(3)x=%d***z=%d\n",x,z);
    z=x++ * ++y;               /* 等价于 y=y+1,z=x*y,x=x+1 */
    printf("(4)x=%d***y=%d***z=%d\n",x,y,z);
}
```

【运行】

(1) x=10

(2) x=40

(3) x=2***z=0

(4) x=3***y=2***z=4

复合赋值运算与自增运算,都可以使变量的值发生变化。在实际应用的过程中要注意和分析一些程序,熟练应用这两种运算符。

2.4.6　逗号运算

在 C 语言中逗号","也是一种运算符,称为逗号运算符。其功能是把两个表达式连接起来组成一个表达式,称为逗号表达式。其一般形式为:

表达式 1,表达式 2

其求值过程是分别求两个表达式的值,并以表达式 2 的值作为整个逗号表达式的值。

【例 2-14】

【程序】

```c
#include<stdio.h>
void   main()
{
    int a=2,b=4,c=6,x,y;
```

```
    y=(x=a+b,b+c);
    printf("y=%d,x=%d",y,x);
}
```

【运行】

```
y=10,x=6
```

【说明】 本例中，y 等于整个逗号表达式的值，也就是表达式 2 的值，x 是第一个表达式的值。

对于逗号表达式还要说明以下两点。

（1）逗号表达式一般形式中的表达式 1 和表达式 2 也可以又是逗号表达式。例如：

表达式 1,(表达式 2,表达式 3)

形成了嵌套情形。因此可以把逗号表达式扩展为以下形式：

表达式 1,表达式 2,…,表达式 n

整个逗号表达式的值等于表达式 n 的值。

（2）程序中使用逗号表达式，通常是要分别求逗号表达式内各表达式的值，并不一定要求整个逗号表达式的值。并不是在所有出现逗号的地方都组成逗号表达式，如在变量说明中，函数参数表中逗号只是用做各变量之间的间隔符。

【例 2-15】
【程序】

```
#include<stdio.h>
void main()
{
    int  a, b, c;
    a=1, b=2, c=3;
    printf(" %d,%d,%d\n ", a, b, c);
                            /* 该处 a, b, c 不是逗号表达式, 是 printf 函数的参数 */
    printf(" %d,%d,%d\n ",(a,b,c),b,c);          /* (a, b, c) 是逗号表达式 */
    a=(c=0,c+5);
    b=(c=3,c+8);
    printf(" %d,%d,%d\n ",a, b, c);
}
```

【运行】

```
1, 2, 3
3, 2, 3
5, 11, 3
```

2.4.7　位运算

1. 位运算符及其优先次序

任何数据在计算机内部都是以二进制数码形式存储的，对其存储的二进制数据按二进制位为处理对象进行操作,称为位操作。

位运算符有 6 个:~(位反),&(位与),|(位或),^(位异或),>>(位右移),<<(位左移)。

除~(按位求反)为单目运算符外,其余均为双目运算符。所有位运算符的操作数必须为整型(包含字符型)。进行位运算的两个操作数类型可以不同(如整型和长整型),若类型不同则运算前自动转换成相同的类型(按由少字节类型向多字节类型转换的规则,即将整型转换成长整型),运算结果的类型与转换后操作数的类型相同。

位运算符优先级:

~,<<,>>,&,^,| 从左向右按位运算符优先级由高向低给出。

2. 位运算表达式及其值

参加位运算的操作数在内存中存放时,无符号数则所有二进制位均表示数值位,有符号数则按补码表示。

1) 单目求反运算“~”

该运算符作用是:对单个操作数按各二进制位取反,即将 0 变 1,1 变 0。例如:

```
int  i=0,  j=025 ;
unsigned  short  n=0 ;
~i=~(0)=~(0000000000000000B)=0xffff
```

其结果值是十六进制数 0xffff 或十进制数 -1(因有符号数按补码表示)。

```
~j=~(025)=~(0000000000010101B)=1111111111101010B=0xffea=0177752 (-22)
~n=~(0)=~(0000000000000000B)=1111111111111111B=0xffff (65535)
```

无符号数 n 按位取反,结果是 16 个二进制位全 1,表示为十六进制数 0xffff 或十进制数值 65535。

2) 双目按位与、按位或、异或运算“&,|,^”

按位 &,| 的运算规则与逻辑运算 &&,|| 相同,只是运算对象是两操作数中的相应二进制位。

运算规则:

&:两个二进位均为 1,则结果位为 1,否则是 0。

|:两个二进位均为 0,则结果位为 0,否则为 1。

^:两个二进位相同,则结果位为 0,否则为 1。

按位“&”,“|”,“^”3 种位运算,其作用分别可对某一个操作数清零,屏蔽掉某些二进位(为 0)或保留某些二进位的状态及对某些二进位求反。

用按位“|”可将某些位置 1;用按位“^”可将某些位取反;用按位“&”或者操作数自身异或(^也称按位加)可将操作数清零。例如:

```
int  a=0x2cab, b;
```

(1)要求取出 a 低 8 位,高 8 位清零,然后送 b。

用按位“&”实现,b=a&0x00ff(或 0xff),即 a 的高 8 位分别与 0 进行 & 操作,结果各位变为 0,低 8 位用 1 进行 & 操作,各位值不变。b 的值是 0x00ab。

(2) 要求只取 a 的高 4 位,其他位清零后送 b。

用按位"&"运算,b=a&0xf000,即使 a 的高 4 位分别与 1 进行 & 操作,其结果保留 a 的高 4 位的原值不变,其他位用 0 进行 & 操作,结果均变为 0,b 的值是 0x2000。

(3) 要求 a 高 8 位不变,将低 8 位置"1"后送 b。

用按位"|"运算,b=a|0xff,使 a 的低 8 位分别与 1 进行或运算,将 a 的低 8 位置"1",高 8 位用 0 进行"或"运算,结果不变。

(4) 将 a 的低 4 位取反,其余位不变,然后送 b。

用按位"^"运算,b=a^0xf,即用"1"与相应位异或可求反,其余位用 0 异或不变。

(5) 将 a 的最高位取反,其余位不变。

a=a^0x8000   (1000000000000000B)

3) 移位运算符"<<左移,>>右移"

作用是:将运算符左边的操作数向左"<<"或向右">>"移动运算符右边操作数指定的位数。

左移时,高位移出,低位填 0。右移时,低位移出,高位填 0 或 1,一般无符号数填 0,有符号正数填 0,负的填 1。

【例 2-16】 int a=9,b=−4;(用补码存储 b=0xfffc)。

a>>2 的操作,0000000000001001B => 0000000000000010B(移位后的结果),所以 a>>2,进行移位运算,使 a 的值向右移两位,相当于 a 除以 4,结果为 2。

同样 a<<2 操作,0000000000001001B => 0000000000100100B(移位后的结果),a<<2,使 a 的值向左移两位,相当于 a 乘以 4,结果为 36。

b>>2 的操作,1111111111111100B => 1111111111111111B,所以 b>>2,使 b 的值向右移两位,相当于 b 除以 4,结果为−1,即 0xffff(补码表示)。

b<<2 的操作,1111111111111100B => 1111111111110000,所以 b<<2,使 b 的值向左移两位,相当于 b 乘以 4,结果为−16,即 0xfff0。

3. 位运算举例

【例 2-17】 int w,h,s;要求取 w 的低字节及 h 的高字节组成字送 S。

s=w&0xff | h&0xff00

【例 2-18】 char a,b;要求使 a 的高 4 位不变,低 4 位取 b 的高 4 位。

a=a&0xf0 | (b&0xf0)>>4   或   a=a&0xf0 | (b >>4) &0x0f

【例 2-19】 unsigned int x,n;将 x 高字节与低字节交换后送 n。

n= (x&0xff) <<8 | (x&0xff00) >>8

2.4.8 数据之间的混合运算

变量的数据类型是可以转换的。转换的方法有两种:一种是自动转换,一种是强制转换。

1. 自动转换

自动转换发生在不同数据类型的量混合运算时,由编译系统自动完成。自动转换遵循以下规则。

(1) 若参与运算量的类型不同,则先转换成同一类型,然后进行运算。

(2) 转换按数据长度增加的方向进行,以保证精度不降低。如 int 型和 long 型运算时,先把 int 量转成 long 型后再进行运算。

(3) 所有的浮点运算都是以双精度进行的,即使仅含 float 单精度量运算的表达式,也要先转换成 double 型,再做运算。

(4) char 型和 short 型参与运算时,必须先转换成 int 型。

(5) 在赋值运算中,赋值号两边量的数据类型不同时,赋值号右边量的类型将转换为左边量的类型。如果右边量的数据类型长度比左边长时,将丢失一部分数据,这样会降低精度,丢失的部分按四舍五入向前舍入。

图 2.1 表示了类型自动转换的规则。

【例 2-20】

```
#include<stdio.h>
void  main()
{
    float PI=3.14159;
    int s,r=5;
    s=r*r*PI;
    printf("s=%d\n",s);
}
```

图 2.1 数据类型自动转换规则

【运行】

s=78

【说明】 程序中,PI 为实型,s,r 为整型。在执行 s=r*r*PI 语句时,r 和 PI 都转换成 double 型计算,结果也为 double 型。但由于 s 为整型,故赋值结果仍为整型,舍去了小数部分。

【例 2-21】

【程序】

```
#include<stdio.h>
void  main()
{ int  a =1;
  char  c1='A';
   float  f=100;
   double  d=200.0;
   long  l=40000;
   printf(" %f ",  a+c1+f+d);              /* a,c1,f 均转成 double 后再相加 */
```

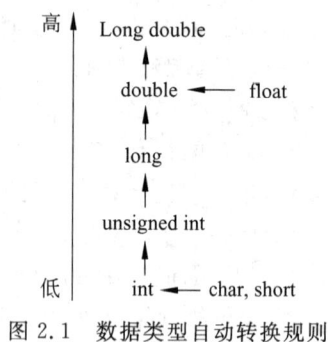

```
    printf(" %ld ",  a+1);                    /* a 转成 long 后与 1 相加 */
    printf(" %f ",  a+c1);                     /* c1 转成 int 后与 a 相加 */
    printf(" %f ",  c1+d);                     /* c1 转成 double 后与 d 相加 */
}
```

【运行】

366.000000 40001 0.000000 265.000000

【例 2-22】 字符型与整型做算术运算。

【程序】

```
#include< stdio.h>
void   main()
{ char   c1, c2, c3;
    c1='A';  c2='B';  c3='C';
    printf(" %c, %c, %c\n ", c1, c2, c3);
    printf(" %c, %c, %c\n", c1+1, c2+1, c3+1);
    printf(" %d, %d, %d\n", c1, c2, c3);
}
```

【运行】

A, B, C
B, C, D
65, 66, 67

【例 2-23】

【程序】

```
#include< stdio.h>
void   main()
{ int   a1, a2, a3;
    a1=97;  a2=98;   a3=99;
    printf(" %c,%c,%c\n ",a1 ,a2, a3);
    printf("%c,%c,%c\n", a1+1, a2+1, a3+1);
}
```

【运行】

a, b, c
b, c, d

2. 强制类型转换

强制类型转换是通过类型转换运算来实现的。其一般形式为：

(类型说明符)   (表达式)

其功能是：把表达式的运算结果强制转换成类型说明符所表示的类型。例如：

```
(float) a              把 a 转换为实型
(int)(x+y)             把 x+y 的结果转换为整型
```

在使用强制转换时应注意以下问题。

（1）类型说明符和表达式都必须加括号（单个变量可以不加括号），如把（int）（x＋y）写成（int）x＋y 则成了把 x 转换成 int 型之后再与 y 相加了。

（2）无论是强制转换或是自动转换，都只是为了本次运算的需要而对变量的数据长度进行的临时性转换，而不改变数据说明时对该变量定义的类型。

【例 2-24】

【程序】

```
#include<stdio.h>
void main()
{
    float f=5.75;
    printf("(int)f=%d,f=%f\n",(int)f,f);
}
```

【运行】

```
(int)f=5,f=5.750000
```

【说明】 本例表明，f 虽强制转为 int 型，但只在运算中起作用，是临时的，而 f 本身的类型并不改变。因此，（int）f 的值为 5（删去了小数）而 f 的值仍为 5.75。

习题 2

2.1 C 语言为什么要规定对所有用到的变量要"先定义，后使用"？这样做有什么好处？

2.2 请将下面各数用八进制和十六进制数（补码）表示。

（1）10   （2）32   （3）75   （4）－617

（5）－111   （6）2483   （7）－28654   （8）21003

2.3 分析下面程序的运行结果，并上机予以验证。

```
#include<stdio.h>
void main()
{
    int n;
    n=-8+5*3/6+9;
    printf("%d\n",n);
    n=15%7+3%5-8;
    printf("%d\n",n);
    n=-3*6/(4%6);
    printf("%d\n",n);
}
```

2.4 若 x＝3,y＝z＝4,下列各式的结果是什么?

(1) (z＞＝y＞＝x)? 1:0

(2) z＞＝y&&y＞＝x

(3) x＜y? x:y

(4) x＜y? x＋＋:y＋＋

(5) z＋＝x＞y? x＋＋:y＋＋

2.5 如果下面的变量都是 int 量,则以下语句的输出应是什么?

```
sum=cap=10;
cap=sum++,cap++,++cap;
printf("%d\n",cap);
```

可选答案是:(1) 10   (2) 11   (3) 12   (4) 13

2.6 已知在 ASCII 代码集中,字母 A 的序号是 65,以下程序的输出结果是什么?

```
# include<stdio.h>
void main()
{
    char c1='B',c2='y';
    printf("%d,%d\n",++c1,--c2);
}
```

从以下可选答案中选择你认为正确的一个。

(1) 66,89   (2) 67,88   (3) 67,89   (4) B,Y   (5) C,X

(6) 输出格式不合法,输出错误信息。

2.7 以下程序的输出结果是什么? 从可选答案中选择一个。

```
# include<stdio.h>
void main()
{
    int a =0100,b=100;
    printf("%d,%d\n",--a,b++);
}
```

可选答案:(1) 99,101   (2) 63,100   (3) 63,101   (4) 077,100

2.8 分析下面程序的运行结果。

```
# include<stdio.h>
void main()
{
    int x=y=z=1;
    x+=y+=z;
    printf("(1)%d\n",x<y? y:x=;
    printf("(2)%d\n",x<y? x++:y++);
    printf("x=%d,y=%d\n",x,y);
    printf("(3)%d\n",z+=x<y? x++:y++);
    printf("x=%d,y=%d,z=%d\n",x,y,z);
```

```
        x=5;
        y=z=6;
        printf("(4)%d\n",(z>=y>=x)?1:0);
        printf("(5z%d\n",z>=y&&y>=x);
    }
```

2.9 求下面算术运算表达式的值。

(1) x＋a％3 * (int)(x＋y)％2/4

设 x＝2.5 a＝7 y＝4.7

(2) (float)(a＋b)/2＋(int)x％(int)y

设 a＝2,b＝3,x＝3.5,y＝2.5

2.10 写出表达式运算后 a 的值,设原来 a＝12,a 和 n 已定义为整型变量。

(1) a＋＝a   (2) a－＝2   (3) a * ＝2＋3   (4) a/＝a＋a

(5) a％＝(n％＝2),n 的值等于 5   (6) a＋＝a－＝a * ＝a

第3章 输入输出与简单程序设计

C 语言没有专门的输入输出语句,程序中所有的输入输出都是通过诸如 scanf 和 printf 等标准库函数来完成的。本章先讲述程序设计中的流程控制结构,然后介绍 C 语言的输入输出函数,最后讲述了简单程序设计的方法与步骤。

本章重点:

(1) 字符输入和字符输出函数的使用。

(2) 格式输入和格式输出函数的使用。

本章难点:

各种不同类型的数据的格式输入输出函数的使用。

3.1 概述

在程序设计过程中经常会遇到以下 3 种情况:

(1) 依次执行某些操作,最后得到所需的结果。

(2) 在执行操作的过程中对各种数据进行判断,然后根据判断的结果选择不同的数据进行处理。

(3) 反复执行某一项或某几项操作,直到达到某个目的为止。

为了满足对上述数据处理的需求,保证数据处理控制流程的规范性和控制编程中的复杂性,1965 年,计算机科学家 E. W. Dijikstra 提出了"结构化程序设计"的思想。结构化程序设计思想采用"自顶向下、逐步求精"的程序设计方法,可以有效地将一个比较复杂的系统设计任务分解成许多易于控制和处理的子任务,从而使程序的设计、开发和维护更加方便。其中,控制语句的结构化是结构化程序设计方法的主要精髓之一。结构化程序设计是计算机软件发展史上的第三个里程碑。

所谓控制语句的结构化是指将顺序结构、选择结构和循环结构 3 种基本结构作为程序流程的基本控制结构,每种结构均只有一个入口和一个出口,任何程序都可由这 3 种基本控制结构通过组合、叠加,像搭积木一样来构成。控制语句的结构化改进了程序设计的效率,提高了程序设计的质量,使得程序设计向着更加易阅读、易理解、易维护和易验证的方向迈进。

3.2 流程控制结构与语句

1. 3 种基本控制结构

结构化程序设计使用的 3 种基本控制结构是:顺序结构、选择结构和循环结构。

顺序结构是结构化程序设计的 3 种基本结构中最简单的一种。其特点是按语句在源程序中出现的先后顺序依次执行。它可以独立存在,也可以出现在选择结构或循环结构中。

顺序结构是描述客观世界顺序现象的重要手段。

选择结构用来描述分支现象。它是一种常用的基本结构,通常只要稍有规模的程序都会不可避免地用到它。选择结构是根据条件判断的结果有选择地执行或不执行某些语句。选择结构可以分为两类:一类是双分支结构,即如果条件成立则执行某操作,否则执行另外的操作;另一类是多分支结构,即在多个操作中根据具体条件选择一个操作加以执行。

循环结构由循环条件和循环体(某一程序段)组成,它是在循环条件的控制下重复地执行循环中的若干语句。循环结构是描述客观世界重复现象的重要手段。

所有的流程控制都是由语句实现的,能够支持结构化程序设计的语言必须有好的流程控制语句。C 语言为实现结构良好的程序提供了基本的、功能强大的、使用灵活的各种流程控制语句,即语句组、条件判断(if…else)、多分支选择(switch)、循环(while、for、do)、转移语句(break、continue)等。

2. C 语句概述

语句是构成程序的基本单元。C 程序中有两类语句:说明语句和可执行语句。

说明语句用于定义程序中被处理的数据,包括变量说明、函数说明、常量定义及类型定义等。

可执行语句是程序中用于实现算法的代码,即完成对数据的处理和对程序流程的控制。C 语言的可执行语句共有以下 6 种。

(1) 表达式语句;

(2) 复合语句;

(3) 选择语句(if…else、switch);

(4) 循环语句(while、for、do);

(5) 转移语句(break、continue、return、goto);

(6) 标号语句。

本章仅介绍表达式语句,其他几种语句将在第 5 章和第 6 章中介绍。

3. 表达式语句

C 语言是一种表达式语言。表达式是程序中使用最频繁的计算手段。程序中要求计算机进行某种计算主要是通过表达式来实现的。不同的表达式进行不同的运算,达到不同的目的。

C 语言中任何表达式在其末尾加上一个分号,就构成一个表达式语句。其语句形式为:

表达式;

其中";"是 C 语句的结束标志,它是语句的组成部分,是不可缺少的。

表达式语句与表达式的区别是:表达式语句能够独立出现在程序中的任何地方,而表达式只能出现在表达式允许出现的位置,例如作为运算符的操作数、作为函数调用的参数、作为选择语句和循环语句的条件等。

表达式语句中使用较多的是赋值表达式语句、逗号表达式语句、函数调用表达式语句等,特别是赋值表达式语句(简称赋值语句)使用非常广泛。

【例 3-1】

```
x=y+1                      /* 赋值表达式 */
x=y+1;                     /* 赋值表达式语句 */
x+=y                       /* 复合赋值表达式 */
x+=y;                      /* 复合赋值表达式语句 */
i=j=k=0                    /* 多重赋值表达式 */
i=j=k=0;                   /* 多重赋值表达式语句 */
a=5,n=2*a                  /* 逗号表达式 */
a=5,n=2*a;                 /* 逗号表达式语句,等同于语句"a=5;n=2*a;" */
a>b?1:0                    /* 条件表达式 */
a>b?1:0;                   /* 条件表达式语句 */
printf("hello world")      /* 标准输出函数调用表达式 */
printf("hello world");     /* 标准输出函数调用表达式语句,习惯上称为输出语句 */
scanf("%d",&x)             /* 标准输入函数调用表达式 */
scanf("%d",&x);            /* 标准输入函数调用表达式语句,习惯上称为输入语句 */
```

表达式语句的表达式部分可以为空,即只有一个分号";"。仅由一个分号组成的语句称为空语句,在语法上占据一个语句的位置,但是它不具备任何执行功能。空语句在程序中经常作为循环体使用,如下例所示。

```
for (i=0;i<100000;i++)
    ;
```

在这个循环中,循环体是一个空语句,不执行任何操作,在程序中经常用它来实现延时的功能。

C 语言中运算符种类很多,它可与运算对象组成各种表达式,表达能力很强。表达式语句是 C 语言的一个重要特色,在设计 C 程序时使用十分方便。

3.3　基本的标准输入输出函数

与其他高级语言不同,C 语言本身没有任何内置的输入/输出语句。在 C 系统中所有的输入/输出都是通过诸如 printf 和 scanf 之类的函数调用来完成的。这些函数统称为标准 I/O 库。这些标准 I/O 函数不用做任何修改就可直接用于用户程序中。

给程序变量提供数据有两种方法。一种方法是通过赋值语句把数值赋给变量,如 x=1;sum=0;等。另一种方法是使用输入函数 getchar 和 scanf,这两个函数可以从键盘读取数据。

输出数据可以使用 putchar 和 printf 函数,它们可以将结果送到外部设备(如显示器)上。

用户程序在使用 C 的标准函数库提供的函数时,需用编译预处理命令"#include<…>"将相关的系统头文件包含进来,并按规定的格式调用其中的标准函数即可完成所需的功能。例如,使用标准输入/输出库函数时,要用到 stdio.h 文件(文件后缀"h"是"head"的缩写,称为头文件)。如:

```
#include<stdio.h>
```

或者，

```
#include "stdio.h"
```

两者的区别在于：前者是从系统定义的有关目录下查找指定的头文件(一般放在目录\include 中)，而后者先从当前目录中查找指定的头文件，如果不存在，则再从系统定义的有关目录下查找。

本章将介绍 4 个最基本的用于输入/输出的标准库函数：字符输入函数 getchar、字符输出函数 putchar、格式输入函数 scanf 和格式输出函数 printf。它们都是在系统默认的输入/输出终端设备(一般为键盘、显示器)上进行输入和输出。其他的输入/输出函数将在第 11 章中做详细介绍。

3.4 单个字符的输入和输出

最简单的输入输出操作是从"标准输入设备"(通常是键盘)中读取一个字符，或往"标准输出设备"(通常是显示器)写一个字符。读取一个字符可以用 getchar 函数来完成(也可以用 scanf 函数来实现，详见 3.6 节相关内容)。

3.4.1 字符输入

字符输入函数 getchar 的调用形式为：

```
var_name =getchar();
```

其中，var_name 是用户已经声明为 char、short 等整数类型的变量名。

该函数的功能是：每调用该函数一次，计算机就等待从键盘输入一个字符。从键盘输入一个字符后，将该字符的 ASCII 码返回，并将它赋给变量 var_name。若遇到文件尾(Ctrl＋Z)，则返回 EOF(EOF 是系统在头文件 stdio.h 中定义的符号常量，其值为－1)。例如：

```
char ch;
ch=getchar();
```

当我们在键盘上输入 A 时，就把字符'A'赋给了变量 ch。

注意以下几点。

(1) getchar 函数的参数为空，但一对圆括号不可缺省。

(2) getchar 函数一次只能接收一个字符，该字符可以赋给一个字符变量或整型变量，也可以不赋给任何变量，只作为表达式的一个运算对象参加表达式的运算或处理。

例如：

```
int num;
num =getchar();
```

执行时若输入字符'a'，则赋值后变量 num 的值为 97，即字符'a'的 ASCII 码值。

又例如：

```
printf("%c",getchar());
```

执行时若输入字符'A'，则 getchar 函数的返回值为 65，即字符'A'的 ASCII 码值，并将该返回值作为 printf 函数的参数以字符形式(%c)进行输出，即输出字符 A。

(3) getchar 函数只能输入可显示和可打印的字符，对于不可显示和不可打印的字符(如回车换行符'\n'、响铃字符'\a'等)，只有使用赋值语句才能将其赋给相关变量。如：

```
ch='\n';
```

3.4.2　字符输出

与 getchar 函数相对应，C 语言中有一个 putchar 函数，用于每次往终端写一个字符。其调用形式如下：

```
putchar(var_name);
```

其中 var_name 是一个 char 类型的变量。该函数的功能是：每调用函数一次，就在显示器上显示包含在 var_name 变量中的字符。如果没有发生错误，函数返回输出的字符；否则，函数返回 EOF。例如：

```
char  yn='y';
putchar(yn);
```

是将字符'y'显示在显示器的屏幕上。而语句：

```
putchar('\n');
```

则输出一个回车换行符，即将屏幕上的光标移到下一行的开始处。

【例 3-2】　从键盘输入一个字符并将该字符显示在显示器上。

【程序】

```
#include<stdio.h>          /*不可缺少,因为要使用 getchar 函数 */
void  main()
{
    char c;
    c=getchar();            /*从键盘输入一个字符,并将该字符的 ASCII 码赋值给变量 c*/
    putchar(c);            /*将该字符输出在显示器上 */
}
```

【运行】　从键盘上输入一个字符'A'，并按回车键(↙)，就会在屏幕上看到输出的字符'A'。

【说明】　Press any key to continue 是程序运行时系统自动提供的提示信息，它是意思

是"按任意键继续"。

该程序也可写成如下形式,运行的结果与上例相同。

```
#include<stdio.h>
void  main ()
{
    putchar(getchar());    /* getchar 函数的返回值作为 putchar 函数的参数输出 */
}
```

【例 3-3】 在屏幕上显示 A,B,C 3 个字符。

【程序】

```
#include<stdio.h>
void  main()
{
    char  a,b,c;
    a='A';
    b='B';
    c='C';
    putchar(a);
    putchar(b);
    putchar(c);
}
```

【运行】

如果将例 3-3 程序最后 3 行改为:

```
putchar(a);      putchar('\n');
putchar(b);      putchar('\n');
putchar(c);      putchar('\n');
```

则修改后程序的运行结果为:

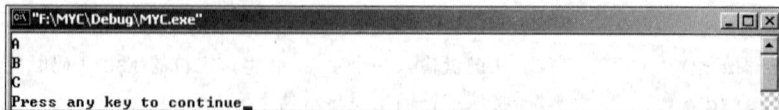

注意:putchar 函数的参数可以是 char 类型,也可以是 short 或 int 类型的常量、变量或表达式。例如,有定义:

```
char ch1='a';
int ch2=97;
```

则,

```
putchar(ch1);
```

```
putchar(ch2);
putchar(97);
```

都是将小写字母'a'显示在屏幕上。

```
putchar(ch1-32);
putchar(ch2-32);
```

都是将大写字母'A'显示在屏幕上,即将小写字母转换为大写字母输出。

3.5 格式化输出

getchar 和 putchar 函数一次只能输入或输出一个字符,如果要一次输入或输出若干个任意类型的数据,必须通过 printf 和 scanf 函数来实现。scanf 和 printf 函数在数据输入和输出的过程中能够将计算机内部格式的数据和输出设备上的外部数据进行相互转换,故 scanf 和 printf 函数被称为格式输入和格式输出函数。本节介绍格式化输出函数 printf,格式化输入函数将在 3.6 节讲述。

编程人员都期望程序的输出清晰、易理解,也易使用。printf 函数所提供的特性,能使程序员用来有效地控制输出数据在显示器上的对齐方式和间距。

printf 函数的一般形式为:

printf(格式控制字符串 [,输出参数 1,输出参数 2,…,输出参数 n]);

该函数的功能是:在格式控制字符串的控制下,将输出参数进行转换与格式化,并在标准输出设备(显示器)上输出。它的返回值为要输出的字符数。

例如:

printf("a=%4d,b=%6.1f, c=%2c\n",a, b, c);

第一个参数是格式控制字符串"a=%4d,b=%6.1f, c=%2c\n",后面的 3 个参数是要输出的数据 a,b,c。

格式控制字符串是用一对双引号括起来的字符串序列(又称为转换控制字符)。输出参数 1 至输出参数 n 是要输出的数据项,每个输出参数是一个表达式,一般可以为任何基本类型,也可为指针类型。

在格式控制字符串中可以包括如下 3 种字符信息。

(1) 普通字符:这些字符原样显示在屏幕上,它们通常用做对输出内容的注释或用来提示相关的信息。例如,printf("a=%d,b=%d\n",a,b);中的"a="、","和"b="都是普通字符。而 printf("Please input a number:\n");则用来提示输入一个数字。

(2) 格式转换说明符:每个格式转换说明都由一个"%"开头,并以一个转换字符结束,转换字符通常用于说明输出数据的类型。转换说明并不直接输出,而是用于控制 printf 函数中参数的转换和打印。转换字符及其输出形式如表 3.1 所示。

格式转换说明的一般形式为:

%[[+/-][0][m.n][h/l]]转换字符

其中,＋,－,0,m,n,h,l 是可选的,通常称为附加格式说明字符,用来说明输出数据的精度(即指出输出值的字段宽度、小数部分的位数)、输出值的左右对齐方向等,其输出形式如表 3.2 所示。

表 3.1 printf 函数的转换字符

转 换 字 符	参 数 类 型	输 出 形 式
d	int	带符号的十进制数(正数不输出符号)
o	int	无符号八进制数(不输出前导符 0)
x,X	int	无符号十六进制数(不输出前导符 0x 或 0X),10～15 分别用 abcdef 或 ABCDEF 表示
u	int	无符号十进制数
c	int	一个字符
s	char *	字符串
f	double	十进制小数[－]m. dddddd,d 的个数由精度决定(默认值为 6)
e,E	double	标准指数,[－]m. ddddde±xxx,[－]m. ddddddE±xxx,d 的个数由精度决定(默认值为 6)
g,G	double	选用%f 或%e 格式中输出宽度较短的一种格式,不输出无意义的 0

表 3.2 printf 函数的附加格式说明符

附 加 字 符	说 明
字母 h	表示输出的是短整型整数,可加在 d、o、x、u 前面
字母 l	表示输出的是长整型整数,可加在 d、o、x、u 前面
m	表示输出数据的最小宽度,称为域宽
n	对实数,表示输出 n 位小数,对字符串,表示截取 n 个字符
0	表示左边补 0
＋	转换后的数据右对齐
－	转换后的数据左对齐

下面是格式化的 printf 语句的示例:

```
printf("%d",num);
printf("sum=%10d,average=%5.2f",sum,aver);
printf("length=%d",123);
```

(3) 转义字符:用来对输出进行控制。如: '\n','\t'等。'\n'是回车换行控制符,用来使后面的输出内容从下一行开始,'\t'是水平制表控制符,使输出内容跳过 8 个字符,在下一个输出区输出(一个输出区占 8 列)。

printf 不能自动回车换行,因此多个 printf 语句产生的输出将显示在同一行上。利用换行字符'\n'就可以产生换行。例如:

```
printf("\n");
```

产生一个换行。

```
printf("a=%d\tb=%d\n",a,b);
```

输出 a 和 b 的值后,产生一个换行。

3.5.1 整数的输出

用于显示整数的格式转换说明符为：

```
%[m]d
```

其中 m 指定输出的最小宽度，可以省略。如果一个数字的宽度比指定的宽度要大，则将全部显示，忽略该最小说明符。d 表示要显示的数为整数。数字按给定宽度对齐显示，如没有达到给定的宽度，则在数字前面补上空格。下面是在不同格式下输出数字 1234 的例子。

格式	输出
printf("%d",1234);	1 2 3 4
printf("%7d",1234);	1 2 3 4
printf("%3d",1234);	1 2 3 4
printf("%-7d",1234);	1 2 3 4
printf("%07d",1234);	0 0 0 1 2 3 4

输出格式中系统默认是右对齐方式，通过在%号后面放置一个减号，可以强制地使输出左对齐，如上面的第 2 个例子。也可以在域宽前面加一个"0"，使输出结果的前面用 0 而不用空格来填充，如上面最后一个例子。

如果要输出长整型数，可以把格式说明符中的 d 用 ld 代替。同样，要输出短整型数，可以把格式说明符中的 d 用 hd 代替。

例如，语句：

```
long a=12345678;
short b=9876;
printf("%10ld,%10hd\n",a,b);
```

则产生输出：

```
␣␣12345678,␣␣␣␣␣␣9876
```

这个输出中"␣"符号表示由控制字符串中的域宽产生的空格。在这里，在指定域宽内的每一个数字都是右对齐的，所以需要在数字的左边添加空格。

【例 3-4】 计算 15 与 121 的和，用竖式加法显示结果。

【程序】

```
#include<stdio.h>
void  main()
{
    int a=15,b=121;
    printf("%6d\n",a);              /* 在屏幕上输出 a */
    printf("+%4d\n",b);             /* 在屏幕上输出加号及 b */
    printf("--------\n");           /* 在屏幕上输出横线 */
```

```
        printf("%6d\n",a+b);              /* 在屏幕上输出计算结果 */
}
```

【运行】 该程序执行时输出为：

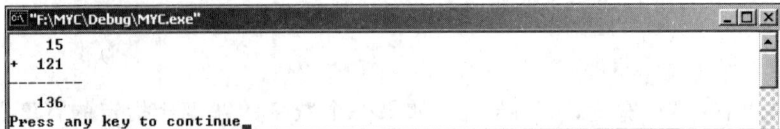

```
CA "F:\MYC\Debug\MYC.exe"                                    _|□|×|
     15
+   121
---------
    136
Press any key to continue_
```

一般情况下只显示负数的符号,为了强制显示正和负的符号,必须使用加号(＋)附加格式修饰符。例如,语句：

```
printf("%+10d\n",15);
```

产生的输出为：

⌴⌴⌴⌴⌴⌴⌴+15

在输出整数时,%d 都使整数用十进制形式进行显示。为了使一个整数的数值用八进制或 16 进制形式显示,要求分别使用转换字符%o 和%x。例如,语句：

```
printf("%d,%o,%x\n",15,15,15);
```

产生的输出为：

15,17,f

3.5.2 实数的输出

用下面的格式转换说明符,可以将实数用小数形式;输出：

```
%[m.n]f
```

其中整数 m 表示包括小数点在内的总体显示宽度,整数 n 表示在小数点(精确度)后输出数字数目,m 和 n 均可省略。显示时,在列宽为 m 的区域以右对齐方式显示。

对于所有的数字(整数、单精度浮点数和双精度浮点数),如果总的域宽小于原数实际宽度,则忽略域宽按原数的实际宽度输出。如果小数部分含有的数位小于被指定的数位,则这个数字用尾随 0 填补。如果小数部分的数位多于指定的数位,则这个数字被四舍五入到指定的小数数位。例如,语句：

```
printf("%10.3f",29.76);
```

产生输出：

⌴⌴⌴⌴⌴29.760

在这个显示中,域宽 10 包含小数点和小数点右边的 3 个数位。由于这个数字在右边只含有两个数字,这个数字的小数部分用 0 填补,并在输出数字的左边填写 4 个空格。

下面是在不同格式下输出数字 123.456 的例子。

格式	输出
`printf("%f",123.456);`	`1` `2` `3` `.` `4` `5` `6`
`printf("%7.3f",123.456);`	`1` `2` `3` `.` `4` `5` `6`
`printf("%7.2f",123.456);`	` ` `1` `2` `3` `.` `4` `6`
`printf("%-7.2f",123.456);`	`1` `2` `3` `.` `4` `6` ` `
`printf("%5.3f",123.456);`	`1` `2` `3` `.` `4` `5` `6`

如果要输出双精度实型数,可以把格式说明符中的 f 用 lf 代替。同样,要输出长双精度实型数,可以把格式说明符中的 f 用 Lf 代替。

3.5.3　单个字符的输出

使用如下的格式,可以将单个字符显示在所需的位置。

`%[m]c`

将字符以右对齐的方式显示在列宽为 m 的区域中,m 可以省略。在整数 m 之前加上负号,则以左对齐的方式显示。m 的缺省值为 1。

下面是在不同格式下输出字符'A'的例子。

格式	输出
`printf("%c",'A');`	`A`
`printf("%4c",'A');`	` ` ` ` ` ` `A`
`printf("%-4c",'A');`	`A` ` ` ` ` ` `

3.5.4　字符串的输出

输出字符串的格式说明符类似于实数,其形式为:

`%[m.n]s`

其中,m 指定显示的区域宽度,n 表示只显示字符串的前 n 个字符。这种显示为右对齐方式显示字符串,m 和 n 均可省略。

下面是在不同格式下输出字符串"Hello"的例子。

格式	输出
`printf("%s","Hello");`	`H` `e` `l` `l` `o`
`printf("%10s","Hello");`	` ` ` ` ` ` ` ` ` ` `H` `e` `l` `l` `o`
`printf("%-10s","Hello");`	`H` `e` `l` `l` `o` ` ` ` ` ` ` ` ` ` `
`printf("%3s","Hello");`	`H` `e` `l` `l` `o`
`printf("%10.4s","Hello");`	` ` ` ` ` ` ` ` ` ` ` ` `H` `e` `l` `l`
`printf("%.3s","Hello");`	`H` `e` `l`

3.5.5 混合数据的输出

在一条 printf 语句中可以输出以上所述的多种数据。例如：

```
int a=10;
float b=13.54;
char c[20]="China",d='A';
printf("%d %f %s %c",a,b,c,d);
```

该语句的输出为：

```
10 ⎵13.54 ⎵China ⎵A
```

printf 使用其控制字符串来决定要显示的变量数目及其类型。因此，格式说明符必须在数目、顺序和类型上与参数列表中的变量相匹配。如果没有足够的变量，或者类型不对，输出结果将不正确。

3.5.6 使用 printf 函数时的注意事项

在使用 printf 函数进行数据输出时，应该注意下述几点。

（1）输出数据项的数目是任意的，但是必须在数目、类型和顺序上与格式控制字符串中格式转换说明保持一致。否则编译系统虽然不报语法错误，但将输出错误的结果。若输出项个数多于格式控制字符串中的格式转换说明的个数，则多余的项不输出。

例如：

```
int   i=1,j=2;
double x=-5.5,y=12.345;
printf("i=%-4d,j=%4d,y=%6.2f \n", i, j, y, x);
```

输出：

```
i=1 ⎵⎵⎵,j=⎵⎵⎵2,y=⎵12.35
```

在输出项中多于格式说明的 x 值不被输出。

（2）程序的输出经常用做分析变量之间的某些联系的信息，为决策提供依据。因此，输出的正确性和清晰性尤为重要。正确性取决于求解过程，而清晰性取决于输出的方法。因此，在程序输出时应该注意：①在两个数字之间提供足够的空格。②在输出中给出适当的标题和变量名。③在输出的两个部分之间加上空白行。

例如：

```
printf("a=%d\tb=%d",a,b);
```

在输出语句中给出了两个变量的名字，同时通过制表符'\t'，加大了两个数字之间的间距。而下面的语句通过在语句中使用回车换行字符'\n'将它们在两行中显示。

```
printf("a=%d\n=%d",a,b);
```

（3）通过直接在 printf 语句中使用字符串，可以在输出中显示某些重要的提示和标题。如下面的语句所示。

```
printf("Please input a number:");
printf("Code \t Name \t Age \n");
```

3.6　格式化输入

格式化输入是指输入数据已经按特定的格式排列好。在 C 语言中可以用 scanf 函数来实现不同类型数据的输入。scanf 函数的调用形式为：

```
scanf (格式控制字符串,地址列表);
```

其中的格式控制字符串与 printf 函数中类似。

该函数的功能是：从标准输入设备（键盘）上读取字符序列，并将它们按格式控制字符串中指定的格式转换成相应类型的值后，存储于地址表所指定的对应的变量中。

格式控制字符串通常包含以下几个部分。

（1）空格或制表符，在处理过程中将被忽略。

（2）普通字符，用于匹配输入中下一个非空白字符。

（3）转换说明，依次由一个％，一个可选的赋值禁止字符 * ，一个可选的数据（指定最大字段宽度），一个可选的 h、l 或 L 字符以及一个转换字符组成。

表 3.3 是 scanf 函数用到的格式字符。表 3.4 是 scanf 函数可以使用的附加格式说明字符。

表 3.3　scanf 函数的格式字符

格 式 字 符	对输入数据的要求
d	十进制整数
0	八进制整数（可以以 0 开头，也可以不以 0 开头）
x	十六进制整数
c	字符
s	字符串（不加引号）
e, f, g	浮点数，它可以包括正负号（可选）、小数点（可选）及指数部分（可选）

表 3.4　scanf 的附加格式说明字符

附加说明字符	说　　明
字母 l	表示输入长整型量（用％ld、％lo、％lx）或 double 型量（用％lf、％le）
h	表示输入短整型数据（可用％hd、％ho、％hx）
m（正整数）	表示输入数据的最小宽度
*	表示本输入项在读入后不赋给相应的变量

转换说明指定对输入字段的解释，对应的地址列表中和参数必须是地址（或指针）。

地址列表是由“,”分开的若干个地址组成，地址可以是简单变量的地址或字符串的首地址。在地址表中,给出变量的地址是用变量名前面加取地址运算符"&"来表示。字符串的首地址是用数组名或指向字符串首地址的指针变量名表示。

例如:

```
int a;
scanf("%d",&a);
```

若运行时输入

12↙   (↙表示回车)

则结果是将 12 赋给变量 a。

在这个 scanf 函数的地址表中的 &a 不可写成 a。"&"是取地址运算符,&a 指出变量 a 在内存的地址(将相应数据值送到该变量对应的地址单元中)。

```
char name[20];
scanf("%s",name);
```

在这个 scanf 函数的地址表中的参数是 name,它本身表示字符数组在内存的首地址,那就不需要再加上取地址运算符了。

3.6.1　整数的输入

用于读取一个整数的格式说明符为:

%[m]d

其中 m 是一个整数,指定要读取的数字的域宽,可以省略。d 表明要读取的数据为整型数据。

例如:

```
int a,b;
scanf("%d%d",&a,&b);
```

若运行时输入:

12⎵34↙   (↙表示回车)

则结果是将 12 赋给变量 a,34 赋给变量 b。注意,在 12 和 34 之间有一个空格。

输入数据的各项必须用空白字符(空格、制表符或换行符)隔开,而不能用标点符号来分隔。当 scanf 函数从输入数据行读取数据时,将忽略所有的空白字符。

当 scanf 函数读取某个特定的值时,如果指定了域宽,只要读取的字符数够了,或者读取时遇到了一个不合法的字符时,读取工作将被中止。

例如:

```
scanf("%2d%5d",&a,&b);
```

若输入 12345678,则结果是将 12 赋给了 a,34567 赋给了 b,8 丢弃不用。在 %2d 中的 2 是用于说明输入数据所占列数,系统自动按它截取所需数据位。

通过在格式说明符前加上输入抑制符" * ",就可以跳过该输入数据,将其忽略。例如,语句：

```
scanf("%d% * d%d",&num1,&num2);
```

此时,如果输入:

```
12 ⌴34 ⌴56↙
```

那么,12 赋给 num1,34 被忽略,不会赋值给任何变量(因为有 *),56 赋给 num2。

如果输入的是实数而不是整数时,小数部分将被截去,而且还会忽略掉多余的输入。

数据类型字符 d 可以换为 ld 用来读取长整型,换为 hd 用来读取短整型。

3.6.2　实数的输入

与整数不同,输入实数时实数的域宽不用指定,因此,scanf 函数只需使用简单的格式说明符%f 来读取实数,而且可用十进制小数或指数形式来输入实数。例如,若如下语句:

```
scanf("%f%f%f",&fa,&fb,&fc);
```

的输入数据为:

```
123.456 ⌴42.15E-2 ⌴987
```

那么,123.456 赋值给了变量 fa,42.15E−2 赋值给了变量 fb,987 赋值给了变量 fc。注意,输入时在输入数据之间需用空格隔开。

如果要输入的数据为 double 类型,那么,格式说明符应为%lf。

【例 3-5】　各种实数的输入。

【程序】

```
#include<stdio.h>
void  main()
{
    float  fx,fy;
    double dx,dy;
    printf("enter two float(fx,fy):" );
    scanf("%f %e",&fx,&fy);
    printf("fx=%f\tfy=%f\n",fx,fy);
    printf("enter two double(dx,dy):" );
    scanf("%lf %lf",&dx,&dy);
    printf("dx=%lf\tdy=%e\n",dx,dy);
    printf("dx=%.4lf\tdy=%12.3e\n",dx,dy);
}
```

【运行】

```
"F:\MYC\Debug\MYC.exe"                                    _ □ ×
enter two float(fx,fy):123.456 25.89E-2
fx=123.456001    fy=0.258900
enter two double(dx,dy):3.14159265 16.425689736
dx=3.141593        dy=1.642569e+001
dx=3.1416    dy= 1.643e+001
Press any key to continue
```

3.6.3 字符串的输入

利用 getchar 函数仅能输入单个字符,而利用 scanf 函数不仅可以输入单个字符,而且还可以输入含有多个字符的字符串。输入字符串的格式说明符为:

%[m]s 或 %[m]c

相应的参数应该是字符数组的名字或是指向字符数组的指针。

【例 3-6】 利用%ms 或%mc 输入字符串。

【程序】

```
#include<stdio.h>
void  main()
{
    char name1[10],name2[10],name3[10];
    printf("Please input name1:\n");           /* 显示提示输入 name1 */
    scanf("%10c",name1);                        /* 用%10c 格式输入 name1 */
    printf("name1:%10s\n",name1);
    printf("Please input name2:\n");           /* 显示提示输入 name2 */
    scanf("%s",name2);                          /* 用%s 格式输入 name2 */
    printf("name2:%10s\n",name2);
    printf("Please input name3:\n");           /* 显示提示输入 name3 */
    scanf("%10s",name3);                        /* 用%10s 格式输入 name3 */
    printf("name3:%10s\n",name3);
}
```

【运行】

第一次运行:

第二次运行:

【说明】

（1）当使用%mc输入字符串时，系统将一直等，直到第 m 个字符被输入。

（2）当使用%ms输入字符串时，遇到空白字符（空格、制表符或回车），读取工作将被中止。因此，在第一次运行的时候，name2 只读取了输入的字符串"Hubei Wuhan"的前一部分"Hubei"，而后一部分"Wuhan"则自动赋给了 name3。而在第二次运行时，通过在"Hubei"和"Wuhan"之间加上连字符号，name2 和 name3 都读取了正确的字符串。

3.6.4　混合数据类型的输入

在 scanf 函数中，通过选用不同的格式转换字符，可实现同时输入多个任何简单类型的数据。例如：

```
char   ch;
int    a;
short  b;
long   c;
double x;
scanf("%d%hd%ld%c,% * c%lf ", &a,&b,&c,&ch,&x);
```

若从键盘输入数据：

```
32 ⌴40 ⌴123A,B ⌴6.3↙
```

则结果是将 32 赋值给变量 a，40 赋值给变量 b，123 赋值给变量 c，字符'A'赋值给变量 ch，6.3 赋值给变量 x。而其中与% * c指定的转换说明相匹配的输入域的值，即字符'B'被跳过，不赋给任何变量。

特别需要注意的是，以%c格式输入字符时，空格字符和转义字符都作为有效字符，所以输入时 123 与'A'之间不用空格分开，否则赋值给 ch 的就是空格字符' '；在格式说明"%c，% * c"中的逗号属于普通字符，需要输入同样的字符与之匹配，所以输入数据"123A,B"中的逗号必须输入。

3.6.5　使用 scanf 函数时的注意事项

（1）格式控制字符串中的格式说明与地址表中变量的类型要一致，否则输入到变量中的数据可能不是所希望得到的值（在 VC++ 6.0 中不提示语法错误）。

（2）格式说明的个数应与地址表中变量的个数要相同。若格式说明的个数少于地址表中变量的个数，则地址表中右边多出的变量将不被赋值；反之，因输入数据没有被指定存储地址而可能导致难以预料的后果。

（3）scanf 遇到下列情况之一时中止读取数据。

① 在输入数字时发现有一个空白字符。

② 已经读取了数据的域宽个数。

③ 检查出了一个错误。

（4）数据输入形式。

① 输入时，在每个输入项之间可以用空白字符（空格符、换行符或制表符）隔开。例如：

```
scanf("%f%d",&num1,&num2);
```

执行时若输入：

```
12.35 ⌴34✓
```

或者执行时输入：

```
12.35✓
34✓
```

则 12.35 被赋值给 num1，34 被赋值给 num2。

② 整型、浮点型或字符型数据后面的字符型不用分隔符隔开，否则将把分隔符赋值给字符型变量。例如：

```
int num;
char ch;
scanf("%d%c",&num,&ch);
```

执行时若输入：

```
12a✓（2 和 a 之间无空格）
```

则 12 被赋值给 num，'a'被赋值给 ch。

执行时若输入：

```
12 ⌴a✓（2 和 a 之间有一个空格）
```

则 12 被赋值给 num，空格字符' '被赋值给 ch，而输入的'a'被忽略，不会赋给任何变量。

③ 整数、浮点型或字符型数据后面的字符串数据可以有或无空白符；但是一个字符串内部不能有空白符，因为空白符是字符串输入结束的标志。例如：

```
int day,year;
char month[20];
scanf("%d%s%d",&day,month,&year); （注意:month 前无取地址运算符）
```

执行时若输入：

```
20 ⌴Dec⌴2006
```

或执行时输入：

```
20Dec  2006
```

则都将整数 20 赋值给变量 day，字符串"Dec"赋值给数组 month，整数 2006 被赋值给变量 year。

④ 如果在格式控制字符串中包含有普通字符，则输入时必须输入同样的字符与之匹配。例如：

```
scanf("a=%d,b=%d",&a,&b);
```

运行时,从键盘输入数据必须按如下所示进行。

```
a=3,b=6↙
```

又例如:

```
scanf("%d\n",&num);
```

运行时,从键盘输入数据必须如下所示进行。

```
34\n↙
```

在这个输入函数中,'\n'是普通字符,输入时必须原样输入才能与之匹配。

3.7 简单程序设计

前面介绍了 4 种输入输出函数的调用形式及使用方法,它们也属于表达式语句,称为函数调用表达式语句。根据其实现的功能一般称为输入语句和输出语句。有了这些语句,就可以实现顺序结构程序设计。

简单程序是仅包含一个 main 函数的简单的 C 程序,只要适当运用这些表达式语句,就可以设计出完成某个特定功能的简单 C 程序。

输入、处理和输出数据是计算机程序设计的 3 个基本功能。在简单程序设计中仍然是完成这 3 个基本功能。

下面通过几个例子来说明简单程序设计的方法。

【例 3-7】 从键盘上输入 3 个整数,计算它们的和及平均值并输出。

【程序】

```
#include<stdio.h>
void  main()
{
    int   a,b,c,sum;
    double  aver;
    printf("enter three integers(a,b,c):\n" );     /* 屏幕显示提示信息 */
    scanf("%d%d%d",&a,&b,&c);                        /* ①从键盘上输入 3 个整数 */
    sum=a+b+c;                                       /* ②计算 3 个整数的和 */
    aver=sum/3.0;                                    /* ②计算 3 个数的平均值 */
    printf("sum=%4d\naverage=%6.2lf\n",sum,aver);
                                                     /* ③在屏幕上输出计算结果 */
}
```

屏幕显示:

```
enter three integers( a,b,c):
```

键盘输入:

5　9　14↙

屏幕输出：

sum=␣␣28

average=␣␣9.33

【说明】

(1) 在这个程序中，①完成的是数据的读取工作，②完成的是数据的处理工作，③完成的是数据的输出工作。任何程序都是由输入(赋值)、处理和输出 3 个部分顺序组成的。

(2) 因为平均值需要保留小数部分，所以在 aver＝sum/3.0;这条语句中除数是 3.0,而不是整数 3。

【例 3-8】 输入两个字符,输出用这两个字符绘制的三角形。

【程序】

```
#include<stdio.h>
void  main()
{
    char ch1,ch2;
    printf ("Enter two characters:");
    scanf("%c%c",&ch1,&ch2);
    printf ("%3c\n",ch1);
    printf ("%2c%c%c\n",ch1,ch2,ch1);
    printf ("%c%c%c%c%c\n",ch1,ch2,ch2,ch2,ch1);
    printf ("%c%c%c%c%c\n",ch1,ch1,ch1,ch1,ch1);
}
```

【运行】

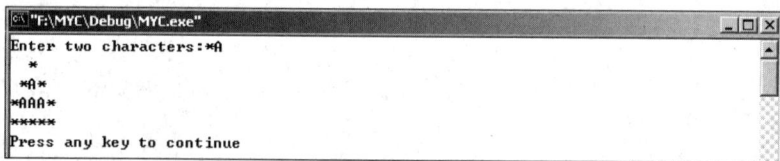

【例 3-9】 已知三角形三边的长,求该三角形的面积。

【分析】 该程序需要接收的输入为三角形的三条边长,设三角形三边分别用 a,b,c 表示,定义为整型,该程序需要显示输出的是该三角形的面积。假设三角形的三条边长通过键盘输入并且可以构成三角形,面积用 area 表示,这时可以根据下列数学公式计算三角形的面积。

$$area＝\sqrt{s(s-a)(s-b)(s-c)} \quad 其中 \quad s=\frac{a+b+c}{2}$$

算法如下:

(1) 输入三角形三条边 a,b,c 的值。

(2) 计算 area 的值。

① 计算 s＝(a+b+c)/2

② 计算 area＝$\sqrt{s(s-a)(s-b)(s-c)}$

（3）输出 area 的值。

【程序】

```c
#include<stdio.h>
#include<math.h>                        /* 使用平方根函数要用到的头文件 */
void  main ()
{
    int   a,b,c;
    float   s,area;
    printf("input three sides of a triangle\n");
    scanf("%d %d %d",&a,&b,&c);
    s=(a+b+c)/2.0 ;
    area=sqrt(s * (s-a) * (s-b) * (s-c));       /*求平方根函数 sqrt()*/
    printf("area=%8.2f\n",area);
}
```

【运行】

```
input three sides of a triangle
7  9  6↙
area=␣␣␣20.98
```

【例 3-10】 输入一个 3 位正整数,然后将它逆序输出。例如输入 123,输出为 321。

【分析】 设输入的 3 位正整数为 m,要将它逆序输出,可以采用这样的方法:先求出该数的各位数字,分别用 a、b、c 表示个位、十位、百位数字。利用整除及求余运算符/与% 按下述公式求得: $m/10^p \% 10$,当 p＝0 时求得的是个位数字,当 p＝1 时求得十位数字,当 p＝2 时求得百位数字。

```
a=m/1%10
b=m/10%10
c=m/100%10
```

当求出各位数字后,再将它们拼出逆序整数用 n 表示,可根据公式 $n=100 * a+10 * b+c$ 计算出 n。利用这种方法可以在循环结构中逆序输出位数不定的任意整数。

【程序】

```c
#include<stdio.h>
void  main()
{
    int   m,n,a,b,c ;
    printf("input  an  int  number:\n");
    scanf("%d",&m);
    a=m%10;
    b=m/10%10;
    c=m/100%10;
    n=100 * a+10 * b+c;
```

```
        printf("%d\n",n);
    }
```

【运行】

屏幕显示：input an int number:

键盘输入：375↙

输出：573

习题 3

3.1 请编写一个程序，在屏幕上显示字符串"Nothing is too difficult,if you put your heart into it. "。

3.2 给定字符串"OlympicGames"，请编写一个程序，从终端输入该字符串。并按如下格式显示出来。

(1) OlympicGames

(2) Olympic

   Games

(3) O. G.

3.3 编写一程序，显示下面的图案（要求使用域宽）。

3.4 编写一个程序，计算并显示一个半径为 6cm 的圆的周长。

3.5 从键盘上输入一个不大于 15 的整数，分别输出其对应的八进制数和十六进制数（提示：用格式转换字符 %o 和 %x）。

3.6 请编写一个程序，其功能为：通过键盘输入两个正整数 x 和 y，然后显示下面表达式的结果。

(1) $(x+y)/(x-y)$ (2) $(x+y)/2$ (3) $(x+y)*(x-y)$

3.7 输入一个华氏温度值 f，要求计算并输出其对应的摄氏温度 C 的值。公式为：

$$c=5/9*(f-32)$$

输出要分别注明华氏 F 和摄氏 C，取 2 位小数。

3.8 编写一个程序，显示下面的提示。

Enter the length of the room:

Enter the width of the room:

在显示每个提示之后，程序可以接收键盘的数据。在输入房间的长度(length)和宽度(width)之后，该程序可以计算并显示出房间的面积。

3.9 编写一个程序用于超市中的记账：已知苹果每斤 2.5 元，鸭梨每斤 1.7 元，香蕉每斤 2 元，橘子每斤 1.2 元，要求输入各类水果的销售重量，计算并输出应收款的数额。

第4章 选择结构程序设计

顺序结构的程序是按照其中各个语句出现的先后次序而顺序执行的。如果要根据某种条件从若干个操作中选择一个执行,那么就要使用选择结构。

选择结构是 3 种基本结构之一。它的作用是,根据所指定的条件是否满足,决定从给定的两组或多组操作中选择其一执行。

选择结构语句有两种:if 语句与 switch 语句。本章将主要讨论这两种语句的功能以及选择结构程序设计的实现方法。

本章重点:

(1) if 语句的形式以及使用。

(2) switch 语句的形式以及使用。

(3) 嵌套的选择结构。

(4) 条件表达式的使用。

(5) break 语句在 switch 语句中的使用。

本章难点:

(1) if 语句的嵌套形式。

(2) switch 语句的执行流程。

(3) if 语句的嵌套形式中 if 和 else 的匹配关系。

4.1 if 语句

if 语句也叫条件语句,用来判断给定的条件是否满足,并根据条件判断的结果(真或假)从给定的两个操作中选择其中的一个执行。

4.1.1 if 语句的 3 种形式

1. 第一种形式

```
if(表达式)
   语句 1;
else
   语句 2;
```

流程图如图 4.1 所示。

该语句执行时,先计算其中作为条件的"表达式"的值,如果该值为真(不等于 0),那么就执行紧跟在其后的语句(即语句 1),否则跳过语句 1,执行位于 else 后的语句 2。

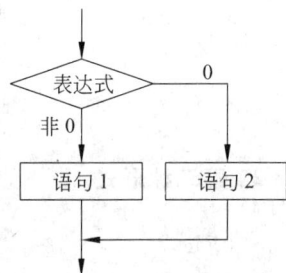

图 4.1 if…else 流程图

需要注意的是,语句1和语句2是"互斥"的,当其中一个语句执行时,另一个语句就不可能执行。

例如:

```
if(x>0)
    y=1;
else
    y=-1;
```

在此例中,先计算表达式"x>0"的结果,如果它的值为真,就执行语句"y=1;",否则就执行语句"y=-1"。

【例4-1】 所谓"水仙花数"是指一个三位数,其各位数字立方和等于该数本身。例如,153就是一个水仙花数,因为$153=1^3+5^3+3^3$。输入一个三位整数,判断该数是否是"水仙花数"。

【程序】

```
#include<stdio.h>
void main(void)
{
    int k,a,b,c;
    printf("请输入一个三位整数:");
    scanf("%d",&k);
    a=k/100;
    b=k/10%10;
    c=k%10;
    if(k==a*a*a+b*b*b+c*c*c)
        printf("%d是水仙花数.\n",k);
    else
        printf("%d不是水仙花数.\n",k);
}
```

【运行】

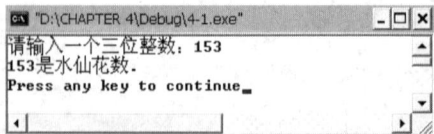

2. 第二种形式

```
if(表达式)
    语句1;
```

流程图如图4.2所示。

这是if语句的简化形式。该语句执行时,先计算其中作为条件的"表达式"的值,如果该值为真(不等于零),那么就执行紧跟在其后的语句1,否则就什么都不做。

例如:

```
if(x<y)
    printf("YES!");
```

如果 if 结构中的"语句"部分不是单个语句,而是一个语句序列的话,要使用一对花括号{ }把这个语句序列括起来,即把它作为一个复合语句来处理。

图 4.2 if 流程图

【例 4-2】 输入 3 个整数 a、b、c,将它们按照从小到大的顺序排序。

【分析】 这是一个简化的排序问题。基本思想就是:把 3 个数分别两两比较,若前者大于后者,则将两数互换。

【程序】

```
#include<stdio.h>
void main(void)
{
    int a,b,c,t;
    printf("请输入三个整数:\n");
    scanf("a=%d,b=%d,c=%d",&a,&b,&c);
    if(a>b)
    {
        t=a;a=b;b=t;
    }
    if(b>c)
    {
        t=b;b=c;c=t;
    }
    if(a>b)                  /*注意:这里为什么又比较 a 和 b 呢*/
    {
        t=a;a=b;b=t;
    }
    printf("排序后的结果是:\na=%d,b=%d,c=%d\n",a,b,c);
}
```

【运行】

```
  "D:\CHAPTER 4\Debug\4-2.exe"                    _ □ ×
请输入三个整数:
a=7,b=8,c=6
排序后的结果是:
a=6,b=7,c=8
Press any key to continue
```

【说明】 该例中所用的算法是我们在第 6 章中介绍的冒泡排序算法的简化形式。

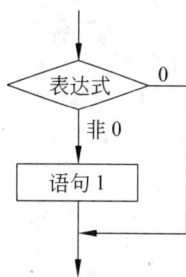

3. 第三种形式

```
if (表达式 1)
    语句 1;
else  if (表达式 2)
    语句 2;
else  if (表达式 3)
    语句 3;
else
    语句 4;
```

这种复合 if 语句在执行时,首先计算并测试表达式 1 的值,若为真,就执行语句 1;否则,再计算并测试表达式 2 的值,若为真,就执行语句 2;否则,接着计算并测试表达式 3 的值,若为真,就执行表达式 3;否则,当这 3 个表达式的值均不为真,就执行语句 4。

例如:

```
if(a<0)
    m=-1;
else  if(a==0)
    m=0;
else
    m=1;
```

【说明】

(1) 3 种语句结构中的"表达式"可以是任意类型的表达式。

(2) if 语句中作为条件的表达式中如果出现使用(exp!＝0)之类的表达式,那么可以直接用 exp 替代。

4.1.2 if 语句的嵌套

if 语句的嵌套指的是在一个 if 语句中又包含一个或多个 if 语句。一般形式如下:

```
if(表达式 1)
    if(表达式 2) 语句 1;
    else  语句 2;
else
    if(表达式 3) 语句 3;
    else   语句 4;
```

在 if 语句的嵌套结构中,要特别注意 if 和 else 的匹配关系。C 语言规定:每一个 else 都与在同一分程序中的尚未匹配的最近的 if 匹配。例如:

```
if(表达式 1)
    if(表达式 2)
        语句 1;
    else
```

　　　　语句 2；

　　该 if 语句等价于：

```
if(表达式 1)
{
    if(表达式 2)
        语句 1；
    else
        语句 2；
}
```

【例 4-3】 输入一个年份值，判断这一年是否为闰年。

【分析】 首先给出闰年的判别条件，即能够被 4 整除并且不能被 100 整除的年份是闰年，或者，能够被 400 整除的也是闰年。此程序的关键就是要准确描述出判别是否为闰年的表达式。算法如下。

（1）给变量 flag 赋值为 0。

（2）输入一个年份值给变量 year。

（3）如果 year 能够被 4 整除并且不能被 100 整除或者 year 能够被 400 整除，则令 flag 等于 1。

（4）如果 flag 等于 1，则输出该年为闰年，否则就输出该年不是闰年。

　　该算法的逻辑结构大致是正确的，但是却不完善。例如：当输入一个年份为－2000 时，系统会输出"－2000 is a leap year"，这明显是错误的。因此，在程序中加入对 year 的值是否为正数的判断。

【程序】

```
#include<stdio.h>
void main(void)
{
    int year,flag=0;
    printf("请输入一个年份:");
    scanf("%d",&year);
    if(year>0)
    {
        if(year%4==0&&year%100!=0||year%400==0)
            flag=1;
        if(flag)
            printf("%d年是闰年\n",year);
        else
            printf("%d年不是闰年\n",year);
    }
    else
        printf("输入的年份不合理!\n");
}
```

【运行】

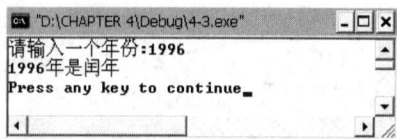

```
"D:\CHAPTER 4\Debug\4-3.exe"
请输入一个年份:1996
1996年是闰年
Press any key to continue_
```

4.1.3 条件表达式

条件表达式是一种以条件运算符?:为运算符、以 3 个有不同类型要求的子表达式作为其运算分量的三目表达式(也是 C 语言中唯一的三目表达式)。条件表达式的一般形式为:

表达式 1? 表达式 2:表达式 3

它的执行过程如图 4.3 所示。

【说明】

(1) 条件表达式的执行顺序是,先计算并判断表达式 1 的值,若为真(非 0),则求解表达式 2 并把表达式 2 的值作为整个条件表达式的值;若表达式 1 的值为假(等于 0),则求解表达式 3 并把表达式 3 的值作为整个条件表达式的值。

(2) 注意条件运算符和其他运算符的优先级别高低的问题。比如:在 t=x<y? x:y 中,由于条件运算符的优先级高于赋值运算符,因此要先进行条件运算再进行赋值运算,即相当于 t=(x<y? x:y)。

(3) 条件运算符的结合方向为"自右至左"。比如:x>y? x:m>n? m:n 相当于 x>y? x:(m>n? m:n)。

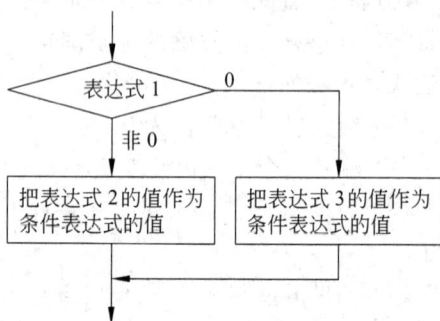

图 4.3 条件表达式流程图

4.2 switch 语句

switch 语句也叫开关语句,是一个多分支语句,用来实现多分支选择结构。switch 语句的一般形式为:

```
switch(表达式)
{
    case 常量表达式 1:语句序列 1;
    case 常量表达式 2:语句序列 2;
    …
    case 常量表达式 n:语句序列 n;
    default: 语句序列 n+1;
}
```

【说明】

(1) switch 后面括弧内的"表达式"可以是任意类型的表达式。

（2）case 后面紧跟的表达式必须是常量表达式，且必须是整型常量表达式或是与整型兼容的表达式。并且每一个 case 后的常量表达式必须互不相同。

（3）switch 语句执行时，先计算"表达式"的值，如果该值与某个 case 后紧跟的常量表达式的值相等，那么就从该 case 分支的语句开始往后执行。例如要根据 x 值输出相应的分数段，其主要程序段如下。

```
switch(x)
{
    case  'A': printf("80~100\n");
    case  'B': printf("60~80\n");
    case  'C': printf("0~60\n");
    default: printf("error\n");
}
```

执行该 switch 语句时，若 x 的值等于'B'，则将输出：

```
60~80
0~60
error
```

（4）如果所有的 case 后的常量表达式都与"表达式"的值不相同，则接着查找后面有无带 default 标号的分支，若有，则从 default 标号后面的语句往后执行，直至 switch 结构的结束。

（5）如果在某个分支的执行过程中遇到 break 语句，则终止整个 switch 语句的执行。例如，如果把上例修改为：

```
switch(x)
{
    case  'A': printf("80~100\n");break;
    case  'B': printf("60~80\n"); break;
    case  'C': printf("0~60\n"); break;
    default: printf("error\n");
}
```

执行该 switch 语句时，若 x 的值等于'B'，则将输出：

```
60~80
```

（6）多个 case 语句可以共用一组执行语句，如：

```
switch(x)
{
    case  'A':
    case  'B':
    case  'C': printf("OK\n");
}
```

此例中，无论 x 的值为'A'，'B'或是'C'，都是执行同一个语句序列。

【例 4-4】 使用 switch 语句编程实现下面的功能：给出一个百分制成绩，要求输出成绩等级'A'、'B'、'C'、'D'、'E'。90 分以上为'A'，大于等于 80 并且小于 90 为'B'，大于等于 70 并且小于 80 为'C'，大于等于 60 并且小于 70 为'D'，60 分以下为'E'。

【分析】 用变量 x 表示成绩，如果 switch 后的表达式直接写 x，很显然是不合理的。为了把 x 所属的成绩段和某个整数对应起来，需要先执行(int)x/10。

【程序】

```c
#include<stdio.h>
void main(void)
{
    float x;
    printf("请输入一个分数值:\n");
    scanf("%f",&x);
    if(x>100||x<0)
        x=-10;
    switch((int)x/10)
    {
        case -1:printf("输入的分数值不在 0~100 之间!\n");break;
        case 10:
        case 9:printf("分数等级为 A\n");break;
        case 8:printf("分数等级为 B\n");break;
        case 7:printf("分数等级为 C\n");break;
        case 6:printf("分数等级为 D\n");break;
        default:printf("分数等级为 E\n");
    }
}
```

【运行】

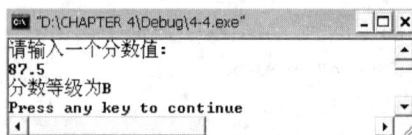

习题 4

4.1 C 语言中如何表示"真"和"假"？系统如何判断一个量的"真"和"假"？

4.2 用 switch 语句编写一程序，输入月份名称(1~12)，要求输出该月份的英文名称及天数。

4.3 输入某学生的成绩若成绩在 85 分以上，输出 very good，若成绩在 60~85 分之间，输出 good，若成绩低于 60 分，输出 no good。

4.4 从键盘输入 3 个整数，找出居中的数输出。

4.5 编写一个程序，输入 3 个非 0 的整数，判断并打印出这些值能否构成三角形的三边。

4.6 编写一个程序，将用户输入的 24 小时记时法转换为 12 小时的记时法。例如：若输入

14　2　15(代表14点2分15秒),则输出2　2　15 PM(代表2点2分15秒)。若输入3　1　14,则输出3 1 14 AM。

4.7　编一个程序,根据输入的 x 值,计算 y 与 z 的值并输出。

$$y = \begin{cases} x^2 + 1 & x \leqslant 2.5 \\ x^2 - 1 & x > 2.5 \end{cases}$$

$$z = \begin{cases} 3x + 5 & 1 \leqslant x < 2 \\ 2\sin x - 1 & 2 \leqslant x < 3 \\ \sqrt{1 + x^2} & 3 \leqslant x < 5 \\ x^2 - 2x + 5 & 5 \leqslant x < 8 \end{cases}$$

4.8　企业发放的奖金根据利润提成。利润低于或等于10万元时,奖金可提10%;利润高于10万元,低于20万元时,低于10万元的部分按10%提成,高于10万元的部分,可提成7.5%;20万～40万之间时,高于20万元的部分,可提成5%;40万～60万之间时高于40万元的部分,可提成3%;60万～100万之间时,高于60万元的部分,可提成1.5%,高于100万元时,超过100万元的部分按1%提成。编写一个程序,实现从键盘输入当月利润,输出应发放奖金总数。

第 5 章   循环结构程序设计

在程序设计的 3 种基本结构中,循环结构是较为复杂也较为重要的两种结构。几乎所有复杂程序的设计都会用到循环结构语句。循环语句,也叫重复语句,用于根据制定的条件重复地执行某一组操作。循环语句包括如下 4 类。

(1) while 语句。

(2) do…while 语句。

(3) for 语句。

(4) 用 goto 语句和 if 语句构成循环。

本章重点:

(1) while 语句、do…while 语句、for 语句的执行流程与使用方法。

(2) break 语句、continue 语句在循环结构中的使用。

(3) 嵌套的循环结构。

本章难点:

(1) 理解并掌握使用循环结构进行程序设计的基本方法。

(2) 嵌套的循环结构。

5.1   while 语句

while 语句也叫"当语句"。其一般形式如下:

```
while(表达式)
{
    循环体语句;
}
```

while 语句的流程图如图 5.1 所示。

当 while 语句执行时,首先计算"表达式"的值,若该值为假(即为 0),则中止执行本 while 语句;否则,就执行"循环体语句",执行完毕后,再次计算"表达式"的值,并根据该值的真假,决定是否继续执行循环体语句,如此重复下去,直到"表达式"的值为假退出该循环结构。

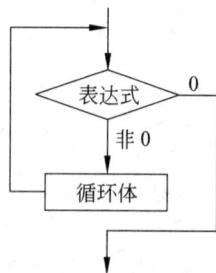

图 5.1   while 语句流程图

【说明】

(1) while 语句括号中的"表达式"可以是任意类型表达式,必须用圆括号"()"括起来。

(2) "循环体语句"部分可以是单个语句,也可以是多个语句。如果是多个语句,必须用一对花括号"{ }"将它们括起来构成复合语句。

【例 5-1】   从键盘上输入若干个整数(以 0 表示输入结束),求所有整数的和。

【分析】 读者首次接触循环结构的题目,或许不知应该如何入手。首先给出此题目的流程图,如图5.2所示。

请读者认真分析图5.2,并将其与图5.1相对比。下面给出参考程序。

【程序】

```
#include<stdio.h>
void main(void)
{
    int x,s=0;
    scanf("%d",&x);          /* 输入整数 x */
    while(x!=0)              /* 判断 x 是否不等于 0 */
    {
    s+=x;                   /* 把 x 加到 s 中 */
    scanf("%d",&x);          /* 输入整数 x */
    }
    printf("s=%d\n",s);
}
```

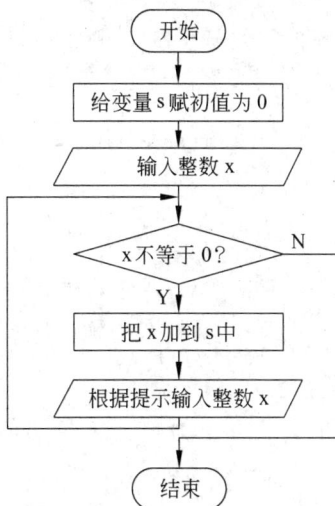

图 5.2 例 5-1 流程图

【运行】

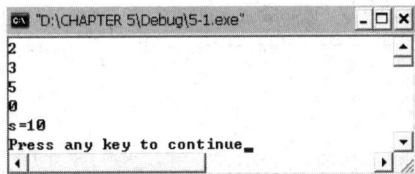

下面再看一个题目。

【例 5-2】 输入两个正整数 m 和 n,求它们的最大公约数。

【分析】 首先要对输入的两个数进行判断,如果它们不全是正整数,则给出错误提示。

(1) 输入两个整数 m 和 n。

(2) 判断这两个整数是否为正整数,如果不是,则给出错误提示信息;如果是,则转向第(3)步。

(3) 置初值 i=2。

(4) 若 i 小于等于 m 和 n 中的最小值,则执行(5),否则转向(7)。

(5) 判断 i 是否能够整除 m 和 n,若能,则把 i 的值赋给变量 t。

(6) i 的值自增。

(7) 输出 t。

【程序】

```
#include<stdio.h>
void main(void)
{
    int m,n,i,min,t;
    printf("请输入整数 m 和 n:\n");
```

```
scanf("%d%d",&m,&n);
if(m<=0||n<=0)
    printf("输入错误!");
else
{
    min=m<n?m:n;
    i=2;
    while(i<=min)
    {
        if(m%i==0&&n%i==0)
        t=i;
        i++;
    }
    printf("%d和%d的最大公约数是 %d\n",m,n,t);
}
}
```

【运行】

```
"D:\CHAPTER 5\Debug\5-2.exe"
请输入整数m和n:
16 24
16和24的最大公约数是 8
Press any key to continue
```

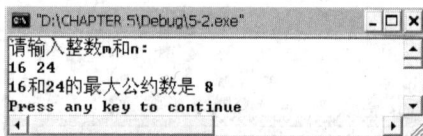

5.2 do…while 语句

do…while 语句也叫"直到语句"。其一般形式如下:

```
do
{
    循环体语句
}while(表达式);
```

流程图如图 5.3 所示。

它的执行顺序是这样的:首先执行"循环体语句",待"循环体语句"执行完毕后,再计算作为控制条件的"表达式"的值。若该值为真(即不等于 0),就再次执行"循环体语句",否则就终止此 do…while 语句。如此重复下去,直到"表达式"的值为假(即等于 0),则该循环语句执行完毕。

图 5.3　do…while 循环流程图

【说明】

(1) do…while 语句中的"表达式"可以是任意类型表达式,必须用圆括号"()"括起来。

(2) 用 while 语句和 do…while 语句处理同一问题时,执行结果经常是相同的。但是,如果"表达式"一开始就为假(0 值),两种循环语句得到的结果就是不同的。

【例 5-3】 while 语句和 do…while 语句执行结果的比较。

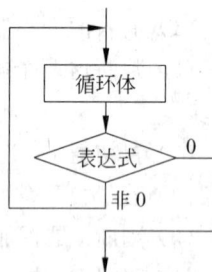

（1）while 语句代码段

```
#include<stdio.h>
void main(void)
{
    int sum=0,i;
    scanf("%d",&i);
    while(i<5)
    sum+=i++;
    printf("sum=%d",sum);
}
```

（2）do…while 语句代码段

```
#include<stdio.h>
void main(void)
{
    int sum=0,i;
    scanf("%d",&i);
    do
    {
        sum+=i++;
    }while(i<5);
    printf("sum=%d",sum);
}
```

运行时，若两个程序都是输入 1，则运行结果均为 sum＝10；如果都是输入 5，则第一个程序得到结果 sum＝0，而第二个程序得到结果 sum＝5。

【例 5-4】　输入一个正整数 n，求 n!。

【分析】　用变量 jc 表示阶乘计算的最终结果，并令其初值为 1，然后把从 2 开始一直到 n 的所有整数逐个乘到 jc 中去。

（1）输入一个正整数 n。

（2）置 jc 的初值为 1，循环变量 a 的初值为 1。

（3）把 a 乘到 jc 中去，即执行 jc * ＝a。

（4）a 的值自增。

（5）当 a≤n 时，转到（3），否则转到（6）。

（6）输出 jc 的值。

【程序】

```
#include<stdio.h>
void main(void)
{
    int n,a;
    long jc;
    printf("请输入一个正整数 n:");
    scanf("%d",&n);
```

```
        a=1;
        jc=1;
        do
        {
            jc*=a;
            a++;
        }while(a<=n);
        printf("%d!=%ld\n",n,jc);
    }
```

【运行】

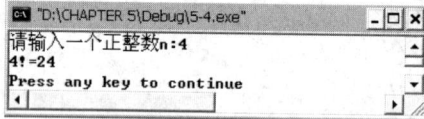

5.3 for 循环

for 语句也叫步长语句。其一般形式为：

for([表达式 1];[表达式 2];[表达式 3])
  循环体语句

流程图如图 5.4 所示。

执行过程如下。

(1) 先计算"表达式 1"。

(2) 计算并判断"表达式 2"，若该值为真(非 0)，则执行循环体语句；若为假(等于 0)，则结束循环，转到第(5)步。

(3) 计算表达式 3。

(4) 转到第(2)步继续执行。

(5) 结束循环。

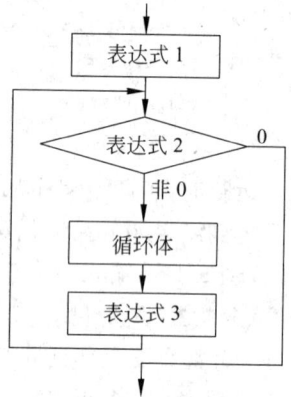

图 5.4 for 语句流程图

【说明】

(1) for 语句的圆括号内必须包含并且只能包含两个分号";"。

(2) for 语句的 3 个表达式(即"表达式 1"、"表达式 2"、"表达式 3")可以是任意类型表达式。"表达式 1"和"表达式 3"可以是简单表达式，也可以是逗号表达式。"循环体语句"可以是一条语句，也可以是多个语句，如果是多个语句，必须用一对大括号"{ }"把它们括起来成为复合语句。

(3) "表达式 1"可以省略。比如：

```
for(;j<10;j++)
    x=x-j;
```

相当于

```
while(j<10)
```

```
{
    x=x-j;
    j++;
}
```

(4)"表达式 2"也可以省略。由于"表达式 2"起到判断并控制循环是否继续执行的作用,因此当它省略时,则不判断循环控制条件,也就是认为"表达式 2"始终为真,循环将无终止地执行下去。例如:

```
for(j=1;;j++)x=x-j;
```

相当于

```
j=1;
while(1)
{
    x=x-j;
    j++;
}
```

(5)"表达式 3"也可以省略。例如:

```
for(j=1;j<10;)x=x-j;
```

相当于

```
j=1;
while(j<10)
    x=x-j;
```

for 循环的一般形式说明了这种循环语句最基本的结构规则,但在具体的实践中,我们往往会使用另外一种常用的形式来描述它。该形式如下所示:

```
for([<初始表达式>];[<循环控制条件>];[<增量表达式>])
    循环体语句;
```

【例 5-5】 输入一个正整数,判断是否为素数。

【分析】 素数是这样的整数,它除了能表示为它自己和 1 的乘积以外,不能表示为任何其他两个正整数的乘积。对于一个整数 m,相应的判断算法如下。

(1)首先设置一个标志变量 flag,令其初值为 1。

(2)将变量 i 的值置为 2。

(3)若 i 大于 $\sqrt{m}$,则转到(6);若 i 小于等于 $\sqrt{m}$,则用 m 除以 i。如果不能整除,则转到(4),否则转到(5)。

(4)将 i 的值自增,再转到(3)。

(5)将 flag 的值置为 0,再转到(4)。

(6)如果 flag 等于 1,则 m 是素数,否则就不是素数。

【程序】

```
#include<stdio.h>
#include<math.h>
void main(void)
{
    int m,i,flag=1;
    printf("请输入一个正整数 m:");
    scanf("%d",&m);
    for(i=2;flag&&i<=sqrt(m);i++)
        if(m%i==0)
            flag=0;
    if(flag)
        printf("%d是素数\n",m);
    else
        printf("%d不是素数\n",m);

}
```

【运行】

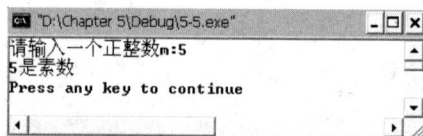

【说明】

(1) 在本例的程序中,使用库函数 sqrt(m)计算 m 的平方根。由于这是一个数学函数,所以在程序的开头要声明它的头文件 math.h。

(2) 请读者参照 5.7 节中的"break 语句"的作用思考一下,此程序能否进行简化?

【例 5-6】 有一个分数序列 2/1,3/2,5/3,8/5,13/8,21/13,…,求出这个数列的前 10 项之和。

【分析】 首先分析这个数列的规律:从第 2 个数开始,该数项的分母是前一个数项的分子,该数项的分子是前一个数项的分子与分母之和。算法如下。

(1) 用 s 表示各个数项之和,令其初值等于 0;用 a 表示数项的分子,初值赋为 2;用 b 表示数项的分母,初值赋为 1。

(2) 用 i 表示加到 s 中的数项的个数,初值为 1。

(3) 若 i>10,则转到(8);否则转到(4)。

(4) 将 a/b 加到 s 中。

(5) 将前一个数项的分子与分母之和赋值给后一个数项的分子。

(6) 将前一个数项的分子赋值给后一个数项的分母。

(7) 将 i 的值自增,再转到(3)。

(8) 输出结果。

【程序】

```
#include<stdio.h>
void main(void)
{
    int i;
    float a=2.0,b=1.0,s=0;
    for(i=1;i<=10;i++)
    {
        s+=a/b;
        a=a+b;
        b=a-b;                   /* 为什么不能写成"b=a;"?　 */
    }
    printf("该数列前10项之和为:%f\n",s);

}
```

【运行】

```
"D:\Chapter 5\Debug\5-6.exe"
该数列前10项之和为: 16.479906
Press any key to continue
```

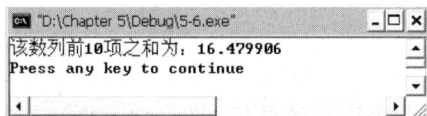

5.4　用 goto 语句和 if 语句构成循环

5.4.1　goto 语句

goto 语句也叫转向语句,用于改变程序的正常执行顺序,是程序的执行流程转移到程序中由 goto 语句指定的其他位置(某个带标号语句处)。它的一般形式为:

goto　语句标号;

其中,语句标号由标识符表示,即由字母、数字和下划线组成。

使用 if 语句和 goto 语句可以构成循环结构。但是,由于这样的循环形式有时会使循环执行过程变得难以预测,而且这样的程序也难以阅读、理解与分析,因此应尽量避免使用 goto 语句。

5.4.2　带标号语句

带标号语句的一般形式为:

标号:语句;

带标号语句的作用是便于其他语句将控制转移到标号所标记的位置。

【例 5-7】 用 if 语句和 goto 语句构成循环,求解 $\sum\limits_{i=1}^{10} i$ 。

本题比较简单,在此直接给出参考程序:

```c
#include<stdio.h>
void  main(void)
{
    int a=1,s=0;
    loop:
    if(a<=10)
    {
        s+=a;
        a++;
        goto loop;
    }
    printf("1到10的和等于%d\n",s);
}
```

5.5　循环的嵌套

　　一个循环体内又包含另一个完整的循环结构,称为循环的嵌套。循环嵌套的层次数是任意的。如果一个循环体内只嵌套一层循环,这种结构就称作二重循环。对于二重循环而言,处于内部的循环叫做内循环,处于外部的循环叫做外循环。前几节介绍的几种循环语句均可以互相嵌套。对于嵌套的循环结构,应当特别注意内外循环的执行过程。下面举例说明嵌套循环的程序设计方法。

　　【例 5-8】 使用循环结构编程实现下面图形的输出。

```
    *
   ***
  *****
   ***
    *
```

　　【分析】 对于要输出的这个图形,应当考虑输出行数、每行的星号个数、每行星号的位置 3 个因素。经过分析发现,第 $i(-2 \leqslant i \leqslant 2)$ 行星号个数等于 $5-2*abs(i)$ 。对于每行星号的位置,取决于它的前导空格个数,第 i 行的前导空格数等于 $abs(i)$ 。算法如下。

　　(1) 置初 i 为 -2 。

　　(2) 当 $i>2$ 时,转向第(7)步,否则转向第(3)步。

　　(3) 输出 $abs(i)$ 个空格。

　　(4) 输出 $5-2*abs(i)$ 个星号。

　　(5) 输出换行符。

　　(6) i 的值自增,并转向第(2)步。

　　(7) 程序结束。

【程序】

```c
#include<stdio.h>
#include<math.h>
void main(void)
{
    int i,j;
    for(i=-2;i<=2;i++)
    {
        for(j=1;j<=abs(i);j++)
            printf(" ");
        for(j=1;j<=5-2*abs(i);j++)
            putchar('*');
        printf("\n");
    }
}
```

【运行】

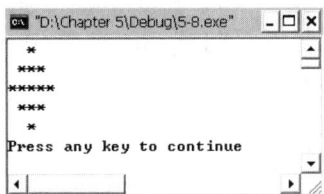

5.6　循环语句小结

（1）前面讲过的几种循环语句可以用来处理同一问题，一般情况下，可以互相替代。

（2）编写带有循环结构的程序时，应当首先考虑以下几个问题：循环执行的初始条件是什么？循环控制条件是什么？循环体部分执行什么操作？此外，还应当注意是否具有使循环趋于结束的语句，如果没有，则很可能会出现死循环。

（3）while 循环、do…while 循环和 for 循环，可以用 break 语句跳出循环，用 continue 语句结束当次循环，而对用 goto 语句和 if 语句构成的循环，不能用 break 语句和 continue 语句进行控制。

（4）当"表达式"中含有＋＋或－－运算符时，需要特别注意运算次序。下面举例说明这一问题。

【例 5-9】　分析以下程序的运行情况。

```c
#include<stdio.h>
void main(void)
{
    int x=-1;
    do
    {;}while(x++);
```

```
    printf("x=%d",x);
}
```

此程序的执行过程如下。

(1) 首先执行 x=-1。

(2) 第 1 次进入循环,循环体语句是空语句。执行 while 后的循环控制表达式,因 x 值为-1,结果为"真",将再次执行循环体。这时 x 执行自增操作变为 0。

(3) 第 2 次进入循环,循环体语句是空语句。执行 while 后的循环控制表达式,因 x 的值为 0,循环结束。这时 x 执行自增操作变为 1。

(4) 执行输出语句,输出: x=1。

5.7　break 语句和 continue 语句

5.7.1　break 语句

break 语句也叫中止语句,只能在 do…while、for 与 while 这 3 种循环语句以及 switch 语句中使用,用于退出它所在的循环语句或 switch 语句,并从下一条语句继续往下执行。例如:

```
b=2;
while(b<a)
{
    if(a%b==0)
        break;
    b++;
}
```

在本例中,如果 a 能够被 b 整除(即"a%b==0"成立),则整个 while 循环结束。

5.7.2　continue 语句

continue 语句只能用在 do…while、for 与 while 这 3 种循环语句中,用于终止(跳过)它所在的最内层循环语句的循环体中尚未执行的语句(但不终止整个循环的执行),接着进行下一轮循环。

需要注意的是: break 语句的功能是结束整个循环过程,而 continue 语句只结束本次循环。比较以下两个程序的不同。

【例 5-10】

```
#include<stdio.h>
void main(void)
{
    int  t,x=0,y=0;
    for(t=0;t<5;t++)
```

```
    {
        if(t%2>0)
        {
            x++;
            continue;
        }
        y++;
    }
    printf("x=%d,y=%d",x,y);
}
```

程序的执行情况如下。

(1) 循环变量 t 的值依次为 0、1、2、3、4、5，当 t 等于 5 时循环结束。

(2) for 循环体中包含了两条语句：if 语句和 y++;。

(3) if 子句的执行与否，取决于表达式：t%2>0。当 t 的值为奇数时执行 if 子句中的复合语句；当 t 的值为偶数时，不执行 if 子句中的复合语句。

(4) 当 t 的值为奇数时，执行 if 子句中的 x++，然后执行 continue，使流程跳过 for 循环体中的 y++，继续下一轮循环。

(5) 当 t 的值为偶数时，不执行 if 子句，而执行 for 循环体中的 y++，继续下一轮循环。

(6) 当 t 的值为 0、2、4 时，执行 y++；y 的初值为 0，执行 3 次 y++，使 y 的值为 3。当 t 的值为 1、3 时，执行 x++；x 的初值为 0，执行 2 次 x++，使 x 的值为 2。

(7) 当 t 的值为 5 时。退出循环，输出：x＝2，y＝3。

【例 5-11】

```
#include<stdio.h>
void  main(void)
{
    int   t,x=0,y=0;
    for(t=0;t<5;t++)
    {
        if(t%2>0)
        {
            x++;break;
        }
        y++;
    }
    printf("x=%d,y=%d",x,y);
}
```

程序的执行情况如下。

(1) 循环变量 t 的值依次为 0,1,2,3,4,5，当 t 等于 5 时循环结束。

(2) for 循环体中包含了两条语句：if 语句和 y++;。

(3) if 子句的执行与否，取决于表达式：t%2>0。当 t 的值为奇数时执行 if 子句中的复合语句；当 t 的值为偶数时，不执行 if 子句中的复合语句。

（4）当 t 的值为偶数时，不执行 if 子句，而执行 for 循环体中的 y++。

（5）当 t 的值为奇数时，执行 if 子句中的 x++，然后执行 break，使流程跳出 for 循环。

（6）当 t 的值为 0 时，执行 y++；y 的初值为 0，执行 1 次 y++，使 y 的值为 1。当 t 的值为 1 时，执行 x++，x 的初值为 0，执行了 1 次 x++，使 x 的值为 1，接着执行 break，跳出 for 循环体。

（7）当 t 的值为 1 时，跳出了循环，输出：x＝1，y＝1。

习题 5

5.1 编一个程序，求费波那契（Fibonacci）序列：1，1，2，3，5，8，…。请输出前 20 项。序列满足关系式：$F_1=1, F_2=1, F_n=F_{n-1}+F_{n-2}$（其中 n 为大于等于 3 的整数）。

5.2 祖父年龄 70 岁，长孙 20 岁，次孙 15 岁，幼孙 5 岁。问要过多少年，3 个孙子的年龄之和同祖父的年龄相等？请编写程序实现。

5.3 求出 10 个"韩信点兵数"，该数除以 3 余 2，除以 5 余 3，除以 7 余 4（例如 53，158，263 …）。

5.4 读入 10 个数，计算它们的和、积、平方和及和的平方。

5.5 计算并输出 1!，2!，3!，…35!。
提示：阶乘结果定义为实型，以便表示较大的数。每个阶乘值乘一个数就得到后一个阶乘值。要求用一重循环编程。

5.6 计算并输出 2^n，2^{-n}。已知 n＝0，1，2，3，…，15。
提示：结果定义为浮点型。不要用指数函数与对数函数计算，用乘 2 递推计算。

5.7 利用下列公式计算并输出 π 的值。
$$\pi/4＝1-1/3+1/5-1/7+\cdots+1/(4n-3)-1/(4n-1) \quad (n＝10000)$$

5.8 一个球从 100 米高度自由落下，每次落地后反跳回原高度的一半，再落下，以此类推。求它在第 10 次落地时，共经过多少米？第 10 次反弹多高？

5.9 鸡与兔同笼，其中共有 25 个头，有 80 只脚，问笼中鸡和兔各有多少只？

5.10 输出 1～999 中能被 3 整除，且至少有一位数字是 5 的所有整数。

5.11 求 2～1000 中的守形数（若某数的平方，其低位与该数本身相同，则称该数为守形数）。例如 25，$25^2＝625$，625 的低位 25 与原数相同，则称 25 为守形数）。

5.12 输入 20 个数，求出它们的最大值、最小值及平均值。

5.13 输入两个正整数 m 和 n，求其最小公倍数。

5.14 输入 20 个数，统计其中正、负和零的个数。

第6章 数　　组

C语言提供了3种构造数据类型：数组类型、结构体类型和共用体类型。本章只介绍数组类型。

在许多应用中都需要处理一些有着共同性质的数据。例如：把10个数值进行排序，保存一个矩阵的数据，统计一篇文章中的单词个数。在这种情况下，可以把这些具有相同性质的数据保存在数组里。

数组是一组数据的有序的集合。这里所说的有序是指数组中的各个数据（即数组元素）在内存中的存储位置是有序的，即它们顺序相邻的存储在一片相连的内存区域中。数组中的每一个元素都属于同一个数据类型。

根据数组的维数的不同，可以把数组分为一维数组和多维数组，多维数组包括二维数组、三维数组甚至更多维数的数组。

本章重点：

(1) 一维数组的定义与引用。

(2) 二维数组的定义与引用。

(3) 字符数组的定义与引用。

(4) 常见的排序算法。

本章难点：

(1) 数组的初始化。

(2) 理解并掌握使用数组进行算法设计的思路。

6.1　一维数组的定义和引用

6.1.1　一维数组的定义

一维数组的定义形式如下：

类型说明符　数组名[常量表达式];

例如：

```
int array[5];
```

表示定义了一个数组名为 array，包含5个数组元素的数组。

【说明】

(1) "常量表达式"部分必须用中括号"[ ]"括起来，且定义形式末尾必须加分号";"。

(2) "类型说明符"用来说明数组中各个元素的类型。

（3）"常量表达式"表示数组长度，即元素的个数。例如在上例中，5 表示 array 数组中有 5 个元素。需要注意的是，这些元素的下标是从 0 开始，这些元素分别是 array[0]、array[1]、array[2]、array[3]、array[4]。

（4）数组名是说明数组时所用的标识符，其命名规则与标识符的命名规则相同。在 C 语言中，数组名可以表示该数组的首地址，即第一个元素的地址。例如在上例中，array 就可以表示元素 array[0]的地址。

（5）根据数组的存储分配方法，数组中各个元素顺序相邻地存储在一段连续的内存区域中。例如上例中 array 数组中各个元素的存储情况如下。

内存地址	100000h	100002h	100004h	100006h	100008h
数组元素	array[0]	array[1]	array[2]	array[3]	array[4]

6.1.2　一维数组元素的引用

数组元素的引用形式如下：

数组名[下标]

【说明】

（1）必须先定义数组，才可以引用数组元素。

（2）C 语言规定只能一个一个地引用数组元素，而不能一次引用数组中的全部元素。

（3）"下标"可以是整型常量表达式，也可以是整型变量表达式。下标值的最大值应该是数组的长度值减 1。

（4）请注意数组的定义形式和数组元素的引用形式的区别。

【例 6-1】　从键盘上输入 5 个整数，然后按相反顺序输出。

【分析】　此题用于练习对一维数组元素的引用，算法非常简单，不再赘述。

【程序】

```
#include<stdio.h>
void main(void)
{
    int a[5],i;
    printf("请输入 5 个整数:\n");
    for(i=0;i<5;i++)
        scanf("%d",&a[i]);
    printf("按照相反顺序的输出结果为:\n");
    for(i=4;i>=0;i--)
        printf("%d ",a[i]);
    printf("\n");
}
```

【运行】

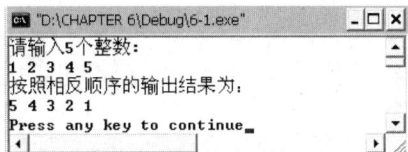

6.1.3　一维数组的初始化

数组可以在定义时进行初始化。其初始化方式有以下几种。

(1) 在数组的初始化部分,各个元素的值之间用逗号隔开并把这些值用花括号"{ }"括起来。例如:

```
int  a[5]={12,4,5,6,32};
```

数组元素 a[0],a[1],a[2],a[3],a[4]的值分别初始化为 12,4,5,6,32。

(2) 如果元素值的个数和数组长度相等,可以不指定数组长度。例如:

```
int  a[]={12,4,5,6,27};
```

(3) 可以只给数组的部分元素赋初值。例如:

```
int  a[5]={12,47,6};
```

其中,a[0]、a[1]、a[2]的值分别初始化为 12、47、6。注意,在对数组元素部分赋初值时,只能对前一部分连续的元素赋初值,因此以下两种情况都是错误的。

```
int  a[5]={,,14,54,74};
int  a[5]={16,,18};
```

6.1.4　一维数组程序举例

【例 6-2】　从键盘输入 10 个数,并用冒泡法将这 10 个数按从小到大的顺序排序。

【分析】　冒泡法(从小到大)排序的基本思想是:将第一个数与第二个数比较,若前者大于后者,则将两数对调;再将第二个数与第三个数比较,若前者大于后者,则将两数对调;以此类推,最后倒数第二个数与倒数第一个数比较,若前者大于后者,则将两数对调;这样,经过一遍比较,就将最大的数调到了最后的位置,然后再做第二遍比较,将次最大的数移动到倒数第二个位置;以此类推,最后一遍比较时,只需比较第一个与第二个数,若前者大于后者,则对调。至此,整个排序过程结束。算法如下。

(1) 从键盘输入 10 个数,分别赋值给一维数组 a 的 10 个元素。

(2) 置初值 j 为 0,当 j 大于 8 时,转向第(5)步;否则执行第(3)步。

(3) 两两比较从 a[0]到 a[9−j]的相邻元素,若前者大于后者,则对调。

(4) j 自增,并转向第(2)步。

(5) 循环结束。

（6）依次输出数组 a 中的各个元素。

【程序】

```
#include<stdio.h>
void main(void)
{
    int a[10],i,j,t;
    printf("请输入 10 个整数:\n");
    for(i=0;i<10;i++)
        scanf("%d",&a[i]);
    for(j=0;j<9;j++)
        for(i=0;i<9-j;i++)
            if (a[i]>a[i+1])
            {
                t=a[i];
                a[i]=a[i+1];
                a[i+1]=t;
            }
    printf("排序后的结果为:\n");
    for(i=0;i<10;i++)
        printf("%d ",a[i]);
    printf("\n");
}
```

【运行】

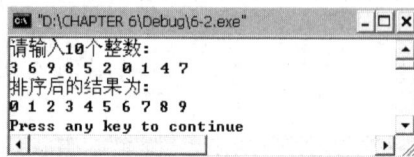

```
"D:\CHAPTER 6\Debug\6-2.exe"
请输入10个整数:
3 6 9 8 5 2 0 1 4 7
排序后的结果为:
0 1 2 3 4 5 6 7 8 9
Press any key to continue
```

【例 6-3】　利用二分查找法在一个按升序排列的数组中查找一个数据,若找到,则输出该数在数组中的下标位置;若没有找到,则输出"查无此数"。

【分析】　二分查找法,也叫折半查找法,它的基本思想是,将 n 个数组元素从中间分成两半,取 a[n/2]与查找的 x 做比较,如果 x＝a[n/2]则找到 x,算法终止。如果 x＜a[n/2],则只要在数组 a 的左半部继续搜索 x。如果 x＞a[n/2],则我们只要在数组 a 的右半部继续搜索 x。

【程序】

```
#include<stdio.h>
void main(void)
{
    int x,mid,top,bottom,a[10]={2,3,5,7,8,11,14,35,68,70};
    printf("请输入要查找的数:");
    scanf("%d",&x);
    bottom=0;
```

```
        top=9;
        while(bottom<=top)
        {
            mid=(top+bottom)/2;
            if(x<a[mid])
                top=mid-1;
            else if(x>a[mid])
                bottom=mid+1;
            else
                break;
        }
        if(bottom<=top)
            printf("%d在数组中的下标为%d\n",x,mid);
        else
            printf("查无此数!\n");
}
```

【运行】

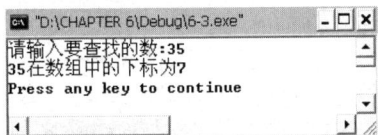

6.2　二维数组的定义和引用

6.2.1　二维数组的定义

二维数组是一种最简单的多维数组。其定义形式如下：

类型说明符　数组名[常量表达式 1][常量表达式 2];

例如：

int　a[2][3];

【说明】

(1) 根据 C 语言的规定,可以把二维数组看做一个特殊的一维数组,它的每一个元素又是一个一维数组。例如在上例中,可以认为 a 是一个一维数组,包含两个元素:a[0]和a[1]。而这两个元素又是一个包含 3 个元素的一维数组,即 a[0]包括 a[0][0]、a[0][1]、a[0][2],a[1]包括 a[1][0]、a[1][1]、a[1][2]。

(2) "常量表达式 1"用来表示该数组的行数,"常量表达式 2"用来表示该数组的列数。两个常量表达式的乘积表示该数组的元素个数。两个常量表达式要用两对中括号分别括起来。

(3) 二维数组元素在内存中的存放顺序是:按行存放,即在内存中先顺序存放第一行的元素，在顺序存放第二行的元素，以此类推。例如，上例中数组 a 的各个元素的存放顺序为：

a[0][0]→a[0][1]→a[0][2]→a[1][0]→a[1][1]→a[1][2]

6.2.2　二维数组元素的引用

二维数组的元素的表示形式为：

数组名[下标 1][下标 2]

其中，"下标 1"表示行下标，"下标 2"表示列下标，两者必须都是整型表达式。例如 a[0][1]，表示数组 a 中的第一行第二列的元素。

6.2.3　二维数组的初始化

对二维数组的初始化方法如下所示。

(1) 分行对所有元素赋初值。如

```
int   a[2][3]={{1,7,6},{2,3,17}};
```

第一个花括号内的数据按顺序赋给第一行的元素，即 a[0][0]、a[0][1]、a[0][2]分别等于 1、7、6；第二个花括号内的数据按顺序赋给第二行的元素，即 a[1][0]、a[1][1]、a[1][2]分别等于 2、3、17。

(2) 可以将所有数据写在一个花括号内。例如：

```
int   a[2][3]={1,7,6,2,3,17};
```

根据数据元素存储的行优先原则，这些元素先赋值给第一行的元素，再赋值给第二行的元素。即 a[0][0]、a[0][1]、a[0][2]、a[1][0]、a[1][1]、a[1][2]的值分别等于 1、7、6、2、3、17。如果数据值的个数小于元素个数，例如：

```
int a[2][3]={1,7,6,2};
```

则按照行优先原则，只对 a[0][0]、a[0][1]、a[0][2]、a[1][0]分别赋值为 1、7、6、2。

(3) 可以对每行的前一部分元素赋初值。例如：

```
int   a[2][3]={{1},{2,6}};
```

1、2、6 分别赋值给 a[0][0]、a[1][0]、a[1][1]。

(4) 如果对全部元素赋初值，则第一维的长度可以不指定，但第二维的长度不能省。如

```
int   a[][3]={1,7,6,2,3,17};
```

也可以只对部分元素赋初值，但应分行赋初值。例如：

```
int   a[][3]={{1},{2,6}};
```

6.2.4 二维数组程序举例

【例6-4】 按行优先次序输入一个矩阵,再按列优先次序输出。

例如:输入

```
1  2  3
4  5  6
```

输出

```
1  4
2  5
3  6
```

【分析】 此题用于帮助读者建立二维数组元素引用的直观概念。假设用2行3列的二维数组 a 来保存矩阵的值。即用 a 的第一行元素(a[0][0]、a[0][1]、a[0][2])保存矩阵的第一行的值,a 的第二行元素(a[1][0]、a[1][1]、a[1][2])保存矩阵的第二行的值。

【程序】

```c
#include<stdio.h>
void main(void)
{
    int a[2][3],i,j;
    printf("请输入一个 2×3 矩阵:\n");
    for(i=0;i<2;i++)
        for(j=0;j<3;j++)
            scanf("%d",&a[i][j]);
    printf("该矩阵按列优先顺序输出的结果为:\n");
    for(j=0;j<3;j++)
    {
        for(i=0;i<2;i++)
            printf("%d ",a[i][j]);
        printf("\n");
    }
}
```

【运行】

```
 "D:\CHAPTER 6\Debug\6-4.exe"
请输入一个2×3矩阵:
1 2 3
4 5 6
该矩阵按列优先顺序输出的结果为:
1 4
2 5
3 6
Press any key to continue
```

【例6-5】 找出 4×4 的二维数组中的最小元素,把该元素所在行的各个元素(假设只有一个最小元素）与二维数组的末行元素互换。例如：二维数组为：

```
9 3 5 7
4 1 3 8
2 4 5 6
6 5 3 7
```

互换后换成：

```
9 3 5 7
6 5 3 7
2 4 5 6
4 1 3 8
```

【分析】 本题的要求可以分解为如下两项操作：

（1）在整个数组中寻找最小元素并记录其行下标。

（2）把找到的最小元素所在行与末行互换。

【程序】

```c
#include<stdio.h>
void main(void)
{
    int i,j,t,min,k,a[4][4]={{9,3,5,7},{4,1,3,8},{2,4,5,6},{6,5,3,7}};
    printf("最初的二维数组为:\n");
    for(i=0;i<4;i++)
    {
        for(j=0;j<4;j++)
            printf("%d ",a[i][j]);
        printf("\n");
    }
    min=a[0][0];                    /* min 表示最小元素的值 */
    k=0;                            /* k 表示最小元素的行下标 */
    for(i=0;i<4;i++)
        for(j=0;j<4;j++)
            if(a[i][j]<min)
            {
                min=a[i][j];
                k=i;
            }
    for(j=0;j<4;j++)                /* 将最小元素所在行与数组的末行互换 */
    {
        t=a[3][j];
        a[3][j]=a[k][j];
        a[k][j]=t;
    }
    printf("处理后的二维数组为:\n");
    for(i=0;i<4;i++)
```

```
    {
        for(j=0;j<4;j++)
            printf("%d",a[i][j]);
        printf("\n");
    }
}
```

【运行】

```
"D:\CHAPTER 6\Debug\6-5.exe"
最初的二维数组为：
9 3 5 7
4 1 3 8
2 4 5 6
6 5 3 7
处理后的二维数组为：
9 3 5 7
6 5 3 7
2 4 5 6
4 1 3 8
Press any key to continue_
```

6.3 字符数组

字符数组是数组元素类型为字符类型的数组。字符数组中的一个元素用来存放一个字符。字符数组具有数组的全部特性。

6.3.1 字符串常量

字符数组可以被视为是字符变量的集合。和它相对应的是字符串常量,所谓字符串常量就是用一对双引号括起来的字符常量的集合。例如:"abc","hello"都是字符串常量。

字符串在存储到内存中时,系统会自动对它加一个'\0'作为结束符。例如:"hello"表面上看只有 5 个字符,但在内存中占 6 个字符,最后一个字符就是由系统自动添加的'\0'。

'\0'称为字符串结束标志,代表 ASCII 码为 0 的字符。它不是一个可以显示的字符,而是一个"空操作符"。在对字符串进行操作时,遇到'\0'就表示字符串结束,不会产生任何附加的操作或增加有效字符。

需要注意的是,字符常量和字符串常量的区别。例如:'a'是一个字符常量,它只包含一个字符;而"a"是一个字符串常量,它包含两个字符,除了我们能看到的字符'a',还包含一个字符串结束标志字符'\0'。

6.3.2 字符数组的定义

字符数组包括一维字符数组和多维字符数组(以二维字符数组为例)。定义方式如下:

```
char    数组名[常量表达式];
char    数组名[常量表达式 1][常量表达式 2];
```

例如：

```
char   a1[10];                    /* 声明 1 个长度为 10 的字符串 */
char   a2[3][10];                 /* 声明 3 个长度为 10 的字符串 */
```

6.3.3 字符数组的引用

通常情况下，可以逐个引用字符数组中的元素。例如：

```
#include<stdio.h>
void main(void)
{
    char a[10];
    int i;
    printf("input ten numbers:\n");
    for(i=0;i<10;i++)
        scanf("%c",&a[i]);
    for(i=0;i<10;i++)
        printf("%c",a[i]);
}
```

但是，在对字符数组进行输入输出操作时，也可以将整个字符数组以字符串的形式进行整体输入或输出。例如

```
#include "stdio.h"
void main(void)
{
    char a[10];
    scanf("%s",a);
    printf("%s\n",a);
}
```

6.3.4 字符数组的初始化

字符数组的初始化有以下几种方式。

（1）对数组进行逐个元素初始化，例如：

```
char   c[5]={'h','e','l','l','o'};
```

在这个例子中，大括号里的 5 个字符分别赋值给了从 c[0] 到 c[4] 的 5 个数组元素。

（2）若初始化时，数据的个数小于数组的长度，则多余的元素自动赋值为'\0'。

（3）若初始化时，数据的个数大于数组的长度，则系统会认为是初始化错误。

（4）若初始化时，数据的个数等于数组的长度，则数组长度可以省略。例如：

```
char   c[]={'h','e','l','l','o'};
```

系统会自动认为该数组的长度为 5。

（5）初始化时，也可以写成以下形式

```
char  c[]="hello";
```

或

```
char  c[]={"hello"};
```

请注意，这种形式中系统会认为数组 c 的长度为 6。

6.3.5　字符串处理函数

在 C 的函数库中提供了一些用来处理字符串的函数。需要注意的是，在使用这些函数前必须在文件开始处用 ♯include <string.h> 命令将相关的头文件包含到源程序中。下面介绍几种常用的字符串处理函数。

1. puts(字符数组)

该函数表示将一个以'\0'结束的字符序列（字符数组或字符串）输出到终端，并在最后添上一个换行符，并且'\0'不会被显示出来。例如：

```
char  c[ ]="China";
puts(c);
```

输出结果为：

```
China
```

2. gets(字符数组)

该函数表示从终端输入一个字符串到字符数组，直到遇到换行符或字符串结束标志。换行符被丢弃，并且在字符数组的末尾加上一个'\0'。例如：

```
gets(a);
```

从键盘输入：

```
China↙
```

则将输入的字符串"China"（注意是 6 个字符）赋值给字符数组 a。

3. strcpy(字符数组 1,字符数组 2)

该函数表示将字符数组 2 的内容复制到字符数组 1 当中去。

【说明】

（1）"字符数组 1"的长度必须比"字符数组 2"的长度要大。

（2）"字符数组 1"必须是一个数组名的形式，"字符数组 2"可以是一个字符数组名，也可以是一个字符串常量。例如：

```
char a1[20],a2[]="hello";
strcpy(a1,a2);
```

或

```
char a1[20];
strcpy(a1,"hello");
```

两者作用是相同的。

(3) 复制时连同"字符数组 2"后面的'\0'一起复制到"字符数组 1"中。

4. strcat(字符数组 1,字符数组 2)

该函数表示连接两个字符数组中的字符串,把字符数组 2 连接到字符数组 1 的后面,结果放在字符数组 1 中,函数调用后返回字符数组 1 的地址。

【说明】

(1) 字符数组 1 的长度必须足够大,以便容纳连接后的字符串。

(2) 连接前两个字符数组的末尾都有一个'\0',连接时将字符数组 1 后面的'\0'被去掉,只把字符数组 2(连同它的'\0')一起复制过来。例如:

```
char   a1[100]="hello ";
char   a2[]="world";
printf("%s",strcat(a1,a2));
```

连接后 a1 中的值为:

h	e	l	l	o	_	w	o	r	l	d	\0

输出结果为:

```
hello world
```

(3) 连接后字符数组 2 的内容保持不变。

5. strcmp(字符数组 1,字符数组 2)

该函数表示比较两个字符串,比较时按 ASCII 码值从左向右逐个比较,直到出现不同字符或遇到"\0"为止。比较的结果由函数值带回。

【说明】

(1) 如果字符串 1＝字符串 2,返回函数值为 0。

(2) 如果字符串 1＞字符串 2,返回函数值为正数,其值是 ASCII 码的差值。

(3) 如果字符串 1＜字符串 2,返回函数值为负数,其值也是 ASCII 码的差值。

6. strlen(字符数组)

该函数表示检测字符串长度,函数返回字符串中原有字符的个数,不包括'\0',例如:

```
char str[20]="hello";
```

```
printf("%d",strlen(str));
```

输出结果为

```
5
```

6.3.6 字符数组程序举例

【例 6-6】 读入一串字符,以"!"结束。分别统计其中数字 0,1,2,…,9 出现的次数。

【分析】 用一维数组 a 的元素 a[0]～a[9]分别表示数字 0～9 出现的次数。以 a[0]为例,它用来表示数字"0"出现的次数,数字"0"的 ASCII 值比 a[0]的下标 0 大 48。利用这一规律可以简化程序的代码。

【程序】

```
#include<stdio.h>
void main(void)
{
    int i,a[10];
    char c;
    printf("请输入一串字符,并以!结束:\n");
    for(i=0;i<10;i++)
        a[i]=0;
    while((c=getchar())!='!')          /* 循环输入一串字符,以！结束 */
        if(c>=48&&c<=57)               /* 判断 c 是否为 0～9 之间的数字字符 */
            a[c-48]++;                 /* 结合题目分析中的提示理解该语句 */
    printf("统计结果为:\n");
    for(i=0;i<10;i++)
        printf("字符%c共出现%d次\n",i+48,a[i]);
}
```

【运行】

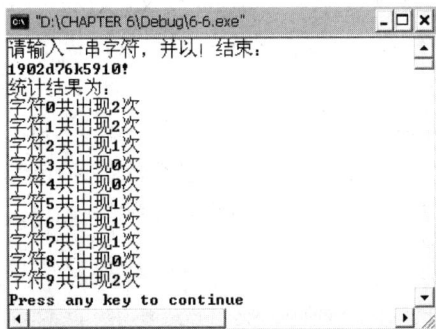

【例 6-7】 编程实现将两个字符串连接起来,不要用 strcat 函数。

【分析】 把两个字符串分别用两个一维字符数组 a 和 b 表示,将 b 的内容连接到 a 的后面,注意连接后要在 a 的末尾加一个字符串结束标志。算法如下。

（1）输入两个字符串，分别赋值给两个一维字符数组 a 和 b。

（2）将数组 a 的下标移动到最后一个元素即字符串结束标志'\0'的位置。

（3）将字符数组 b 的各个元素（除'\0'外）复制到 a 中。

（4）在数组 a 的末尾加上字符串结束标志'\0'。

（5）输出数组 a 的内容。

【程序】

```
#include<stdio.h>
void main(void)
{
    char a[80],b[80];
    int i,j;
    printf("请输入第一个字符串:\n");
    scanf("%s",a);
    printf("请输入第二个字符串:\n");
    scanf("%s",b);
    for(i=0;a[i]!='\0';i++);
    for(j=0;b[j]!='\0';j++)
        a[i++]=b[j];
    a[i]='\0';
    printf("连接后的结果为:%s  \n",a);
}
```

【运行】

```
 D:\CHAPTER 6\Debug\6-7.exe          _ □ ×
请输入第一个字符串:
hello
请输入第二个字符串:
world
连接后的结果为: helloworld
Press any key to continue_
```

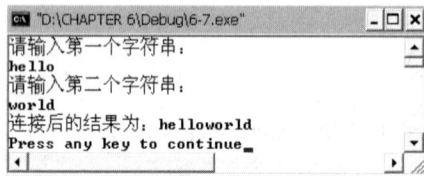

【例 6-8】 从键盘输入 3 个字符串，输出其中最大者。

【分析】 使用 gets 函数输入 3 个字符串，并定义一个 3 行 80 列二维数组，用二维数组的每一行存放一个字符串。使用 strcmp 函数分别比较这 3 个字符串，找到最大的存放到一维字符数组 string 中。算法如下。

（1）输入 3 个字符串，存放到二维数组的 3 行即 str[0]、str[1]、str[2]中。

（2）比较 str[0]和 str[1]，把大的存入一维字符数组 string。

（3）比较 string 和 str[2]，把大的存入一维字符数组 string。

（4）输出 string 的值。

【程序】

```
#include<stdio.h>
#include<string.h>
void main(void)
{
```

```
    char str[3][80],string[80];
    int i;
    printf("请输入三个字符串:\n");
    for(i=0;i<3;i++)
        gets(str[i]);
    if(strcmp(str[0],str[1])>0)
        strcpy(string,str[0]);
    else
        strcpy(string,str[1]);
    if(strcmp(str[2],string)>0)
        strcpy(string,str[2]);
    printf("最大的字符串是:\n%s\n",string);
}
```

【运行】

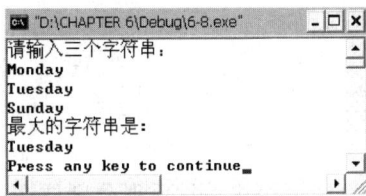

习题 6

6.1 输入 10 个学生的单科成绩,求出其中最高分、最低分以及超过平均分的人数。

6.2 用筛选法求 100 之内的素数。

6.3 从一个数列中找到最小的数,并将它插入到最前面。

6.4 打印出以下的杨辉三角形(要求打印出 10 行)。

```
                    1
                    1   1
                    1   2   1
                    1   3   3   1
                    1   4   6   4   1
                    1   5   10  10  5   1
```

6.5 用选择法对 10 个整数排序。

6.6 将一整数数列按奇数在前、偶数在后的顺序重新排放,并要求奇偶两部分分别有序。

6.7 找出一个二维数组的"鞍点",即该位置上的元素在该行上最大,在该列上最小。也可能没有鞍点。

（1）准备如下两组测试数据。

① 二维数组有鞍点

```
    9       80   205   40
    90     -60    96    1
    210     -3   101   89
```

② 二维数组没有鞍点

```
 9        80    205    40
90       -60    196     1
210       -3    101    89
45        54    156     7
```

（2）用 scanf 函数从键盘输入数组各元素的值,检查结果是否正确。

6.8 输入一行字符串,将该字符串中所有的大写字母改为小写字母后输出。

6.9 输入 n 值,打印边长为 n 的空心正六边形,其边由"＊"组成。

例如：当 n＝4 时,图形如下。

```
        *   *   *   *
      *               *
    *                   *
  *                       *
    *                   *
      *               *
        *   *   *   *
```

6.10 围绕着山顶有 10 个洞,一只兔子和一只狐狸分别住在洞里。狐狸总想吃掉兔子。一天兔子对狐狸说：你想吃掉我有一个条件,先把洞顺序编号,你从第一个洞出发,第一次先到第一个洞找我,第二次隔 1 个洞找我,第三次隔 2 个洞找我,第四次隔 3 个洞找我,以此规律类推,寻找次数不限。我躲在一个洞里不动,只要你找到我,你就可以饱餐一顿,要找到我之前你不能停。狐狸一想,只有 10 个洞,次数又不限,哪有找不到的道理,狐狸马上就答应了条件,结果跑断了腿也没找到兔子。请问兔子躲在哪个洞里? 程序可以假设狐狸跑了 1000 圈。

6.11 将字符串 a 中下标值为偶数的元素由小到大排序,其他元素不变。

6.12 输入一个 4 行 4 列的矩阵,分别求出主对角元素之和以及上三角元素之和。

第 7 章 函　　数

前面的各个章节已经介绍了怎样声明变量,书写表达式以及使用各种控制结构。本章将介绍如何把它们组织到函数中,构成一个独立的功能来解决一个独立的问题,这样可以让程序反复使用这些功能,从而达到代码复用的效果。

本章重点:

(1) 函数的定义、调用和声明。

(2) 函数调用中数据的传递方法。

(3) 函数的嵌套调用和递归调用。

(4) 变量的作用域与生存期。

本章难点:

(1) 函数形参和实参的区别。

(2) 值传递的单向性。

(3) 递归算法。

(4) 变量的存储类型对变量在函数中的作用域与生存期的影响。

(5) 多文件编程中的外部变量的使用。

7.1　模块化程序设计与函数

7.1.1　模块化程序设计

模块化程序设计是进行大型程序设计的一种有效措施。模块化程序设计的基本思想是按适当的原则把一个情况复杂、规模较大的程序系统划分为一个个较小的、相对独立的模块。每个模块都能完成一个特定的功能,这些模块互相协作完成整个程序要完成的功能。由于模块相互独立,在设计其中一个模块时,不会受到其他模块的牵连,因而可将原来较为复杂的问题简化为一系列简单模块的设计。

将一个大的程序划分为若干相对独立的模块,正是体现了抽象的原则,把程序设计中的抽象结果转化成模块,不仅可以保证设计的逻辑正确性,而且更适合项目的集体开发。各个模块可由不同的程序员编制。只要明确模块之间的接口关系,模块内部细节的具体实现可以由程序员自己随意设计,而模块之间不受影响。

在进行模块化程序设计时,应重点考虑以下两个问题。

1. 按什么原则划分模块

按功能划分模块。划分模块的基本原则是使每个模块都易于理解,而按照人类思维的特点,按功能来划分模块最为自然。按功能划分模块时,要求各模块的功能尽量单一,各模块之间的联系尽量少。这样的模块其可读性和可理解性都比较好,各模块间的接口关系比较简单,当要修改某一功能时只涉及一个模块。其他应用程序可以充分利用已有的一些模块。

2. 如何组织好各模块之间的联系

按层次组织模块。在按层次组织模块时,一般上层模块只指出"做什么",只有最底层的模块才精确地描述"怎么做"。

C语言中由函数来实现模块的功能。函数是一个自我包含的完成一定相关功能的执行代码段。可以把函数看成一个"黑匣子",只要将数据送进去就能得到结果,而函数内部究竟是如何工作的,外部程序是不知道的。外部程序所知道的仅限于输入给函数什么以及函数输出什么。函数提供了编制程序的手段,使之容易读、写、理解、排除错误、修改和维护。

C语言程序提倡把一个大问题划分成一个个子问题,对应于解决一个子问题编制一个函数,因此,C语言程序一般是由大量的小函数而不是由少量大函数构成的,即所谓"小函数构成大程序",其结构图如图7.1所示。

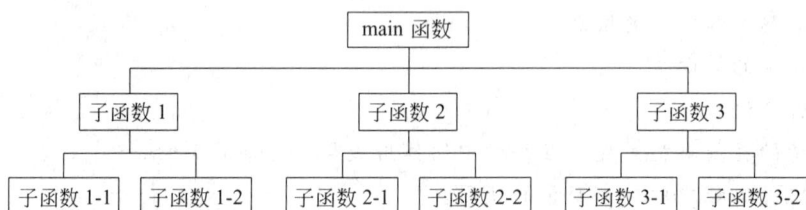

图 7.1 程序结构图

C语言提供如下一些支持模块化软件开发的功能。

(1)函数式的程序结构。程序整体由一个或多个函数组成。每个函数具有各自独立的功能和明显的界面。

(2)允许通过使用不同存储类别的变量,控制模块内部及外部的信息交换。

(3)具有编译预处理功能,为程序的调试和移植提供了方便,也支持了模块化程序设计。

7.1.2 函数的概述

要编写C程序,必须对C程序的结构有一个全面的了解。所有C程序都是由一个或多个函数体构成。一个函数调用另一个函数,前者称为主调函数,后者称为被调函数。当一个C程序的规模很小时,可以用一个源文件来实现,本章之前的程序都是由单个源文件构成的。当一个C程序的规模较大时,可以由多个源文件组成,但其中只有一个源文件含有主函数,而其他的源文件不能含有主函数。C的编译器和连接器把构成一个C程序的若干源文件有机地耦合在一起,最终产生可执行程序。

从用户使用的角度看,函数可分为如下两类。

(1)标准函数。即库函数,由C语言提供,用户可以直接调用。如printf、scanf函数。应该说明的是,不同的C系统提供的库函数的数量和功能可能有些差异,但一些基本的库函数是相同的。

（2）用户函数。是程序员在程序中定义的函数，用以解决用户的专门需要。从函数的形式看，函数也可以分为如下两类。

（1）无参函数。在调用这类函数时，主调函数并不将数据传送给被调用函数，一般用来执行指定的一组操作。无参数函数可以返回或不返回函数值，但一般以不返回函数值的居多。

（2）有参函数。在调用函数时，在主调函数和被调用函数之间有数据传递。也就是说，主调函数可以将数据传递给被调用函数使用，被调用函数中的数据也可以返回供主调函数使用。

从函数的作用范围来看，函数可以分为如下两类。

（1）外部函数。函数在本质上都具有外部性质，除了内部函数之外，其余的函数都可以被同一程序的其他源文件中的函数所调用。

（2）内部函数。内部函数只限于本文件的其他函数调用它，而不允许其他文件中的函数对它进行调用。

7.2 函数的定义

程序中若要使用自定义函数实现所需的功能，需要做3件事：(1)按语法规则编写完成指定任务的函数，即定义函数。(2)有些情况下在调用函数之前要进行函数声明。(3)在需要使用函数时调用函数。

函数的定义就是按照规定的格式，将一个子任务编写成一个函数。一般来说函数由一个名字来表示。函数的组成包括两个部分：函数首部和函数体。

函数定义的格式有返回确定值和不返回结果的两种格式。

7.2.1 返回确定值的函数定义

1. 定义

返回确定值的函数定义形式如下：

```
存储类型说明符 函数返回数据类型说明符 函数名 (形式参数说明表列)  / * 函数的首部 * /
{
    内部变量说明部分            / * { }中的内容为函数体 * /
    语句部分
    return 表达式;
}
```

函数定义由函数首部和函数体两部分组成。函数名(参数表)称为函数说明符。函数首部由存储类型说明符、函数返回值类型说明符和函数说明符组成。{…}称为函数体，在语法上是一个复合语句。

【说明】

（1）存储类型说明符说明该函数是内部函数（静态函数）还是外部函数，决定函数的作用域,即函数可以被调用的范围。可用于函数存储类型说明符有 static 和 extern。说明符为 static 的函数为内部函数(静态函数),其作用域为内部函数(静态函数)定义所在的文件中从定义之后到文件结束,即只能被和它在同一文件的定义的函数调用。extern 是存储类型说明符的默认值,即如果函数定义时不指定存储类型说明符,则编译系统默认该函数为外部函数,其作用域是外部函数定义所在的文件中从定义之后到文件结束,但可以通过函数说明,外部函数的作用域可以扩展到整个 C 程序,即外部函数可以被不在同一个文件中的任何函数调用。

(2) 函数的返回值是指函数被调用之后,执行函数体中的程序段所取得的并返回给主调函数一个确定的值。函数返回值类型说明符用来说明该函数返回值的数据类型,函数返回值的类型可以是除数组以外的任何类型。其中 int 是函数返回值类型说明符的默认值,即如果函数定义时不指定函数返回值类型说明符,则编译系统默认该函数是具有 int 类型返回值的函数。如果需要函数返回一个确定的值,除了在函数定义指出函数返回值的类型外,还必须在函数体内使用“return(表达式);”来实现。首先计算表达式的值,表达式的值就是所求的函数返回值。表达式的类型必须与函数定义时函数返回值类型说明一致,如果两者不一致,则以函数定义时函数返回值类型说明为准,自动将表达式的类型转换为该函数返回值的类型。如果没有 return 语句,或者有 return 语句(或不带表达式)并不表示没有返回值,而是表示返回一个不确定的值。如果不需要函数返回一个确定的值,而只需要完成某些操作,则应将该函数返回值类型说明符为“void”,且函数体内可以不包含任何 return 语句。

(3) 函数名是由用户定义的标识符,是用户给函数起的名字,需符合标识符的规定。函数名后有一个空括号和形式参数表(简称形参表),形参表中列出的参数称为形式参数(简称为形参),形参是函数要处理的数据。形参表说明了函数参数的名称、类型和数目。形参表由一个或多个参数说明组成,每个参数说明之间用逗号隔开。

参数说明的形式为:类型说明符 参数名

每个参数说明中的类型说明符后面只能跟一个参数名,参数名也必须满足标识符的规定。即每个参数说明只能说明一个形参,除此之外,参数的说明和变量的说明形式相同。如果函数没有参数,则形参表应说明为 void(形参表中的 void 可以缺省),表示形参为空。

(4) { } 中的内容称为函数体。函数体包括两个部分,变量说明部分和执行部分,变量说明部分通常用来定义在本函数中使用的变量、数组等,语句部分是函数功能的实现,通常由一系列可执行语句构成。

【例 7-1】 编函数求两个任意整数中的大数。

函数如下:

```
int max(int x, int y)
{
    int z;
    if (x>y) z=x;
    else z=y;
    return z;
}
```

【说明】 在调用函数中将两个整数分别传给 x 和 y,通过 max 函数就可求出它们中的大数并通过 return 语句将大数回送给调用者。

【例 7-2】 编函数求 n!。

函数如下：

```
double fact(int n)
{
    int i; double f=1;
    for(i=1;i<=n;i++)
        f=f*i;
    return f;
}
```

【说明】 在调用函数中传给 n 是何值，通过上述函数就可求出何值的阶乘，利用 return 语句回送结果，由此可看出函数编程的通用性较好。

2. 说明

(1) 函数的第一行称为函数的首部，其功能是通知系统该函数的相关信息，例如函数类型、函数名、是否有参数等。函数的首部不是语句，故其后不能有分号。例如：

```
double fact (int n); /* 错,函数首部不能有分号,不是语句 */
{ … }
```

(2) 在函数中，若需要接收调用者传过来的数据，就要安排变量作为接收者，该变量称为形参。其类型的定义放在函数名后面的"( )"中。例如：

```
fact (int n)和 max( int x, int y)
```

若不需形参，则"( )"也不能省略。例如：

```
void main ()
```

不需要接收调用者传过来数据的普通变量要放在函数体内定义。例如：

```
int i;double f=1;
```

7.2.2 不返回结果的函数定义

1. 定义

不返回结果的函数定义的形式如下：

```
void 函数名(参数表) /* 函数首部 */
{
    内部变量说明部分
    语句部分
}
```

若不需向调用者回送结果，则函数名前面的类型规定为 void，同时在函数中也不需要

return 语句。如果不指定任何类型,则 C 语言将默认函数类型为整型 int。

【例 7-3】 输出 10 个"＊"号。

函数如下:

```
void output()
{
    int j;
    for( j=1;j<=10;j++)
        printf( " * " );
}
```

【例 7-4】 输出任意个"＊"号。

函数如下:

```
void output (int n)
{
    int j ;
    for(j=1;j<=n;j++)
        printf("* ");
}
```

n 的值从调用者传过来。由于 n 要接收调用者传过来的数据,所以设计 n 为形参,而 j 是普通变量,在函数体中定义并赋值。

函数的功能是显示"＊"号,不需要向调用者回送函数值,所以不需 return 语句,函数类型是 void。

7.3 函数的参数和函数的值

7.3.1 形式参数和实际参数

前面已经介绍过,函数的参数分为形参和实参两种。在本小节中,进一步介绍形参、实参的特点和两者的关系。形参出现在函数定义中,在整个函数体内都可以使用,离开该函数则不能使用。实参出现在主调函数中,进入被调函数后,实参变量也不能使用。形参和实参的功能是做数据传送。发生函数调用时,主调函数把实参的值传送给被调函数的形参,从而实现主调函数向被调函数的数据传送。

形式参数:函数定义时,函数名后面括号内的参数称为形式参数。

实际参数:函数调用时,函数名后面括号内的参数称为实际参数。实参可以是常量、变量、表达式或具有返回值的函数调用表达式。

【例 7-5】

程序如下:

```
#include<stdio.h>
void w(float x, float y)
```

```
{
  x=5*x;
  y=x+y+2;
  printf ("in w: x=%.2f, y=%.2f\n",x,y);
}
void main()
{
  float a, b;
  printf ("please input 2 number:\n");
  scanf ("%f %f", &a, &b);
  w(a, b);
  printf ("in main: x=%.2f,y=%.2f",a,b);
}
```

【运行】

```
please input 2 number:
2.0 3.0
in w: x=10.00, y=15.00
in main: x=2.00, y=3.00
```

【例 7-6】

【程序】

```
#include<stdio.h>
int maxnum (int x, int y, int z);              /* 说明一个用户自定义函数 */
void main()
{
  int i, j, k, max;
  printf ("i, j, k=? \n");
  scanf ("%d %d %d ", &i, &j, &k);
  max=maxnum (i, j, k);                        /* 调用子函数,并将返回值赋给 max */
  printf("The maxnum value is %d\n", max);
  getchar(); getchar();
}

int maxnum (int x, int y, int z)
{
  int max;
  max=x>y ? x:y;                               /* 求最大值 */
  max=max>z? max:z;
  return (max);                                /* 返回最大值 */
}
```

【运行】

```
i, j, k=?
4 9 7
```

```
The maxnum value is 9
```

关于参数值的传递,需要注意以下几个问题。

(1) 定义函数时,定义的形参并不占用实际的存储单元,形参变量只有在被调用时才由系统给它分配内存单元,在调用结束时,即刻释放所分配的内存单元。因此,形参只有在函数内部有效。函数调用结束返回主调函数后,则形参已被释放不能再使用该形参变量。

(2) 形参只能是变量,而实参可以是常量、变量、表达式、数组元素、函数等。无论实参是何种类型的量,在进行函数调用时,它们都必须具有确定的值,以便把这些值传送给形参。因此应预先用赋值、输入等办法使实参获得确定值。例如:

```
max(3, a+b);
```

(3) 实参和形参在数量上、类型上、顺序上应严格一致,否则会发生"类型不匹配"的错误。

(4) 在定义函数时,必须指定形参的类型。例如:

```
int max(int x, int y)
{   int z;
    z=x>y? x:y;
    return(z);
}
```

(5) C 语言规定,函数调用中发生的数据传送是单向的。即只能把实参的值传送给形参,而不能把形参的值反向地传送给实参。因此在函数调用过程中,形参的值发生改变,而实参中的值不会变化。此处要注意一个"假象",数组名作为实参传递的是数组的首地址,严格地说,其传递的是"值(地址)"。后面所说的指针变量作为实参也是这样,传的也是"值(地址)"。

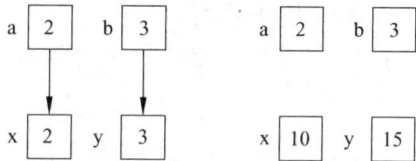

图 7.2　函数参数传递示意图

在内存中,实参单元与形参单元是不同的单元,如图 7.2 所示。

为了进一步说明这个问题,请看如下例子。

【例 7-7】

【程序】

```
#include<stdio.h>
int sum(int k)
{
    int i;
    for(i=k-1;i>=1;i--)
        k=k+i;
    printf("k=%d\n",k);
}
void main()
{
```

```
    int k;
    printf("input number\n");
    scanf("%d", &k);
    sum(k);
    printf("k=%d\n", k);
}
```

【运行】

```
input number 100
k=5050
k=100
```

【说明】 本程序中定义了一个函数 sum,该函数的功能是求 $\sum k_i$ 的值。在主函数中输入 k 值,并作为实参,在调用时传送给 sum 函数的形参量 k(注意,本例的形参变量和实参变量的标识符都为 k,但这是两个不同的量,各自的作用域不同)。在主函数中用 printf 语句输出一次 k 值,这个 k 值是实参 k 的值。在函数 sum 中也用 printf 语句输出了一次 k 值,这个 k 值是形参最后取得的 k 值 5050。从运行情况看,输入 k 值为 100。即实参 k 的值为 100。把此值传给函数 sum 时,形参 k 的初值也为 100,在执行函数过程中,形参 k 的值变为 5050。返回主函数之后,输出实参 k 的值仍为 100。可见实参的值不随形参的变化而变化。

【例 7-8】
【程序】

```
#include<stdio.h>
void fun(int i, int j)
{ int x=7;
  printf("i=%d, j=%d, x=%d\n", i, j, x);
}
void main()
{ int i=2, x=5, j=7;
  fun( j, 6 );
  printf("i=%d, j=%d, x=%d\n", i, j, x);
}
```

【运行】

```
i=7, j=6, x=7
i=2, j=7, x=5
```

7.3.2 函数的返回值

函数的返回值(函数的值)是指函数被调用之后,执行函数体中的程序段所取得的并返回给主调函数的值。如调用正弦函数取得正弦值。调用例 7-1 的 max 函数取得的最大数等。对函数的返回值有以下一些说明。

(1) 函数的返回值是通过函数中的 return 语句获得的。return 语句将被调用函数中的一个确定值带回主调函数中去。return 语句的一般形式为：

```
return(表达式);
```

或者为：

```
return 表达式;
```

该语句的功能是计算表达式的值,并返回给主调函数。在函数中允许有多个 return 语句,但每次调用只能有一个 return 语句被执行,因此只能返回一个函数值。

① 若 return 后面带表达式,首先计算表达式的值,表达式的值就是所求的函数值。表达式的类型必须与函数首部说明的类型一致。

例如：

```
int max(int x, int y)
{   int z;
    z=(x>y)? x:y;
    return(z);
}
```

其中：

```
z=(x>y)? x:y;
return(z);
```

等效于：

```
return(x>y ? x : y);
```

也等效于：

```
return x>y ? x : y;
```

② 一个函数可以含有多个 return 语句,但当执行到其中一个 return 语句就返回主调函数。

例如：

```
int isPrime (int m)
{   int i, k;
    k=sqrt(m);
    for (i=2; i<=k; i++)
        if (m%i==0)
            return(0);
    return(1);
}
```

③ 一个函数可以没有 return 语句,此时当函数执行到最后一个界限符"}"时返回主调函数。

(2) 应当在定义函数时指定函数的类型。

例如：

```
int max(int x, int y)
char letter(char c1, char c2)
double min(int x, int y)
```

C 语言规定,凡不加类型声明的函数,自动按整型处理。

例如:

```
max(int x, int y) 等效 int max(int x, int y)
```

(3) 函数值的类型和函数定义中函数的类型应保持一致。如果两者不一致,则以函数类型为准,自动进行类型转换。

(4) 对于有返回值的函数,若 return 语句后面没有表达式,或没有 return 语句,此时带回一个不确定的返回值。

例如:

```
stars(int n)
{   int i;
    for (i=1; i<=n; i++)
        putchar('*');
        putchar('\n');
}
…
x=stars(10);
printf("%d", x)
…
```

(5) 不返回函数值的函数,可以明确定义为“空类型”,类型说明符为“void”。如例 7-4 中的函数 output 并不向主函数返回函数值,因此可定义为:

```
void output(int n)
{ …
}
```

一旦函数被定义为空类型后,就不能在主调函数中使用被调函数的函数值了。例如,在定义 sum 为空类型后,在主函数中写下述语句:

```
s=sum(n);
```

就是错误的。

为了使程序有良好的可读性并减少出错,凡不要求返回值的函数都应定义为空类型。

【例 7-9】

【程序】

```
#include<stdio.h>
int sum(int x, int y)
{   int z;
    z=x +y;
    return(z);
}
```

```
void main()
{   int a=1, b=2, c;
    c=sum(a, b);
    printf("c=%d\n", c);
}
```

【运行】

c=3

【例 7-10】 用折半法计算函数 sin(x) 在给定区间内的零点，要求精度为 10^{-6}。

【分析】

（1）在主函数中输入给定区间的两个点。

（2）调用函数 zero。

（3）

{ 折半算法计算 x=(a+b)/2.0,

                如果 sin(x) 与 sin(a) 都小于 0，则

                    a=x;

           否则

               b=x;

}

   while(绝对值(a-b)>1E-6)

（4）如果 sin(a) * sin(b)<=0，则输出 x。

（5）返回主函数结束。

【程序】

```
#include<stdio.h>
#include<math.h>
void zero(double a, double b)
{
    int times=0;
    double x, z;
    do{
        x=( a +b)/2.0;
        z=sin(x);
        if (z<0&&(sin(a)<0))
            a=x;
        else b=x;
        if (++times>MAX){
            printf(" Times are too many! \n" );
            return;
        }
    }while (fabs(a-b)>1E-6);
    if(sin(a) * sin(b)<=0)
            printf( "Zero=%lf\n" , x);
```

```
    else
            printf(" There is no zero point! ");
}
void main()
{
    double m, n;
    printf(" Input data: m=? n=? \n" );
    scanf("%lf %lf" ,&m, &n );
    zero( m, n );
}
```

【运行】

```
Input data: m=? n =?
0 4
Zero=3.141 593
```

7.4 函数的调用

7.4.1 函数调用的一般形式

前面已经说过,在程序中是通过对函数的调用来执行函数体的,其过程与其他语言的子程序调用相似。

C语言中,函数调用的一般形式为:

函数名(实际参数表)

其中,实参表中实参的个数、出现的顺序和实参的类型一般应与函数定义中形参表的设计相同。如果函数定义中没有形参,那么函数调用中也没有实参,即实参表为空。但应注意,函数名后面的圆括号不能缺省。当实参表中有多个实参时,各个实参之间要以逗号分开。

【说明】

(1) 若调用无参函数,则无实参表列,但括号不能省略。

(2) 如果实参表列包含多个实参,则各参数间用逗号隔开。

(3) 实参与形参的个数应相等,类型应一致。

(4) 实参与形参按顺序一一对应传递数据。

【例 7-11】 计算并输出 3 个电阻的串联值和并联值,分别由函数 series() 和 parallel()实现。主函数 main()负责接收用户输入的 3 个电阻的值,并且调用上述两个函数。

【分析】

(1) 输入 3 个电阻值。

(2) 调用函数 series()。

① 计算 a1+a2+a3 得到 3 个电阻的串联值。

② 返回。

（3）调用函数 parallel()。

① 计算 rr＝1/b1＋1/b2＋1/b3，rs＝1/rr，得到 3 个电阻的并联值。

② 返回。

（4）结束。

【程序】

```
/* Calculating the values of series and parallel of resistances of r1,r2 and r3 */
#include<stdio.h>
void series(float a1,float a2,float a3)
{
    float rs;
    rs=a1+a2+a3;
    printf("The series value is %f\n" , rs);
    return;
}
void parallel(float b1,float b2,float b3)
{
    float rp, rr;
    rr=1/b1+1/b2+1/b3;
    rp=1/rr;
    printf("The parallel value is %f\n" , rp);
    return;
}
void main()
{
    float r1,r2,r3;              /* resistances */
    printf("Enter the values of r1,r2,r3\n");
    scanf("%f%f%f",&r1,&r2,&r3);
    series(r1,r2,r3);
    parallel(r1,r2,r3);
}
```

【运行】

```
Enter the values of r1,r2,r3
3 5 9
The series value is 17.000000
The parallel value is 1.551724
```

7.4.2　函数调用的方式

在 C 语言中，可以用以下几种方式调用函数。

1. 用函数调用语句调用

在函数调用表达式后面加上一个分号便构成了函数调用语句。

【例 7-12】 计算一个长方形的面积。
【程序】

```
#include<stdio.h>
void mianji( int a, int b)
{
    int s;
    s=a * b;
    printf("长方形面积为:%d\n",s);
}
void main()
{
    mianji(5,3);
}
```

【说明】 在 mianji 函数中需要接收长方形的长和宽两个数据,所以需要说明两个形式参数 int a 和 int b。当有多个形式参数时,每个参数都必须有自己的类型。即使同一类型的形参也必须分别声明,不能声明为"int a,b",且参数之间需要使用逗号隔开。

2. 函数调用作为函数表达式

函数调用作为表达式中的一项出现在表达式中,以函数返回值参与表达式的运算。这种方式要求函数是有返回值的。
【例 7-13】 定义一个函数,用于求两个数中的大数。
【程序】

```
#include<stdio.h>
int max(int x,int y)
{
    if(x>y) return x;
    else return y;
}
void main()
{
    int a,b,c;
    printf("input two numbers:");
    scanf("%d%d",&a,&b);
    c=max(a,b);
    printf("maxmum=%d",c);
}
```

【运行】

```
input two numbers:3 7
maxmum=7
```

【说明】 在 max 函数中,由于该函数要给主调函数返回一个确定的值(即两个数中最大的那个数),所以需要有函数返回值类型说明符。在本例中该函数的返回值类型为整数,所以在函数名前面加上了 int 类型说明符,且在函数体中包含了 return 语句。

3. 函数调用作为另一个函数的实参

函数调用作为另一个函数的实参,其值作为一个实际参数传给被调函数的形参进行处理。此时,要求函数带回一个确定值。例如:

```
printf("%d",max(x,y));
```

它可把 max 调用的返回值又作为 printf 函数的实参来使用。

在函数调用中还应该注意的一个问题是求值顺序的问题。所谓求值顺序是指对实参表中各实参是自左至右使用呢,还是自右至左使用。对此,各系统的规定不一定相同。

在函数调用时,应注意以下几点。

(1) 形参只能是变量,而实参可以是常量、变量、表达式、数组元素、函数调用等。无论实参是何种形式,在进行函数调用时,它们都必须具有确定的值,以便把这些值传送给形参。因此应预先用赋值、输入等办法使实参获得确定值。

(2) 实参和形参在数量上、类型上、顺序上应严格一致,否则会发生"类型不匹配"的错误。

(3) 定义函数时,定义的形参并不占用实际的存储单元,形参变量只有在被调用时才由系统给它分配内存单元,在调用结束时,即刻释放所分配的内存单元。因此,形参只有在函数内部有效。函数调用结束返回主调函数后,则形参已被释放不能再使用该形参变量。

(4) C 语言中实参值向形参的传递在本质上只有一种,即传值调用。传值意味着将实值的复制件传给被调函数形参。这种方式要经历以下 3 步。

① 当调用一个函数时,先计算各实参表达式的值。

② 将计算结果复制到栈中——内存的一个临时存储区,必要时进行类型转换。

③ 被调函数从栈中抽取计算的结果的值复制给形参。

由于被调函数并不是直接访问实参变量,所以,在被调函数内的代码不能修改实参变量,即使形参值发生变化时,也不影响主调函数的实参。

(5) 函数调用可以嵌套。任何一个函数都可以调用另外的函数,甚至调用它自己(除main 函数外)。

7.4.3 被调用函数的声明和函数原型

在主调函数中调用某函数之前应对该被调函数进行说明(声明),这与使用变量之前要先进行变量说明是一样的。在主调函数中对被调函数作说明的目的是使编译系统知道被调函数返回值的类型,以便在主调函数中按此种类型对返回值做相应的处理。

其一般形式为:

类型说明符 被调函数名 (类型 形参,类型 形参…);

或为:

类型说明符 被调函数名 (类型,类型…);

括号内给出了形参的类型和形参名,或只给出形参类型。这便于编译系统进行检错,以防止可能出现的错误。

例如:假设定义了以下函数。

```
float fun(double a, int b, float c)
{
…
}
```

那么,在主调函数中可以用以下 3 种之一语句加以声明。

(1) float fun(double a, int b, float c);

(2) float fun(double x, int y, float z);

(3) float fun(double, int, float);

C 语言中又规定,在以下几种情况时可以省去主调函数中对被调函数的函数说明。

(1) 当被调函数的函数定义出现在主调函数之前时,在主调函数中也可以不对被调函数再做说明而直接调用。例如例 7-13 中,函数 max 的定义放在 main 函数之前,因此可在 main 函数中省去对 max 函数的函数说明 int max(int a,int b)。

```
int max(int x, int y)
{ …
}
void main()
{ …
   c=max(a, b);
   …
}
```

(2) 如在所有函数定义之前,在函数外预先说明了各个函数的类型,则在以后的各主调函数中,可不再对被调函数做说明。例如:

```
#include<stdio.h>
char str(int a);
float f(float b);
void main()
{
…
}
char str(int a)
{
…
}
float f(float b)
{
```

```
    ...
    }
```

其中,第 1,2 行对 str 函数和 f 函数预先作了说明。因此,在以后各函数中无须对 str 和 f 函数再做说明就可直接调用。

(3) 对库函数的调用不需要再做说明,但必须把该函数的头文件用 include 命令包含在源文件前部。

【例 7-14】 计算 x 的 n 次幂,其中 x 为双精度,n 为非负整数,n 值由用户输入。

【分析】

(1) 在 main()中输入 x 和 n。

(2) 调用 power(x,n)计算 x 的 n 次幂。

```
for(p=1.0;m>0;m--)
{计算 p=p*y}
返回 main()
```

(3) 输出 x 的 n 次幂。

【程序】

```c
/* Calculating the n_th power of x */
#include<stdio.h>
void main()
{
    int n;
    double x,result;
    double power();
    printf("Input:x=? n=? \n");
    scanf("%lf%d",&x,&n);
    if(n<0)
        printf("n is negative! \n");
    else{
        result=power(x,n);
        printf("The result =%lf\n",result);
    }
}
double power(double y,int m)
{
    double p;
    if(m>0)
        for(p=1.0;m>0;m--)
            p *=y;
    else p=1.0;
    return(p);
}
```

【运行】

```
Input:x=? n=?
1.35 10
The result=20.106 556
```

7.5　函数的嵌套调用

C语言中不允许做嵌套的函数定义。因此各函数之间是平行的,不存在上一级函数和
下一级函数的问题。但是C语言允许在一个函
数的定义中出现对另一个函数的调用。这样就
出现了函数的嵌套调用。即在被调函数中又调
用其他函数。这与其他语言的子程序嵌套的情
形是类似的,其关系如图7.3所示。

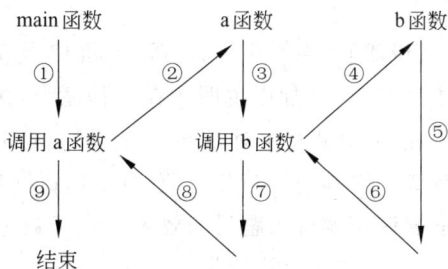

图7.3表示了两层嵌套的情形。其执行过
程是:执行main函数的开始部分,遇到函数调
用语句调用a函数,流程转去执行a函数,在a
函数执行过程中又遇到了调用b的函数调用语

图7.3　函数嵌套调用示意图

句,流程又转去执行b函数,b函数执行完毕后返回a函数的断点继续执行,a函数执行完
毕返回main函数的断点继续执行,直到程序执行结束。

【例7-15】　计算 $s = 2^2! + 3^2!$ 。

【分析】　本题可编写两个函数,一个是用来计算平方值的函数f1,另一个是用来计算
阶乘值的函数f2。主函数先调用f1计算出平方值,再在f1中以平方值为实参,调用f2计算
其阶乘值,然后返回f1,再返回主函数,在循环程序中计算累加和。

【程序】

```c
#include<stdio.h>
long f1(int p)
{
  int k;
  long r;
  long f2(int);
  k=p*p;
  r=f2(k);
  return r;
}
long f2(int q)
{
  long c=1;
  int i;
  for(i=1;i<=q; i++)
    c=c*i;
  return c;
}
```

```
void main()
{
  int i;
  long s=0;
  for (i=2;i<=3;i++)
    s=s+f1(i);
  printf("\ns=%ld\n", s);
}
```

【运行】

s=362 904

【说明】 在程序中,函数 f1 和 f2 均为长整型,都在主函数之前定义,故不必再在主函数中对 f1 和 f2 加以说明。在主程序中,执行循环程序依次把 i 值作为实参调用函数 f1 求 i^2 值。在 f1 中又发生对函数 f2 的调用,这时是把 i^2 的值作为实参去调 f2,在 f2 中完成求 i^2! 的计算。f2 执行完毕把 c 值(即 i^2!)返回给 f1,再由 f1 返回主函数实现累加。至此,由函数的嵌套调用实现了题目的要求。由于数值很大,所以函数和一些变量的类型都说明为长整型,否则会造成计算错误。

7.6 函数的递归调用

在函数体内部直接或间接地调用自己,即函数的嵌套调用是函数本身,这种函数称为递归函数。C语言允许函数的递归调用。在递归调用中,主调函数又是被调函数。执行递归函数将反复调用其自身,每调用一次就进入新的一层。

例如:

```
int f(int x)
{   int y, z;
    …
    z=f(y);
    …
    return(z * z);
}
```

```
int f1(int x)        int f2(int t)
{   int y,z;         {   int b,c;
    …                    …
    z=f2(y);             c=f1(a);
    …                    …
                         return(3+c);
}                    }
```

以上两段递归调用都是无休止地自身调用。但实际程序中不应该这样,不能无休止地自身调用。函数 f、f1 和 f2 中的实参一定要有变化,程序中一定要有使递归终止的判断语句,有限次调用后停止递归调用。

构造递归函数的关键在于寻找递归算法和终结条件。递归算法就是对问题一次解决过程的描述。一般来说,只要对问题的每一次求解过程进行分析归纳,就可以找出问题的共性,获得递归算法。终结条件是为了终结函数的递归调用而设置的一个标记,递归调用不应也不能无限制地执行下去,所以必须设置一个条件来检验是否需要停止递归函数的调用,终结条件的设置可以通过分析问题的最后一步求解而得到。

【例 7-16】 构造下面的递归表达式。

(1) 函数 $f(n)=\sum\limits_{i=1}^{n}i$

$$f(n)=\sum_{i=1}^{n}i=n+\sum_{i=1}^{n-1}i=n+f(n-1)$$

$$f(n-1)=\sum_{i=1}^{n-1}i=(n-1)+\sum_{i=1}^{n-2}i$$

$$=(n-1)+f(n-2)$$

$$f(n-2)=\sum_{i=1}^{n-2}i$$

$$=(n-2)+\sum_{i=1}^{n-3}i=(n-2)+f(n-3)\cdots$$

$$f(2)=\sum_{i=1}^{2}i=2+\sum_{i=1}^{1}i=2+f(1)$$

$f(1)=\sum\limits_{i=1}^{1}i=1$ 总结得递归表达式:

$$f(n)=\begin{cases}n+f(n-1) & (n>1)\\ 1 & (n=1)\end{cases}$$

(2) 函数 $f(n)=n!$

同理得递归表达式:

$$f(n)=\begin{cases}n\cdot f(n-1) & (n>1)\\ 1 & (n=1)\end{cases}$$

【例 7-17】 用递归法计算 n!。

【分析】 用递归法计算 n!可用下述公式表示。

$$n!=\begin{cases}1 & (n=0,1)\\ n\times(n-1)! & (n>1)\end{cases}$$

按公式可编程如下。

【程序】

```
#include<stdio.h>
long ff(int n)
{
    long f;
    if(n<0) printf("n<0,input error");
    else if(n==0||n==1) f=1;
    else f=ff(n-1)*n;
    return(f);
```

```
    }
    void main()
    {
        int n;
        long y;
        printf("\ninput a inteager number:\n");
        scanf("%d",&n);
        y=ff(n);
        printf("%d!=%ld",n,y);
    }
```

【运行】

input a inteager number:
5
5!=120

【说明】 函数递归调用过程如图 7.4 所示。

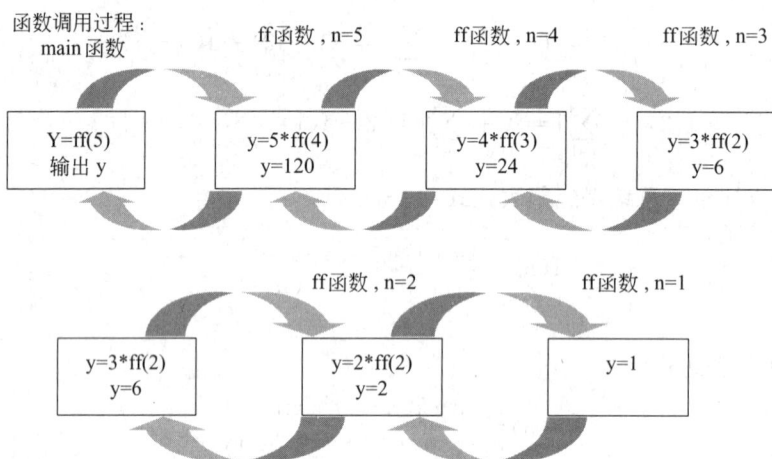

图 7.4 函数递归调用示意图

　　本程序中给出的函数 ff 是一个递归函数。主函数调用 ff 后即进入函数 ff 执行,如果 n<0,n=0 或 n=1 时都将结束函数的执行,否则就递归调用 ff 函数自身。由于每次递归调用的实参为 n−1。即把 n−1 的值赋予形参 n,最后当 n−1 的值为 1 时再做递归调用,形参 n 的值也为 1,将使递归终止。然后可逐层退回。

　　下面再举例说明该过程。设执行本程序时输入为 5,即求 5!。在主函数中的调用语句即为 y=ff(5),进入 ff 函数后,由于 n=5,不等于 0 或 1,故应执行 f=ff(n−1)*n,即 f=ff(5−1)*5。该语句对 ff 作递归调用即 ff(4)。

　　进行 4 次递归调用后,ff 函数形参取得的值变为 1,故不再继续递归调用而开始逐层返回主调函数。ff(1) 的函数返回值为 1,ff(2) 的返回值为 1*2=2,ff(3) 的返回值为 2*3=6,ff(4) 的返回值为 6*4=24,最后返回值 ff(5) 为 24*5=120。

　　上例也可以不用递归的方法来完成。如可以用递推法,即从 1 开始乘以 2,再乘以 3…

直到 n。递推法比递归法更容易理解和实现,但是有些问题则只能用递归算法才能实现。典型的问题是汉诺塔问题。

【例 7-18】 汉诺塔问题。

【分析】 汉诺塔(Tower of Hanoi)游戏。这是一个典型的用递归方式才能解决的问题。游戏的说明为:在一块平板上装有 3 根垂直立柱,从左到右分别标为 A、B、C。最初在 A 柱上放有 64 个大小各不相等的圆盘,并且大的在下,小的在上面,如图 7.5 所示。游戏要求把这些圆盘从 A 柱移到 C 柱上,在移动过程中可以借助 B 柱。移动规则要求:每次只能移动一个圆盘,即当游戏者从一个柱上取下一个圆盘,在把它串到另外的柱上之前,不允许又取下另外的圆盘;而且在移动过程中,3 根柱上的圆盘都必须保持"大盘在下,小盘在上"的状态。编写程序实现游戏进行过程。

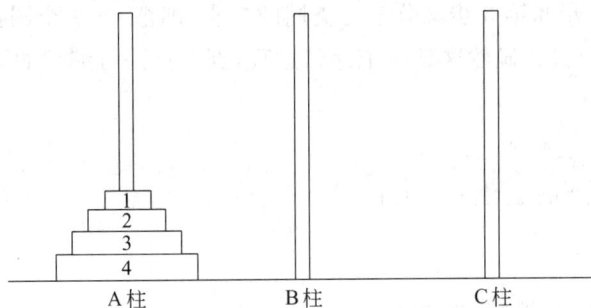

图 7.5 汉诺塔示意图

对 3 个盘子的移动过程如表 7.1 所示。

表 7.1 只有 3 个盘子的移动过程

顺 序	A 柱	B 柱	C 柱
开始	1 2 3		
第 1 次	2 3		1
第 2 次	3	2	1
第 3 次	3	1 2	
第 4 次		1 2	3
第 5 次	1	2	3
第 6 次	1		2 3
第 7 次			1 2 3

算法如下。

设 A 上有 n 个盘子。

如果 n=1,则将圆盘从 A 直接移动到 C。

如果 n=2,则:(1)将 A 上的 n−1(等于 1)个圆盘移到 B 上。(2)再将 A 上的一个圆盘移到 C 上。(3)最后将 B 上的 n−1(等于 1)个圆盘移到 C 上。

如果 n=3,则:

A. 将 A 上的 n−1(等于 2,令其为 n')个圆盘移到 B(借助于 C),步骤如下:(1)将 A 上的 n−1(等于 1)个圆盘移到 C 上。(2)将 A 上的一个圆盘移到 B。(3)将 C 上的 n−1(等于

1)个圆盘移到 B。

　　B. 将 A 上的一个圆盘移到 C。

　　C. 将 B 上的 n−1(等于 2，令其为 n')个圆盘移到 C(借助 A)。步骤如下：(1)将 B 上的 n−1(等于 1)个圆盘移到 A。(2)将 B 上的一个盘子移到 C。(3)将 A 上的 n−1(等于 1)个圆盘移到 C。

　　到此，完成了 3 个圆盘的移动过程。

　　从上面分析可以看出，当 n 大于等于 2 时，移动的过程可分解为如下 3 个步骤。

　　第 1 步　把 A 上的 n−1 个圆盘移到 B 上。

　　第 2 步　把 A 上的一个圆盘移到 C 上。

　　第 3 步　把 B 上的 n−1 个圆盘移到 C 上。其中第 1 步和第 3 步是类同的。

　　当 n＝3 时，第 1 步和第 3 步又分解为类同的 3 步，即把 n−1 个圆盘从一个柱移到另一个柱上，这里的 n＝n−1。显然这是一个递归过程，据此算法可编程如下。

　　【程序】

```
#include<stdio.h>
void move(int n, int x, int y, int z)
{
  if(n==1)
    printf("%c-->%c\n", x, z);
  else
  {
    move(n-1,x,z,y);
    printf("%c-->%c\n", x, z);
    move(n-1,y,x,z);
  }
}
void main()
{
  int h;
  printf("\ninput number:\n");
  scanf("%d", &h);
  printf("the step to moving %2d diskes:\n", h);
  move(h, 'a', 'b', 'c');
}
```

　　从程序中可以看出，move 函数是一个递归函数，它有 4 个形参 n，x，y，z。n 表示圆盘数，x，y，z 分别表示 3 根柱。move 函数的功能是把 x 上的 n 个圆盘移动到 z 上。当 n==1 时，直接把 x 上的圆盘移至 z 上，输出 x→z。如 n!=1 则分为 3 步：递归调用 move 函数，把 n−1 个圆盘从 x 移到 y；输出 x→z；递归调用 move 函数，把 n−1 个圆盘从 y 移到 z。在递归调用过程中 n＝n−1，故 n 的值逐次递减，最后 n＝1 时，终止递归，逐层返回。当 n＝4 时程序运行的结果如下。

```
input number:
```

```
4
the step to moving 4 diskes:
a→b
a→c
b→c
a→b
c→a
c→b
a→b
a→c
b→c
b→a
c→a
b→c
a→b
a→c
b→c
```

1. 递归的条件

（1）须有完成函数任务的语句。例如：

```
long f(int n)
{  long y;
   if (n==1) y=1;
   else y=n * f(n-1);
   return(y);
}
```

（2）一个确定是否能结束递归调用的测试。

（3）一个递归调用语句。该语句的参数应该逐渐逼近结束条件,以至最后终止递归。

（4）先测试,后递归调用。在递归函数定义中,必须先测试,后递归调用。也就是说,递归调用是有条件的,满足了条件后,才可以递归。例如：

```
long f(int n)
{  long y;
   y=n * f(n-1);
   if (n==1) y=1;
   return(y);
}
```

2. 递归的特点

（1）递归调用不是重新复制该函数,每次调用它时,新的局部变量和形参会在内存中重新分配内存单元,并以新的变量重新开始执行。每次递归返回时,当前调用层的局部变量和形参被释放,并返回上次调用自身的地方继续执行。

（2）递归调用一般并不节省内存空间，因为每次调用都要产生一组新的局部变量，从而不破坏上层的局部变量。

（3）递归调用一般并不能加快程序的执行速度，因为每次调用都要保护上层局部变量（现场），而返回时又要恢复上层局部变量，占用执行时间。

（4）递归函数中，必须有结束递归的条件。

（5）递归调用的优点是能实现一些迭代算法难以解决的问题。

7.7 数组作为函数参数

数组可以作为函数的参数使用，进行数据传送。数组用做函数参数有两种形式：一种是把数组元素（下标变量）作为实参使用，另一种是把数组名作为函数的形参和实参使用。

7.7.1 数组元素作函数实参

数组元素就是下标变量，它与普通变量并无区别。因此它作为函数实参使用与普通变量是完全相同的，在发生函数调用时，把作为实参的数组元素的值传送给形参，实现单向的值传送。

【例7-19】 判断一个整数数组中各元素的值，若大于 0 则输出该值，若小于等于 0 则输出 0 值。

【分析】

```
在 main()中
  for(i=0;i<5;i++)
    {  输入数组元素
       调用函数 nzp()
       如果该元素大于 0 则输出该元素
       否则输出 0
    }
```

【程序】

```
#include<stdio.h>
void nzp(int v)
{
  if(v>0)
    printf("%d ",v);
  else
    printf("%d ",0);
}
void main()
{
  int a[5],i;
  for(i=0;i<5;i++)
```

```
{ printf("\ninput 1 numbers\n");
scanf("%d", &a[i]);
nzp(a[i]);}
}
```

【运行】

```
input 1 numbers
3
3
input 1 numbers
-3
0
input 1 numbers
5
5
input 1 numbers
-5
0
input 1 numbers
6
6
```

【说明】 本程序中首先定义一个无返回值函数 nzp,并说明其形参 v 为整型变量。在函数体中根据 v 值输出相应的结果。在 main 函数中用一个 for 语句输入数组各元素,每输入一个就以该元素作实参调用一次 nzp 函数,即把 a[i]的值传送给形参 v,供 nzp 函数使用。

7.7.2 数组名作为函数参数

用数组名作函数参数与用数组元素作实参有以下几点不同。

(1) 用数组元素作实参时,只要数组类型和函数的形参变量的类型一致,那么作为下标变量的数组元素的类型也和函数形参变量的类型是一致的。因此,并不要求函数的形参也是下标变量。换句话说,对数组元素的处理是按普通变量对待的。用数组名作函数参数时,则要求形参和相对应的实参都必须是类型相同的数组,都必须有明确的数组说明。当形参和实参两者不一致时,即会发生错误。

(2) 在普通变量或下标变量作函数参数时,形参变量和实参变量是由编译系统分配的两个不同的内存单元。在函数调用时发生的值传送是把实参变量的值赋予形参变量。在用数组名作函数参数时,不是进行值的传送,即不是把实参数组的每一个元素的值都赋予形参数组的各个元素。因为实际上形参数组并不存在,编译系统不为形参数组分配内存。那么,数据的传送是如何实现的呢?我们曾介绍过,数组名就是数组的首地址。因此在数组名作函数参数时所进行的传送只是地址的传送,也就是说把实参数组的首地址赋予形参数组名。形参数组名取得该首地址之后,也就等于有了实在的数组。实际上是形参数组和实参数组为同一数组,共同拥有一段内存空间,如图 7.6 所示。

	a[0]	a[1]	a[2]	a[3]	a[4]	a[5]	a[6]	a[7]	a[8]	a[9]
起始地址 2000	2	4	6	8	10	12	14	16	18	20
	b[0]	b[1]	b[2]	b[3]	b[4]	b[5]	b[6]	b[7]	b[8]	b[9]

图 7.6　字符串删除示意图

图 7.6 说明了这种情形。图 7.6 中设 a 为实参数组，类型为整型。a 占有以 2000 为首地址的一块内存区。b 为形参数组名。当发生函数调用时，进行地址传送，把实参数组 a 的首地址传送给形参数组名 b，于是 b 也取得该地址 2000。于是 a、b 两数组共同占有以 2000 为首地址的一段连续内存单元。从图 7.6 中还可以看出 a 和 b 下标相同的元素实际上也占相同的两个内存单元（整型数组每个元素占两个字节）。例如 a[0] 和 b[0] 都占用 2000 和 2001 单元，当然 a[0] 等于 b[0]。类推则有 a[i] 等于 b[i]。

【例 7-20】　数组 a 中存放了 10 个职工的工资，求平均工资。

```
#include<stdio.h>
float aver(float a[10])
{
  int i;
  float av, s=a[0];
  for(i=1;i<10;i++)
    s=s +a[i];
    av=s/10;
    return av;
}
void main()
{
  float salary[10], av;
  int i;
  printf("\ninput 10 scores:\n");
  for(i=0;i<10;i++)
    scanf("%f",&salary[i]);
    av=aver(salary);
    printf("average score is %5.2f",av);
}
```

【运行】

```
input 10 scores:
235.5
55.6
783.8
987.4
345.6
123.4
987.5
456.8
```

```
123.4
654.3
average score is 475.33
```

【说明】　本程序首先定义了一个实型函数 aver,有一个形参为实型数组 a,长度为 10。在函数 aver 中,把各元素值相加求出平均值,返回给主函数。主函数 main 中首先完成数组 salary 的输入,然后以 salary 作为实参调用 aver 函数,函数返回值送 av,最后输出 av 值。从运行情况可以看出,程序实现了所要求的功能。

（3）前面已经讨论过,在变量作函数参数时,所进行的值传送是单向的。即只能从实参传向形参,不能从形参传回实参。形参的初值和实参相同,而形参的值发生改变后,实参并不变化,两者的终值是不同的。而当用数组名作函数参数时,情况则不同。由于实际上形参和实参为同一数组,因此当形参数组发生变化时,实参数组也随之变化。当然这种情况不能理解为发生了"双向"的值传递。但从实际情况来看,调用函数之后实参数组的值将由于形参数组值的变化而变化。

【例 7-21】　题目同例 7-19。改用数组名作函数参数。

```c
#include<stdio.h>
void nzp(int a[5])
{
  int i;
  printf("\nvalues of array a are:\n");
  for(i=0;i<5;i++)
  {
      if(a[i]<0) a[i]=0;
      printf("%d ",a[i]);
  }
}
void main()
{
  int b[5],i;
  printf("\ninput 5 numbers:\n");
  for(i=0;i<5;i++)
    scanf("%d",&b[i]);
    printf("initial values of array b are:\n");
  for(i=0;i<5;i++)
    printf("%d ",b[i]);
    nzp(b);
    printf("\nlast values of array b are:\n");
  for(i=0;i<5;i++)
    printf("%d ",b[i]);
}
```

【运行】

```
input 5 numbers:
```

```
3 -3 5 -5 6
initial values of array b are:
3 -3 5 -5 6
values of array a are:
3 0 5 0 6
last values of array b are:
3 0 5 0 6
```

【说明】 本程序中函数 nzp 的形参为整数组 a,长度为 5。主函数中实参数组 b 也为整型,长度也为 5。在主函数中首先输入数组 b 的值,然后输出数组 b 的初始值。然后以数组名 b 为实参调用 nzp 函数。在 nzp 中,按要求把负值单元清 0,并输出形参数组 a 的值。返回主函数之后,再次输出数组 b 的值。从运行结果可以看出,数组 b 的初值和终值是不同的,数组 b 的终值和数组 a 是相同的。这说明实参形参为同一数组,它们的值同时得以改变。

用数组名作为函数参数时还应注意以下几点。

(1) 形参数组和实参数组的类型必须一致,否则将引起错误。

(2) 用数组名作函数参数,应在主调函数和被调函数中分别定义数组,而不能只在一方定义,被调函数中的数组是在形参表中进行定义。例如:

```
float score[10];
    float average(float array[10])
        aver=average(score);
```

(3) 形参数组和实参数组的长度可以不相同,因为在调用时,只传送首地址而不检查形参数组的长度。当形参数组的长度与实参数组不一致时,虽不至于出现语法错误(编译能通过),但程序执行结果将与实际不符,这是应注意的。

【例 7-22】 把例 7-20 修改如下。

```
#include<stdio.h>
void nzp(int a[8])
{
  int i;
  printf("\nvalues of array a are:\n");
  for(i=0;i<8;i++)
  {
    if(a[i]<0)a[i]=0;
    printf("%d ",a[i]);
  }
}
void main()
{
  int b[5],i;
  printf("\ninput 5 numbers:\n");
  for(i=0;i<5;i++)
    scanf("%d", &b[i]);
```

```
    printf("initial values of array b are:\n");
  for(i=0;i<5;i++)
    printf("%d ",b[i]);
    nzp(b);
    printf("\nlast values of array b are:\n");
  for(i=0;i<5;i++)
    printf("%d ",b[i]);
}
```

【运行】

```
input 5 numbers:
3 -3 5 -5 6
initial values of array b are:
3 -3 5 -5 6
values of array a are:
3 0 5 0 6 4078 256 1
last values of array b are:
3 0 5 0 6
```

【说明】　本程序与例 7-20 程序比,nzp 函数的形参数组长度改为 8,函数体中,for 语句的循环条件也改为 i<8。因此,形参数组 a 和实参数组 b 的长度不一致。编译能够通过,但从结果看,数组 a 的元素 a[5],a[6],a[7]显然是无意义的。

使用数组作为函数参数时,应注意:

(1) 实参数组与形参数组类型应一致,否则出错。

(2) 从传递方式来看,应理解为"传值"方式,即传递的是数组名所代表的值。

(3) 在函数形参表中,允许不给出形参数组的长度,或用一个变量来表示数组元素的个数。例如,可以写为:

```
void nzp(int a[])
```

或写为

```
void nzp(int a[],int n)
```

其中,形参数组 a 没有给出长度,而由 n 值动态地表示数组的长度。n 的值由主调函数的实参进行传送。

【例 7-23】

```
#include<stdio.h>
void nzp(int a[],int n)
{
  int i;
  printf("\nvalues of array a are:\n");
  for(i=0;i<n; i++)
    {
       if(a[i]<0) a[i]=0;
```

```
        printf("%d ",a[i]);
    }
}
void main()
{
    int b[5],i;
    printf("\ninput 5 numbers:\n");
    for(i=0;i<5;i++)
        scanf("%d", &b[i]);
        printf("initial values of array b are:\n");
    for(i=0;i<5;i++)
        printf("%d ",b[i]);
        nzp(b,5);
        printf("\nlast values of array b are:\n");
    for(i=0;i<5;i++)
        printf("%d ",b[i]);
}
```

【运行】

```
input 5 numbers:
3 -3 5 -5 6
initial values of array b are:
3 -3 5 -5 6
values of array a are:
3 0 5 0 6
last values of array b are:
3 0 5 0 6
```

【说明】 本程序 nzp 函数形参数组 a 没有给出长度,由 n 动态确定该长度。在 main 函数中,函数调用语句为 nzp(b,5),其中实参 5 将赋予形参 n 作为形参数组的长度。

(4) 多维数组也可以作为函数的参数。在函数定义时对形参数组可以指定每一维的长度,也可省去第一维的长度(但不能省略第二维及其他高维的大小说明)。因此,以下写法都是合法的。

```
int MA(int a[3][10]);
```

或

```
int MA(int a[][10]);
```

【例 7-24】 编程调用函数,实现二维数组的转置。

【程序】

```
/* 该程序可用于方阵也可用于非方阵。若 a[2][3]转置成 aa[3][2](转置前阵行数= 转置后阵列
数;转置前阵列数= 转置后行数) */
#include<stdio.h>
void conver (int a[3][3])
```

```
{   int i,j,t;
  for (i=0;i<3;i++)
      for (j=i+1;j<3;j++)
          {   t=a[i][j];
              a[i][j]=a[j][i]; a[j][i]=t;
          }
}
void main()
{   int i, j, aa[3][3];
   for(i=0;i<3;i++)
       for (j=0;j<3;j++)
             scanf("%d", &aa[i][j]);
   for(i=0;i<3;i++)
       {for (j=0;j<3;j++)
             printf("%d ",aa[i][j]);
        printf("\n"); }
    conver(aa);
    printf("转置后数组\n");
    for (i=0;i<3;i++)
       {for (j=0;j<3;j++)
             printf("%d ",aa[i][j]);
        printf("\n");
        }
}
```

【运行】

```
1 2 3
4 5 6
7 8 9
1   2   3
4   5   6
7   8   9
转置后数组
1   4   7
2   5   8
3   6   9
```

【例 7-25】　从 10 个有序(小→大)数组中,输入某数。用折半查找法。若在,输出该数在数组中的位置;若不在,输出未发现的提示(用函数实现)。

【程序】

```
#include<stdio.h>
int index (int s1[],int n, int num1);
void main()
{   static int s[]={10,20,35,45,60,65,70,75,80,90};
    int loca, num, n=10;
```

```
    scanf ("%d", &num);
    loca=index(s, n, num);
      if (loca==-1)
        printf("%d not found\n", num);
      else
        printf("%d is %d\n", num, loca);
}
int index (int s1[], int n1, int num1)
{  int low=0, high=n1-1, mid;
   while (low<=high)
       {  mid= (low+high)/2;
          if(num1<s1[mid])
              high=mid-1;
          else
             if(num1>s1[mid])
               low=mid+1;
             else
                return(mid);
       }
   return (-1);
}
```

【运行】

```
45
45 is   3
```

【例 7-26】 编函数实现从指定字符串中删去给定字符。如,从 abcdef 中删去 c,如图 7.7 所示。

【程序】

```
#include<stdio.h>
void sub(char str1[ ], char ss)
{ int i, j;
  for (i=j=0; str1[i]!='\0'; i++)
    if (str1[i] !=ss)
      str1[j++]=str1[i];
  str1[j]='\0';
}
void main()
{ static char str[ ]="abcdef";          /* 可用 gets(str); */
  char s='c';                            /* 可用 scanf(" %c", &s); */
  sub(str, s);                           /* 程序更为灵活,通用 */
  printf(" %s \n", str);
}
```

【运行】

```
abdef
```

【例 7-27】　编函数将两个串连接成一个串,如图 7.8 所示。

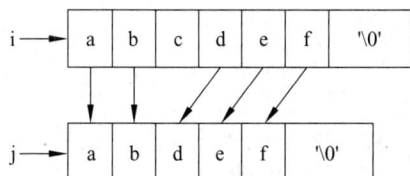

图 7.7　字符串删除示意图　　　　　　图 7.8　字符串连接示意图

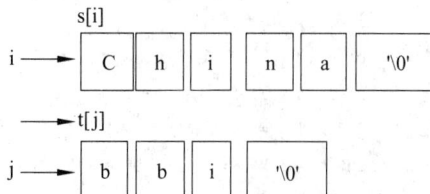

【程序】

```
#include<stdio.h>
void sub(char s[ ] , char t[ ])
{ int i=0, j=0;
  while(s[i] !=\0')
     i++;
  while(t[j]!=\0')
     s[i++]=t[j++];
     s[i]=\0';
}

void main()
{ static char s1[20]="china";
  static char t1[10]="bbi";
  sub(s1, t1);
  printf("%s\n", s1);
}
```

【运行】

```
Chinabbi
```

【例 7-28】　输出 M 行 M 列整数方阵,然后求两条对角线上各元素之和,返回此和数。

【分析】

(1) 在 main()中为数组 aa[5][5]提供原始数据。

(2) 把数组 aa 的首地址传递给函数 fun。

(3) 在函数 fun()中完成对数组求对角线元素之和。

```
for(i=0; i<n; i++)
    sum+=xx[i][i]+xx[i][n-i-1];
```

(4) 返回 sum。

(5) 输出对角线上各元素之和。

(6) 结束。

【程序】

```
#include <stdio.h>
#define M 5
int fun(int n, int xx[ ][M])
{    int i, j, sum=0;
     printf( "\nThe %d x %d matrix:\n", M, M );
     for( i =0; i<M; i++)
     { for( j =0; j<M; j++)
     printf( "%4d", xx[i][j] );
     printf("\n");
     }
     for( i=0; i<n; i++)
     sum+=xx[ i ][ i ]+xx[i][ n-i-1];
     return( sum );
}
void main()
{ int aa[M][M]={{1,2,3,4,5},{4,3,2,1,0},
    {6,7,8,9,0},{9,8,7,6,5},{3,4,5,6,7}};
    printf ( "\nThe sum of all elements on 2 diagnals is %d.",fun( M, aa ));
}
```

【运行】

```
The 5 x 5 matrix:
1 2 3 4 5
4 3 2 1 0
6 7 8 9 0
9 8 7 6 5
3 4 5 6 7
The sum of all elements on 2 diagnals is 50.
```

7.8   局部变量和全局变量

在讨论函数的形参变量时曾经提到,形参变量只在被调用期间才分配内存单元,调用结束立即释放。这一点表明形参变量只有在函数内才是有效的,离开该函数就不能再使用了。这种变量有效性的范围称为变量的作用域。不仅对于形参变量,C语言中所有的量都有自己的作用域。变量说明的方式不同,其作用域也不同。C语言中的变量,按作用域范围可分为两种,即局部变量和全局变量。

7.8.1   局部变量

局部变量也称为内部变量。局部变量是在函数内做定义说明的。其作用域仅限于函数内,离开该函数后再使用这种变量是非法的。

例如：

```
int f1(int a)                /* 函数 f1 */
{
    int b, c;
    ...
}
/* a, b, c 有效 */
int f2(int x)                /* 函数 f2 */
{
    int y, z;
    ...
}
/* x, y, z 有效 */
void main()
{
    int m, n;
    ...
}
/* m,n 有效 */
```

在函数 f1 内定义了 3 个变量，a 为形参，b 和 c 为一般变量。在 f1 的范围内 a、b、c 有效，或者说 a、b、c 变量的作用域限于 f1 内。同理，x、y、z 的作用域限于 f2 内。m 和 n 的作用域限于 main 函数内。关于局部变量的作用域还要说明以下几点：

（1）主函数中定义的变量也只能在主函数中使用，不能在其他函数中使用。同时，主函数中也不能使用其他函数中定义的变量。因为主函数也是一个函数，它与其他函数是平行关系。这一点是与其他语言不同的，应该注意。

（2）形参变量是属于被调函数的局部变量，实参变量是属于主调函数的局部变量。

（3）允许在不同的函数中使用相同的变量名，它们代表不同的对象，分配不同的单元，互不干扰，也不会发生混淆。

（4）在复合语句中也可定义变量，其作用域只在复合语句范围内。

例如：

```
#include<stdio.h>
void main()
{   int i,a=0;
  for (i=1; i<=2; i++)
     { int a=1;
           a++;
           printf("i=%d, a=%d\n", i, a);
     }
  printf("i=%d, a=%d\n", i, a);
}
```

运行结果：

```
i=1,a=2
```

```
i=2,a=2
i=3,a=0
```

【例 7-29】

```
#include<stdio.h>
void main()
{
  int i=2,j=3,k;
  k=i+j;
  {
    int k=8;
    printf("%d\n",k);
  }
  printf("%d\n",k);
}
```

【运行】

```
8
5
```

【说明】 本程序在 main 中定义了 i、j、k 三个变量,其中 k 未赋初值。而在复合语句内又定义了一个变量 k,并赋初值为 8。应该注意这两个 k 不是同一个变量。在复合语句外由 main 定义的 k 起作用,而在复合语句内则由在复合语句内定义的 k 起作用。因此程序第 5 行的 k 为 main 所定义,其值应为 5。第 8 行输出 k 值,该行在复合语句内,由复合语句内定义的 k 起作用,其初值为 8,故输出值为 8,第 10 行输出 k 的值应为 main 中复合语句外所定义的 k,此 k 值由第 5 行已获得为 5,故输出也为 5。

7.8.2 全局变量

全局变量也称为外部变量,它是在函数外部定义的变量。它不属于哪一个函数,它属于一个源程序文件。其作用域是整个源程序。在函数中使用全局变量,一般应做全局变量说明。只有在函数内经过说明的全局变量才能使用,全局变量的说明符为 extern。但在一个函数之前定义的全局变量,在该函数内使用可不再加以说明。

例如:

```
int a,b;              /* 外部变量 */
void f1()             /* 函数 f1 */
{
  …
}
float x,y;            /* 外部变量 */
int fz()              /* 函数 fz */
{
  …
```

```
}
main()                        /* 主函数 */
{
  ...
}
```

从上例可以看出,a、b、x、y 都是在函数外部定义的外部变量,都是全局变量。但 x、y 定义在函数 f1 之后,而在 f1 内又无对 x、y 的说明,所以它们在 f1 内无效。a、b 定义在源程序最前面,因此在 f1、f2 及 main 内不加说明也可使用。

【例 7-30】　输入正方体的长宽高 l,w,h。求体积及 3 个面 x＊y,x＊z,y＊z 的面积。

```
#include <stdio.h>
int s1,s2,s3;
int vs( int a,int b,int c)
{
  int v;
  v=a＊b＊c;
  s1=a＊b;
  s2=b＊c;
  s3=a＊c;
  return v;
}
void main()
{
  int v,l,w,h;
  printf("\ninput length,width and height\n");
  scanf("%d%d%d",&l,&w,&h);
  v=vs(l,w,h);
  printf("\nv=%d,s1=%d,s2=%d,s3=%d\n",v,s1,s2,s3);
}
```

【运行】

```
input length,width and height
4 6 8
v=192,s1=24,s2=48,s3=32
```

【例 7-31】　外部变量与局部变量同名。
【程序】

```
#include<stdio.h>
int a=3,b=5;                 /* a,b 为外部变量 */
int max(int a,int b)         /* a,b 为外部变量 */
{int c;
    c=a>b? a:b;
    return(c);
}
```

```
void main()
{   int a=8;
    printf("%d\n",max(a,b));
}
```

【运行】

8

如果同一个源文件中,外部变量与局部变量同名,则在局部变量的作用范围内,外部变量被"屏蔽",即它不起作用。

注意:

(1) 全局变量增加了函数间的数据联系。

(2) 尽量少使用全局变量(除非在必要时),原因如下。

① 各模块间的相互联系、相互影响太多,降低了模块的独立性。

② 会降低程序的清晰性,因为各个函数都有可能改变全局变量的值,需要时刻记住变量的当前值,编程时候容易出错。

(3) 若全局变量与局部变量同名,则在局部变量的作用范围内,全局变量不起作用。

例如:

```
#include<stdio.h>
int a=3, b=5;
int max(int a, int b)/* 这里的形参 a 和 b 是局部变量,全局变量 a 和 b 在 max 中不起作用 *
{    int c;
     c=a>b ? a : b;
     return(c);
}
void main()
{   int a=8;
    printf("%d", max(a, b) );
}
```

运行结果:

8

(4) 若全局变量在文件开头定义,则在整个程序中都可以使用;若不在开头定义,其作用域只限于说明处到文件结束。如果想在定义之前的函数中引用该全局变量,则在函数中应用关键字 extern 做外部变量声明,那么在函数内部,从声明之处起,可以使用它们。

例如:

```
#include<stdio.h>
int max(int x, int y)
{   int z;
    z=x>y ? x : y;
    return(z);
}
```

```
void main()
{   extern int a, b;
    printf("%d", max(a, b) );
}
int a=13, b=-8;
```

运行结果：

13

7.9 变量的存储类别

7.9.1 动态存储方式与静态存储方式

前面已经介绍过，从变量的作用域（即从空间）角度来分，可以分为全局变量和局部变量。

从变量值存在的作用时间（即生存期）角度来分，可以分为静态存储方式和动态存储方式。

* 静态存储方式：是指在程序运行期间分配固定的存储空间的方式。
* 动态存储方式：是在程序运行期间根据需要进行动态的分配存储空间的方式。

用户存储空间可以分为 3 个部分：程序区、静态存储区和动态存储区，如图 7.9 所示。

* 程序区：用于存放程序编译后形成的可执行代码（执行时装入）。
* 静态存储区：用于存放程序中的静态数据，如全局变量等。
* 动态存储区：用于存放程序中的动态数据，如函数形参、局部变量、函数调用时的现场保护和返回地址等。

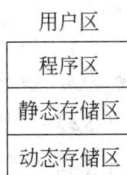

图 7.9 用户存储空间分配

静态数据说明时在静态存储区中分配存储单元并在程序执行过程中始终占用该单元，直到程序结束才释放。

动态数据在函数开始执行时分配动态存储空间，函数结束时释放这些空间。

全局变量全部存放在静态存储区，在程序开始执行时给全局变量分配存储区，程序执行完毕就释放。在程序执行过程中它们占据固定的存储单元，而不动态地进行分配和释放。

动态存储区存放以下数据。

（1）函数形式参数。

（2）自动变量（未加 static 声明的局部变量）。

（3）函数调用时的现场保护和返回地址。

对以上这些数据，在函数开始调用时分配动态存储空间，函数结束时释放这些空间。在 C 语言中，每个变量和函数有两个属性：数据类型和数据的存储类别。

7.9.2　auto 变量

函数中的局部变量,如不专门声明为 static 存储类别,都是动态地分配存储空间的,数据存储在动态存储区中。函数中的形参和在函数中定义的变量(包括在复合语句中定义的变量)都属此类。在调用该函数时系统会给它们分配存储空间,在函数调用结束时就自动释放这些存储空间。这类局部变量称为自动变量。自动变量用关键字 auto 做存储类别的声明。例如:

```
int f(int a)                /*定义 f 函数,a 为参数*/
{auto int b,c=3;            /*定义 b,c 自动变量*/
…
}
```

a 是形参,b、c 是自动变量,对 c 赋初值 3。执行完 f 函数后,自动释放 a、b、c 所占的存储单元。关键字 auto 可以省略,auto 不写,则隐含定为"自动存储类别",属于动态存储方式。

7.9.3　用 static 声明局部变量

有时希望函数中的局部变量的值在函数调用结束后不消失而保留原值,这时就应该指定局部变量为"静态局部变量",用关键字 static 进行声明。

【例 7-32】　考察静态局部变量的值。

【程序】

```
#include<stdio.h>
void f(int c)
{   int a=0;
    static int b=0;
    a++;
    b++;
    printf("%d: a=%d, b=%d\n", c, a, b);
}
void main()
{   int i;
    for (i=1; i<=3; i++)
       f(i);
}
```

【运行】

```
1:a=1,b=1
2: a=1,b=2
3:a=1,b=3
```

对静态局部变量的说明如下。

(1) 静态局部变量属于静态存储类别,在静态存储区内分配存储单元。在程序整个运行期间都不释放。而自动变量(即动态局部变量)属于动态存储类别,占动态存储空间,函数调用结束后即释放。

(2) 静态局部变量在编译时赋初值,即只赋初值一次。而对自动变量赋初值是在函数调用时进行,每调用一次函数重新给一次初值,相当于执行一次赋值语句。

(3) 如果在定义局部变量时不赋初值,则对静态局部变量来说,编译时自动赋初值0(对数值型变量)或空字符(对字符变量)。而对自动变量来说,如果不赋初值则只分配存储单元,它的值是一个不确定的值。

(4) 虽然静态局部变量在函数调用结束后仍占存储单元,但由于是局部变量,其他函数不能引用它。

【例 7-33】 打印 1~5 的阶乘值。

【程序】

```
#include<stdio.h>
int fac(int n)
{   static int f=1;
    f=f*n;
    return(f);
}
void main()
{ int i;
  for(i=1;i<=5;i++)
  printf("%d!=%d\n",i,fac(i));
}
```

【运行】

```
1!=1
2!=2
3!=6
4!=24
5!=120
```

【说明】 适用范围:(1)需要保留函数上一次调用结束时的值(占用永久性的存储空间)。(2)对于数组进行初始化,通常定义为静态存储类别。

7.9.4 register 变量

为了提高效率,C 语言允许将局部变量的值放在 CPU 中的寄存器中,这种变量叫做"寄存器变量",用关键字 register 做声明。

【例 7-34】 使用寄存器变量。

【程序】

```
#include<stdio.h>
int fac(int n)
{
  register int i,f=1;
  for(i=1;i<=n;i++)
  f=f*i;
  return(f);
}
void main()
{  int i;
   for(i=0;i<=5;i++)
   printf("%d!=%d\n",i,fac(i));
}
```

【运行】

```
0!=1
1!=1
2!=2
3!=6
4!=24
5!=120
```

注意:

(1) 只有局部自动变量和形式参数可以作为寄存器变量。

(2) 一个计算机系统中的寄存器数目有限,不能定义任意多个寄存器变量。

(3) 局部静态变量不能定义为寄存器变量。

7.9.5　用 extern 声明外部变量

外部变量(即全局变量)是在函数的外部定义的,它的作用域为从变量定义处开始,到本程序文件的末尾。如果外部变量不在文件的开头定义,其有效的作用范围只限于从定义处到文件终了。如果在定义点之前的函数想引用该外部变量,则应该在引用之前用关键字 extern 对该变量做外部变量声明。表示该变量是一个已经定义的外部变量。有了此声明,就可以从声明处起,合法地使用该外部变量。

【例 7-35】　用 extern 声明外部变量,扩展程序文件中的作用域。

【程序】

```
#include<stdio.h>
int max(int x,int y)
{  int z;
   z=x>y? x:y;
   return(z);
```

```
}
void main()
{   extern A,B;
    printf("%d\n",max(A,B));
}
int A=13,B=-8;
```

【运行】

13

【说明】 在本程序文件的最后一行定义了外部变量 A、B，但由于外部变量定义的位置在函数 main 之后，因此本来在 main 函数中不能引用外部变量 A、B。现在我们在 main 函数中用 extern 对 A 和 B 进行外部变量声明，就可以从声明处起，合法地使用该外部变量 A 和 B。

全局变量是在函数外部定义的，存放在静态存储区，在程序的整个运行过程中占用存储单元，生存期为整个程序的运行期间。全局变量有两种存储类别，static 和 extern，用来对其作用域进行限制或扩充。

(1) 如果想在定义之前的函数中引用全局变量，则在函数中用关键字 extern 做外部变量声明，在函数内部，从声明之处起，可以使用它们。例如：

```
…
void main( )
{extern int a, b;
 printf("%d", max(a, b) );
}
int a=13, b=-8;
```

(2) 如果一个 C 程序由多个源程序文件组成，那么一个某文件中的函数能否引用另一个文件中的全局变量，有如下两种情况。

① 在一个文件中要引用另一文件中定义的全局变量，要在引用它的文件中用 extern 做声明。例如：

```
file1.c    extern int a;            file2.c    int a;
           int power()                         void main( )
           {                                   {
               …                                   …
           }                                   }
```

在文件 file1.c 中定义的变量 a，在文件 file2.c 中引用，引用前加上 extern 进行声明。

② 如果定义全局变量时用 static 进行声明，此时全局变量仅限于被本文件中的函数引用，其他文件不能使用。例如：

```
file1.c                              File2.c
static int a;                        extern int a;
```

```
void main()                              int power()
{                                        {
   ...                                       ...
}                                        }
```

加上 static,限制了 a 的作用域,在 file2.c 中引用失败。但不管是否加上 static,a 都按静态存储方式存放。

7.9.6　内部函数和外部函数

函数本质上都是外部的,因为在同一个文件中函数是可以相互调用的(主函数例外),但是也可以指定函数不能被其他文件调用。根据函数能否被其他源文件调用,将函数区分为内部函数和外部函数。

1. 内部函数

如果一个函数只能被本文件中其他函数所调用,称为内函数(或静态函数)。定义时在函数类型前加 static。例如:

```
static int fac(int x)
{
   ...
}
```

2. 外部函数

允许其他源文件中的函数调用的函数叫做外部函数。外部函数定义时在函数类型前加关键字 extern。

C 语言规定,如果在定义函数时省略 extern,则隐含为外部函数。例如:

```
extern int fac(int x)
{
...
}
```

【说明】　在需要调用此函数的文件中,要用 extern 声明所调用函数的原型。

【例 7-36】

【程序】

文件 file1.c 中的内容为:

```
void main()
{
    extern void input_str();extern void print_str();  /* 说明所用的函数为外部函数 */
    char str[80];
    input_str(str);
```

```
    print_str(str);
}
```

文件 file2.c 中的内容为：

```
#include<stdio.h>
extern void input_str(char * str)              /*定义为外部函数,可为其他文件调用*/
{
    gets(str);
}
```

文件 file3.c 中的内容为：

```
#include<stdio.h>
  extern void print_str(char * str)            /*定义为外部函数,可为其他文件调用*/
{
  puts(str);
}
```

将以上 3 个文件(file1.c,file2.c,file3.c)加入到一个空的工程文件中,然后进行编译,连接成为一个可执行文件就可运行了。

运行结果：

```
wuhankejidaxue            /*输入字符串*/
wuhankejidaxue            /*输出字符串*/
```

习题 7

7.1 已有变量定义和函数调用语句：int a＝1,b＝－5,c;c＝fun(a,b);fun 函数的作用是计算两个数之差的绝对值,并将差值返回调用函数,请编写 fun 函数。

```
Fun(int x,int y)
{    }
```

7.2 已有变量定义和函数调用语句：int x＝57;isprime(x);函数 isprime( );用来判断一个整型数 a 是否为素数,若是素数,函数返回 1,否则返回 0。请编写 isprime 函数。

```
isprime(int a)
{    }
```

7.3 已有变量定义和函数调用语句 int a,b;b＝sum(a);函数 sum()用于求 $\sum\limits_{k=1}^{n} k$,和数作为函数值返回。若 a 的值为 10,经函数 sum 计算后,b 的值是 55。请编写 sum 函数。

```
sum(int n)
{    }
```

7.4 编写一个函数,输入一行字符,将此字符串中最长的单词输出。

7.5 编写一个函数,输入一个十六进制数,输出相应的十进制数。

7.6 给出年、月、日,计算该日是该年的第几天。请编写相应的程序。

7.7 定义一个函数 digit(n,k),它回送整数 n 的从右边开始数第 k 个数字的值。例如:

```
digit(15327,4)=5
digit(289,5)=0
```

7.8 计算 s。已知 s=10!+7! * 8!。将 n! 定义成函数。

7.9 定义一个函数,使给定的二维数组(3×3)转置,即行列转换,并输出。

7.10 写几个函数:(1)输入 10 个职工的姓名和职工号。(2)按职工号从小到大的顺序排序,姓名顺序也随之调整。(3)要求输入一个职工号,用折半查找法找出该职工的姓名,从主函数输入要查找的职工号,输出该职工的姓名。

7.11 定义一个函数,使输入的一个字符串按反序存放,在主函数中输入和输出字符串。

7.12 用递归法将一个整数 N 转换成字符串。例如,输入 483,应输出"483"。N 的位数不确定,可以是任意位数的整数。

7.13 已有变量定义语句 double a=5.0;int n=5;和函数调用语句 mypow(a,n);用于求 a 的 n 次方。请编写 double mypow(double x,int y)函数。

```
double mypow(double x,int y)
{    }
```

7.14 以下程序的功能是用牛顿法求解方程 $f(x)=\cos x-x=0$。已有初始值 $x_0=3.1415/4$,要求绝对误差不超过 0.001,函数 f 用来计算迭代公式中 x_n 的值,请编写子函数。牛顿迭代公式是:

$$x_{n+1} = x_n - f(x_n)$$

即

$$x_{n+1} = x_n - (\cos x_n - x_n)/(\sin x_n - 1)$$

需补充的程序段为:

```
#include<stdio.h>
#include<math.h>
#define PI 3.1415
float f(float x0)
{    }
main()
{int t=0,k=100,n=0;float x0=PI/4,x1;
while(n<k)
{x1=f(x0);
if(fabs(x0-x1)<0.001){t=1;break;}
else{x0=x1;n=n+1;}
}
if(t==1)printf("\nfangcheng geng is %10.5f",x1);
else printf("\nSorry,not found!");
}
```

7.15 已有函数调用语句 c=add(a,b);请编写 add 函数,计算两个实数 a、b 的和,并返回和值。

```
Double add(double x double y)
{    }
```

7.16 以下程序的功能是应用弦截法求方程 $x^3-5x^2+16x-80=0$ 的根,其中 f 函数可根据指定 x 的值求出方程的值。函数 xpoint 可根据 x1 和 x2 求出 f(x1)和 f(x2)的连线与 x 轴的交点。函数 root 用来求区间(x1,x2)的实根,请编写 root 函数。

```
#include<stdio.h>
#include<math.h>
float root(float x1,float x2)
{    }
float f(float x)                    /* 略 */
{…}
float xpoint(float x1,float x2)     /* 略 */
{…}
void main()
{float x1,x2,f1,f2,x;
do
{printf("input x1,x2:\n");
scanf("%f%f",&x1,&x2);
printf("x1=%5.2f,x2=%5.2f\n",x1,x2);
f1=f(x1);
f2=f(x2);
}while(f1*f2>=0);
x=root(x1,x2);
printf("A root of equation is %8.4f",x);
}
```

7.17 以下函数 p 的功能是用递归方法计算 x 的阶勒让德多项式的值。已有调用语句 p(n,x);请编写 p 函数。递归公式如下:

$$Px(x)=\begin{cases}1 & (n=0)\\ x & (n=1)\\ ((2n-1)*x*Pn-1(x)-(n-1)*Pn-z(x))/n & (n>1)\end{cases}$$

```
float p(int n,int x)
{    }
```

7.18 以下程序的功能是应用下面的近似公式计算 e 的 n 次方。函数 f1 用来计算每项分子的值,函数 f2 用来计算每项分母的值。请编写 f1 和 f2 函数。

$$e^x=1+x+\frac{x^2}{2!}+\frac{x^3}{3!}+\cdots \quad (前\ 20\ 项的和)$$

```
#include<stdio.h>
float f2(int n)
{    }
```

```
float f1(int x,int n)
{   }
void main()
{float exp=1.0;int n,x;
printf("Input a number:");
scanf("%d",&x);printf("%d\n",x);
exp=exp+x;
for(n=2;n<=19;n++) exp=exp+f1(x,n)/f2(n);
printf("\nThe is exp(%d)=%8.4f\n",x,exp);
}
```

运行结果：

```
Input a number:3
The is exp(3)=20.0855
```

7.19 arr 是一个 2×4 的整型数组，且各元素均已赋值。函数 max_value 可求出其中的最大元素值 max，并将此值返回主调函数。现有函数调用语句 max=max_value(a);请编写 max_value 函数。

```
int max_value(int arr[][4])
{   }
```

7.20 下面程序的功能是输入若干整数（范围在 1～4 内，−1 作为输入结束标志），统计每个整数出现的个数。请将函数 f 补充完整。

例如：若输入的整数为 1 2 3 4 1 2，则统计的结果为：

```
1: 2
2: 2
3: 1
4: 1
```

```
#define M 50
void main()
{
int a[M],c[5]={0},i,n,x;
n=0;
printf("Enter 1 or 2 or 3 or 4,to end with-1\n");
scanf("%d",&x);
while(x!=-1)
{if(x>=1&&x<=4){a[n]=x;n++};???
scanf("%d",&x);
}???
f(a,c,n);
printf("Output the result:\n");
for(i=1;i<=4;i++) printf("%d:%d\n",i,c[i]);
printf("\n");
```

```
      }
      f(int a[],int c[],int n)
      {    }
```

7.21 用递归方法计算下列函数的值:
$$fx(x,n)=x-x^2+x^3-x^4+\cdots(-1)^{n-1}x^n \quad (n>0)$$

7.22 下面是 5×5 的螺旋方阵,编程生成 $n\times n$ 的螺旋方阵。

$$
\begin{array}{ccccc}
1 & 2 & 3 & 4 & 5 \\
16 & 17 & 18 & 19 & 6 \\
15 & 24 & 25 & 20 & 7 \\
14 & 23 & 22 & 21 & 8 \\
13 & 12 & 11 & 10 & 9
\end{array}
$$

7.23 回文是从前向后和从后向前读起来都一样的句子。写一个函数,判断一个字符串是否为回文,注意处理字符串中有中文也有英文的情况。

7.24 编写程序,将字符串 str 中的所有字符'k'删除。

第8章　编译预处理

在C语言源程序中,除了为实现程序功能而使用的声明语句和执行语句之外,还可以使用编译预处理命令。所谓编译预处理是指在对源程序进行编译之前,先对源程序中的编译预处理命令进行处理,然后再将处理的结果和源程序一起进行编译,得到目标代码。

C语言提供的编译预处理命令主要有宏定义、条件编译和文件包含3种。为了能够和一般C语言语句区别开来,编译预处理命令以"♯"号开头。它占用一个单独的书写行,命令行末尾没有分号。编译预处理是C语言的一个重要功能,合理地使用编译预处理功能编写的程序便于阅读、修改、调试和移植,也有利于模块化程序设计。

本章重点:

(1) 宏定义命令。

(2) 条件编译命令。

(3) 文件包含命令。

本章难点:

(1) 带参宏定义。

(2) 条件编译。

8.1　宏定义

宏定义是指将一个标识符(又称宏名)定义为一个字符串(或称替换文本)。在编译预处理时,对程序中出现的所有宏名都用相应的替换文本去替换,这称为"宏替换"或"宏展开"。

在C语言中,"宏定义"可分为无参宏定义和带参宏定义两种。

8.1.1　无参宏定义

无参宏定义即定义没有参数的"宏",一般形式为:

```
#define 标识符 替换文本
```

其中♯define表示该语句行是宏定义命令,"标识符"为所定义的宏名,习惯上宏名用大写字母表示;"替换文本"可以是常量、关键字、表达式、语句等任意字符串。在define、宏名和替换文本之间分别用空格隔开。

♯define命令可以不包含"替换文本",此时仅说明宏名已被定义,以后可以使用。第2章介绍的符号常量的定义就是一种无参宏定义。

【例8-1】　用无参宏定义计算 $s = 3*(y*y+3*y)+4*(y*y+3*y)+5*(y*y+3*y)$。

【分析】　在计算式子中出现了3个 $(y*y+3*y)$,为减少书写量,可使用宏定义。

【程序】

```
#include<stdio.h>
#define M (y*y+3*y)
void main()
{
    int s,y;
    printf("Please input a number: ");
    scanf("%d",&y);
    s=3*M+4*M+5*M;
    printf("s=%d\n",s);
}
```

【运行】

```
Please input a number: 4↙
s=336
```

【说明】 在上面程序的语句 s＝3＊M＋4＊M＋5＊M;中引用了 3 次宏 M,经"宏展开"后该语句变为:s＝3＊(y＊y＋3＊y)＋4＊(y＊y＋3＊y)＋5＊(y＊y＋3＊y);符合题目要求。

注意:在宏定义中替换文本(y＊y＋3＊y)两边的括号不能少,否则会产生错误。如改为以下定义:

```
#difine M y*y+3*y
```

则在宏展开时将得到下述语句:s＝3＊y＊y＋3＊y＋4＊y＊y＋3＊y＋5＊y＊y＋3＊y;

显然与原题意要求不符,计算结果当然是错误的。因此在进行宏定义时必须注意,应保证在宏代换之后不发生错误。

对于无参宏定义还要说明以下几点。

(1) 习惯上宏名用大写字母表示,以便与变量名区别开。

(2) 用替换文本替换宏名只是一种简单的直接替换,替换文本中可以包含任意字符,系统在进行编译预处理时对它不作任何检查。

例如:♯define PI 3.141 592 6 即不小心将替换文本中的第一个数字"1"错写成了小写字母"l",系统在预处理时仍然把 PI 替换成 3.141 592 6,而在编译时才发现错误并报错。

(3) 宏定义不是声明或执行语句,在行末不要加分号,如果加上分号则连分号也一起替换。

(4) 一个♯define 只能定义一个宏,且一行只能定义一个宏。若需要定义多个宏就要使用多个♯define,并写在多行上。

(5) 宏定义时如果一行写不下,可用"\"续行。例如:

```
#define PI 3.1415926        /*正确*/
#define PI 3.1415\
926                         /*正确*/
```

(6) 宏定义原则上可以出现在源程序的任何地方,但通常写在函数之外,其作用域为:

从宏定义命令起到源程序文件结束。如要终止其作用域可使用♯undef 命令,其用法为:

♯undef 标识符

如:♯undef PI

(7) 宏名在源程序中若用双引号括起来,则在编译预处理时不对其做宏替换。也就是说,宏名被双引号括起来时,仅作为一般字符串使用。

【例 8-2】 宏替换的选择性。

【程序】

```
#include<stdio.h>
#define PI 3.1415926
void main()
{
    printf("PI is %9.7f.\n",PI);
}
```

【运行】

```
PI is 3.1415926.
```

(8) 宏定义允许嵌套,在宏定义的替换文本中可以使用已经定义过的宏名。在宏展开时层层替换。

例如:

```
#define PI 3.1415926
#define S PI * r * r              /* PI 是已定义的宏名 */
```

对语句:

```
printf("%f",S);
```

在宏替换后变为:

```
printf("%f",3.1415926 * r * r);
```

使用无参宏定义还可以实现程序的个性化(如用自己所习惯的符号表示数据类型或输出格式等),使程序的书写、阅读更加方便。

【例 8-3】 用无参宏定义表示常用的数据类型和输出格式。

【程序】

```
#include<stdio.h>
#define INTEGER int
#define REAL float
#define P printf
#define D "%d\n"
#define F "%f\n"
void main()
{
```

```
        INTEGER a=5, c=8, e=11;
        REAL b=3.8, d=9.7, f=21.08;
        P(D F,a,b);
        P(D F,c,d);
        P(D F,e,f);
}
```

【运行】

```
5
3.800000
8
9.700000
11
21.080000
```

8.1.2 带参宏定义

C语言允许"宏"带有参数。在宏定义中的参数称为形式参数，在引用带参宏时给出的参数称为实际参数。

带参宏定义的一般形式为：

#define 宏名(形参表) 替换文本

其中，形参表由一个或多个形参组成，各形参之间用逗号隔开，替换文本中通常应包括有形参。

引用带参宏的一般形式为：

宏名(实参表)

带参宏定义展开时先把宏引用替换为替换文本，再将替换文本中出现的形参用实参代替。例如下面的宏定义和引用：

```
#define M(y) y*y+3*y          /*宏定义*/
...
k=M(5);                       /*宏引用*/
...
```

宏展开时，先用 $y*y+3*y$ 替换 M(5)，再将替换文本中的形参 y 用实参 5 代替，最终得到：$k=5*5+3*5;$。

【例 8-4】 用带参宏定义求两数中的大者。

【程序】

```
#include<stdio.h>
#define MAX(a,b) (a>b)? a:b
void main()
{
```

```
    int x,y,max;
    printf("input two numbers(x,y): ");
    scanf("%d,%d",&x,&y); max=MAX(x,y); printf("max=%d\n",max);
}
```

【运行】

```
input two numbers(x,y): 5,6↙
max= 6
```

【说明】 这里的宏 MAX(a,b)既可以比较 int 型数据,也可以比较 float 型、char 型等各种类型数据。若要比较 float 型数据,只需将程序第 4 行改为:float x,y,max;并在输入输出格式控制处将"%d"改为"%f"即可,宏定义无需改动。

如果用函数实现上述功能,则需要写相应的两个函数才可以。

对于带参宏定义,除了需要遵守一些与无参宏定义一样的规则。如一个 #define 命令只能定义一个带参宏,通常在函数外定义,允许嵌套、续行、使用 #undef 命令终止宏定义等,另外还应注意以下几点。

(1) 在带参宏定义中,宏名与其后的左括弧"("之间不得有空格,否则将变为无参宏定义。

例如把:#define MAX(a,b) (a>b)? a:b

写为:#define MAX (a,b) (a>b)? a:b

将被认为是无参宏定义,宏名是 MAX,替换文本为(a,b) (a>b)? a:b。

(2) 在带参宏定义中,替换文本中的形参通常要用括号括起来以避免出错。

【例 8-5】 分别引用以下宏定义,求 3 * F(3+2)的值。

① #define F(x) x * x+x

② #define F(x) (x) * (x)+(x)

③ #define F(x) (x * x+x)

④ #define F(x) ((x) * (x)+(x))

解:表达式 3 * F(3+2)在分别引用以上 4 个宏定义后,其值为:

① 22。因为宏定义只作为一种简单的字符替换,所以在引用①中的宏定义后,表达式 3 * F(3+2)被替换为:3 * 3+2 * 3+2+3+2。

② 80。表达式 3 * F(3+2)被替换为:3 * (3+2) * (3+2)+(3+2)。

③ 48。表达式 3 * F(3+2)被替换为:3 * (3+2 * 3+2+3+2)。

④ 90。表达式 3 * F(3+2)被替换为:3 * ((3+2) * (3+2)+(3+2))。

由此可见,使用带参数的宏定义,替换文本中的括号位置不同,可以得出不同的结果。

(3) 宏定义也可用来定义多个语句,在宏替换时,把这些语句都替换到源程序中。

【例 8-6】 一个宏定义代表多个语句。

【程序】

```
#include<stdio.h>
#define SSSV(s1,s2,s3,v) s1=l * w; s2=l * h; s3=w * h; v=w * l * h;
void main()
{
```

```
    int l=3,w=4,h=5,sa,sb,sc,vv;
    SSSV(sa,sb,sc,vv);
    printf("sa=%d\nsb=%d\nsc=%d\nvv=%d\n",sa,sb,sc,vv);
}
```

【运行】

```
sa=12
sb=15
sc=20
vv=60
```

【说明】 程序第一行为宏定义,用宏名 SSSV 表示 4 个赋值语句,4 个形参分别为 4 个赋值符左边的变量。在宏替换时,把 4 个语句展开并用实参代替形参,得到计算结果。

应该注意的是,带参宏定义和函数有一定的相似之处。如表示形式都是由一个名字加上参数表组成,都要求实参与形参的数目相同等。因此,很多读者容易将它们混淆。下面将带参宏定义与函数的主要区别列出,以帮助读者更快地掌握带参宏定义。

带参宏定义与函数的主要区别如下。

(1) 定义方式不同。带参宏使用预处理命令♯define 定义;而函数使用函数定义。

(2) 参数性质不同。带参宏的参数表中的参数不必说明其类型,也不分配存储空间;而函数参数表中的参数需说明其类型并为其分配存储空间。

(3) 实现方式不同。宏展开是在编译时由预处理程序完成的,不占用运行时间;而函数调用是在程序运行时进行,需占用一定的运行时间。

(4) 参数传递不同。若实参为表达式,引用带参宏时只进行简单的字符替换,不计算实参表达式的值;而函数调用时,则先计算表达式的值,然后代入形参。

(5) 返回值不同。带参宏定义无返回值;而函数有返回值。

【例 8-7】 带参宏定义的实参是表达式的情况。

【程序】

```
#include<stdio.h>
#define SQ(y) (y)*(y)
void main()
{
    int a,sq;
    printf("input a number: ");
    scanf("%d",&a);
    sq=SQ(a+1);
    printf("sq=%d\n",sq);
}
```

【运行】

```
input a number: 3↙
sq=16
```

【说明】 程序中定义了带参宏 SQ(y),在引用时实参为表达式 a+1。在宏展开时,先

用(y) * (y)替换 SQ(a+1),再用实参表达式 a+1 替换形参 y,最后得到如下语句:

```
sq= (a+1) * (a+1);
```

这与函数的调用是不同的,函数调用时要先把实参表达式的值求出来,再赋予形参。

而宏引用时对实参表达式不做计算,直接照原样替换。可简单总结为"完全展开,直接代替"。

【例 8-8】 函数与带参宏定义的进一步比较。

【程序】

```
#include<stdio.h>
#define SQ_MACRO(y) ((y) * (y))
int SQ_fun(int);
void main()
{
    int i=1;
    printf("SQ_fun:\n");
    while(i<=5)
        printf("%d\n",SQ_fun(i++));
        i=1;
        printf("SQ_MACRO:\n");
    while(i<=5)
        printf("%d\n",SQ_MACRO(i++));
}

int SQ_fun(int y)
{   return((y) * (y));
}
```

【运行】SQ_fun:

```
1
4
9
16
25
SQ_MACRO:
1
9
25
```

【说明】 此题本意是用函数调用和宏引用来分别实现输出 1~5 的平方值。但程序中,函数调用是把实参 i 的值传给形参 y 后自增 1,因而要循环 5 次,输出 1~5 的平方值。

而在宏引用时,SQ_m(i++)被替换为((i++) * (i++))。在第一次循环时,i 等于1,其计算过程为:先计算表达式 i*i 的值为 1,然后 i 值再两次自增 1 变为 3。在第二次循环时,i 已为 3,按照第一次循环的计算过程进行计算。

8.2 条件编译

条件编译是在编译源文件之前,根据给定的条件决定编译的范围。一般情况下,源程序中所有语句都要参加编译。但有时希望在满足一定条件时,编译其中的一部分语句,在不满足条件时编译另一部分语句。这就是所谓的"条件编译"。条件编译对于程序的移植和调试是很有用的。在一套程序要产生不同的版本(如演示版本和实际版本)、避免重复定义时往往使用条件编译。

条件编译有以下 3 种形式。

(1) 第 1 种形式:

```
#ifdef 标识符
    程序段 1
#else
    程序段 2
#endif
```

它的功能是,如果标识符是已被 #define 命令定义过的宏名,就对程序段 1 进行编译;否则对程序段 2 进行编译。如果没有程序段 2(为空),则本格式中的 #else 可以省略,即可以写为:

```
#ifdef 标识符
    程序段
#endif
```

【例 8-9】 根据需要设置条件编译,使之能控制对一些提示信息的输出。

【程序】

```
#include<stdio.h>
#define DEBUG
void main()
{
    int a=4;
    #ifdef DEBUG
        printf("Now the programmer is debugging the program.");
    #else
        printf("a=%d.",a);
    #endif
}
```

【运行】

Now the programmer is debugging the program.

若没有第一行的宏定义命令,程序运行后会输出:a=4.

(2) 第 2 种形式:

```
#ifndef 标识符
```

```
        程序段 1
#else
        程序段 2
#endif
```

与第一种形式的区别是将 ifdef 改为 ifndef。它的功能是,如果标识符未被 #define 命令定义过,则对程序段 1 进行编译,否则对程序段 2 进行编译。这与第一种形式的功能刚好相反。

(3) 第 3 种形式:

```
#if 常量表达式
        程序段 1
#else
        程序段 2
#endif
```

它的功能是,如果常量表达式的值为真(非 0),则对程序段 1 进行编译,否则对程序段 2 进行编译。因此可以使程序在不同条件下,完成不同的功能。

【例 8-10】 设置一个开关,判断输入值是半径还是边长,实现求圆或正方形的面积。

【程序】

```
#include<stdio.h>
#define R 1
void main()
{
    float c,r,s;
    printf("input a number:");
    scanf("%f",&c);
    #if R
        r=3.14159*c*c;
        printf("area of round is: %f\n",r);
    #else s=c*c;
        printf("area of square is: %f\n",s);
    #endif
}
```

【运行】

```
input a number:3✓
area of round is: 28.274309
若程序的第 2 行改为:#define R 0
```

则程序运行情况如下:

```
input a number:3✓
area of square is: 9.000000
```

程序中采用了第 3 种形式的条件编译。根据常量表达式(常量 R)为真或为假(修改宏定义),进行条件编译,可输出圆面积或正方形面积。

从上述 3 种命令形式可以发现,条件编译的逻辑结构与程序设计中的选择结构很相似。实质上,条件编译也是一种选择结构。它根据给定的条件,从源程序段 1 和源程序段 2 中选择其中之一进行编译。

C 语言规定,条件编译中 ♯if 后面的条件必须是常量表达式,即表达式中参加运算的量必须是常量,在大多数情况下使用由 ♯define 定义的符号常量。

当然,上面介绍的条件编译也可以用条件语句来实现。但是使用条件语句将会对整个源程序进行编译,生成的目标代码较长。而采用条件编译,则根据条件只编译其中的程序段 1 或程序段 2,生成的目标代码较短。如果可选择编译的程序段很长,或者存在多个条件编译命令时,将大大缩短目标代码的长度。

在程序调试时,经常需要查看某些变量的中间结果。这时也可以使用条件编译,在程序中设置若干调试用的语句。例如:

```
#define FLAG 1
#if FLAG
    printf("a=%d",a);
#endif
```

用于在调试时查看变量 a 的中间结果值。在调试完成时,只需把符号常量 FLAG 的宏定义改为 ♯define FLAG 0 即可。

当再次编译该源程序时,这些调试用的语句就不再参加编译了。可以看出,使用条件编译省去了在源程序中增删调试语句的麻烦。并且,在程序正式投入运行后的维护期间,当需要再次调试程序时,这些调试语句还可以再次得到利用。

使用条件编译,还可以使源程序适应不同的运行环境,从而增强了程序在不同机器间的可移植性。

8.3 文件包含

所谓文件包含是指在一个文件中包含另一个文件的全部内容,使之成为该文件的一部分。这相当于是两个文件的合并。

文件包含由文件包含命令 ♯include 来实现,其一般格式为:

```
#include<文件名>          /*格式一*/
#include "文件名"         /*格式二*/
```

其中"文件名"是指被包含的文件,称为头文件。头文件必须是文本文件,如 C 语言源程序文件等。头文件常以".h"为后缀,但也可以是".c"或其他,甚至没有后缀也是可以的。

在编译预处理时,文件包含命令的功能是将指定头文件的内容包含到该命令出现的位置处并替换此命令行。

格式一和格式二的主要区别是在存放头文件的路径上。使用格式一时,预处理程序只在系统规定的目录(include 子目录,由用户在设置编译环境时设置)中去查找指定的头文件,若找不到,则出错,这称为标准方式。使用格式二时,预处理程序先在当前工作目录中寻找指定的头文件,若找不到,再按标准方式去查找。

一般来说,如果调用系统提供的标准库函数时使用格式一(库函数相关的头文件一般放在系统规定的目录),以节省查找时间。如果要包含的是用户自己编写的头文件(这种头文件往往放在当前工作目录),则一般使用格式二。

另外,格式一中只能写文件名及其后缀,不能含有其他成分,但格式二中的双引号内可以含有路径,如:

```
#include<C:\TC\F2.c>        /*错误*/
#include "C:\TC\F2.c"       /*正确*/
```

在进行结构化程序设计时,文件包含是很有用的。一个大的程序可以分为多个源程序文件,由多个程序员分别编写。使用文件包含的手段,可以减少重复性的劳动,有利于程序的维护和修改,同时也是"模块化"设计思想所要求的。将那些公用的或常用的宏定义、函数原型、数据类型定义及全局变量的定义和声明等,组织在一些头文件中,在程序需要使用到这些信息时,就用#include命令把它们包含到所需的位置上去,从而免去每次使用它们时都要重新定义或声明的麻烦。

C语言为用户提供了许多头文件,称为"标准头文件"。其中,stdio.h中有 EOF 和NULL宏定义及输入输出函数的原型等;math.h中有各个数学函数的原型;io.h中有数据类型 struct ftime 的定义。

【例8-11】 用户头文件的编写和使用。

【程序】

```
#ifndef __L8_11_H
#define __L8_11_H                /*定义宏,以防止重复包含此头文件*/
#include<stdio.h>
#define ADD(a,b) ((a)+(b))       /*定义宏,实现两数的加法*/
#define SUB(a,b) ((a)-(b))
int MUL(int a,int b)             /*定义函数,实现两数的乘法*/
{
    return a*b;
}
float DIV(float a,float b)
{
    if(b!=0) return a/b;
    else printf("Error! The deno cannot be zero!");
}
#endif
```

L8_11.c 文件源代码如下。

```
#include "L8_11.h"               /*包含自定义头文件*/
void main()
{
    int a,b;
    int sum,product;
```

```
float difference,quotient;
printf("Please input two numbers:");
scanf("%d,%d",&a,&b);
sum=ADD(a,b);
difference=SUB(a,b);
product=MUL(a,b);
quotient=DIV(a,b);
printf("sum=%d difference=%f\n",sum,difference);
printf("product=%d quotient=%f\n",product,quotient);
}
```

【运行】

```
Please input two numbers:34,12↙
sum=46 difference=22.000000
product=408 quotient=2.833333
```

【说明】

(1) 一个♯include 命令只能包含一个头文件,若有多个文件要包含,则需用多个♯include 命令。

例如:如果 file1.c 中包含 file2.c,而 file2.c 中要用到 file3.c 的内容,则可在 file1.c 中用两个♯include 命令进行包含,包含顺序如下。

```
#include "file3.c"
#include "file2.c"
```

即在包含 file2.c 之前先包含 file3.c,所以 file2.c 中可以直接使用 file3.c 的内容,而不必再在 file2.c 中用♯include "file3.c"了(以上是假设 file2.c 在本程序中只被 file1.c 包含,而不出现在其他场合)。

(2) 文件包含允许嵌套,即在一个被包含的文件中又可以包含另一个文件。上面的问题也可以这样处理,即在 file1.c 中定义:

```
#include "file2.c"
```

再在 file2.c 中定义:

```
#include "file3.c"
```

(3) 当某个头文件的内容发生变化时,意味着包含该头文件的源程序也发生变化,所以需要重新编译。

习题 8

8.1 选择题

(1) 以下程序中的 for 循环执行的次数是(　　)。

    (A) 5　　　　　(B) 6　　　　　(C) 8　　　　　(D) 9

```
#include<stdio.h>
#define N 2
#define M N+1
#define NUM (M+1) * M/2
void main()
{
    int i;
    for(i=1;i<=NUM;i++);
    printf("%d\n",i);
}
```

(2) 以下程序的输出结果是( )。

(A) 15　　　　(B) 100　　　　(C) 10　　　　(D) 150

```
#include<stdio.h>
#define MIN(x,y) (x)<(y)? (x):(y)
void main()
{
    int i,j,k;
    i=10;
    j=15;
    k=10 * MIN(i,j);
    printf("%d\n",k);
}
```

(3) 以下程序的输出结果是( )。

(A) 11　　　　(B) 12　　　　(C) 13　　　　(D) 15

```
#include "stdio.h"
#define FUDGF(y) 2.84+y
#define PR(a) printf("%d",(int)(a))
#define PRINT1(a) PR(a); putchar('\n')
void main()
{
    int x=2;
    PRINT1(FUDGF(5) * x);
}
```

(4) 以下程序的输出结果是( )。

(A) 320　　　　(B) 900　　　　(C) 9000　　　　(D) 300

```
#include "stdio.h"
#define S(r) 10 * r * r
void main()
{
    int a=10,b=20,s;
    s=S(a+b);
    printf("%d\n",s);
}
```

```
    }
```

(5) 以下叙述中正确的是(　　)。

　　(A) 用♯include 包含的头文件的后缀不可以是".a"

　　(B) 若一些源程序中包含某个头文件,当该头文件有错时,只需对该头文件进行修改,包含此头文件的所有源程序不必重新进行编译

　　(C) 宏定义可以看成是一行 C 语句

　　(D) C 程序中的预处理是在编译之前进行的

8.2 编程题

(1) 请写出一个宏定义 ISALPHA(C),用以判断 C 是否是字母字符,若是得1,否则得0。

(2) 请写出一个宏定义 SWAP(t,x,y)用以交换 t 类型的两个参数 x、y。提示:用复合语句的形式。

(3) 用条件编译实现:输入一行字符,可以用两种方式输出,一种为原文输出,另一种将字母变成其后续字母,即按密码输出。

(4) 对年份 year,定义一个宏,以判别该年份是否为闰年。

(5) 求 3 个整数的平均值,要求用带参宏实现且把带参宏定义存放在头文件中。

第9章 指 针

指针是 C 语言的一个重要特色,也是 C 语言的精华所在。正是丰富的指针运算功能才使得 C 语言是目前最常用、最流行的面向过程的结构化程序设计语言。正确而灵活地运用指针,可以有效地表示复杂数据结构,方便地使用数组和字符串;可以在函数间进行数据传递;可以直接处理内存地址、动态分配内存;可以使程序简洁、紧凑、高效。指针极大地丰富了 C 语言的功能。

学习指针是学习 C 语言中重要的一环,能否正确理解和使用指针是掌握 C 语言的一个标志。同时,指针的掌握也是 C 语言中最为困难的一部分。在指针的学习中除了要正确理解其基本概念外,还必须要多编程,多上机调试。只要做到这些,指针也是不难掌握的。

本章首先介绍指针的概念,然后分别讲述变量的指针、数组的指针、函数的指针、指针数组等,并配有一定数量的例题加深理解。

本章重点:

(1) 指针变量的使用。

(2) 指针与数组。

(3) 指针与字符串。

(4) 指针作为函数的参数。

(5) 函数指针。

(6) 指针函数。

(7) 指针数组。

本章难点:

(1) 二维数组的行、列地址。

(2) 指针的算术运算。

(3) 指针函数与函数指针的区别。

(4) 指针数组的使用。

9.1 地址和指针的基本概念

指针既是 C 语言的重点,也是 C 语言的难点。简单地说,指针其实就是内存单元的地址。要理解指针的概念,必须首先弄清内存的概念以及数据在内存中如何存储的,数据使用时又是如何从内存中读取的。

在计算机中,数据只有存放在内存中计算机才能进行处理和运算。内存是以字节为单位的一系列连续的存储单元,为了便于访问,给每个字节单元一个唯一的编号,编号从 0 开始。第一字节单元,编号为 0,其余各字节单元按顺序连续编号,这些字节单元被称为内存单元。字节单元的编号被称为内存单元的地址,即内存地址,它是一个正整数。系统根据这个地址来识别各内存单元,就像在一个酒店中用房间编号来标识各个房间一样。计算机的内存也是一样,存储单元中的数据是随时变化的,系统只能按内存地址来管理各字节,根据内存地址就可准确地找到该内存单元,找到该单元就能找到单元中存储的数据了。

C 语言访问存储单元有以下两种方式。

1. 直接访问方式

按变量名存取变量值的方式被称为直接访问方式。如在前面章节中,编程时先声明变量,编译系统就会给每个变量名按其类型分配相应的存储单元并自动将变量名与其对应单元的地址建立联系,具体分配哪些单元给变量(或者说该变量的地址是什么),不需要编程者去考虑,由 C 编译系统去完成,当执行程序给变量名赋值时,系统会将数据保存到该变量对应的地址单元中。例如:

```
int a;
a=20;
```

该声明表示,确定变量名及其类型,然后系统给变量名分配存储单元,该存储单元的大小由变量的类型决定,所以 a 对应的存储单元被分配(在 TC 或 BC 下,系统将给整型量分配2 字节的单元,而 VC 下将是 4 字节的单元)字节(每个字节有一个地址编号),并规定首字节的地址编号作为该变量的地址,系统自动将存储单元的地址与变量名 a 建立联系,在程序中使用变量 a,就是使用变量 a 所代表的存储单元,变量 a 的值就是存储单元的内容。由于每个变量都对应一个内存地址,使用变量时,系统通过变量名所对应的地址找到存储单元,就可访问该单元了。例如:

```
short x; char c; float y;
scanf("%hd%c%f",&x,&c,&y);
```

计算机将按以下步骤处理上述语句。

(1) 通知编译系统共有 3 个变量,给它们分别分配存储单元,其中,x 为 2 个字节,假设地址编号为 4001 和 4002,系统将 x 与地址 4001 建立联系;c 为 1 个字节并与地址 4003 建立联系;y 为 4个字节并与地址 4004 建立联系,如图 9.1 所示。

3 个变量之间被分配的地址不一定是连续的,但每个变量的各字节地址肯定是连续的。

(2) C 系统通过 x 找到其对应存储单元的起始地址 4001,将从键盘上输入的值存入地址 4001 和 4002 对应的存储单元中。

只要找到了地址,就能找到对应的存储单元。可见,地址就像是存储单元的指示标识,在 C 语言中形象地称地址为指针。

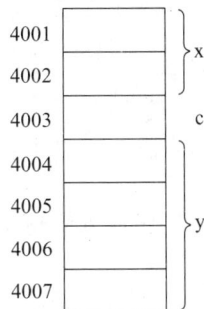

图 9.1 存储单元分配示意图

2. 间接访问方式

间接访问方式是通过声明一种特殊的变量专门存放内存或变量的地址,然后根据该地址值再去访问相应的存储单元。例如:

```
int x, * p;
x=50; p=&x;
```

计算机将按以下步骤处理上述语句。

（1）声明了一个整型变量 x，假如地址为 5001，准备用来存放一个整数；声明了一个整型指针变量 p，假如地址为 7001，准备用来存放一个整型单元的地址（VC 系统的地址用 4 个字节表示）。

（2）给 x 变量赋值整数 50，给 p 指针变量赋值 x 变量的地址，& 为取地址运算符，如图 9.2 所示。

由图 9.2 可见，p 这个特殊变量中存放的是 x 变量的地址 5001，如果要访问 50 这个数，先通过指针变量 p 找到 x 的地址 5001，再找到 5001 地址单元（即 x 存储单元），就可找到整数 50。

这种间接地通过指针 p 得到变量 x 的地址，然后再访问 x 值的方式称为"间接存取"。

这种间接存取方式表面上看似乎较麻烦，但由于可以直接访问内存地址，在处理大批量数据时，访问速度较快。

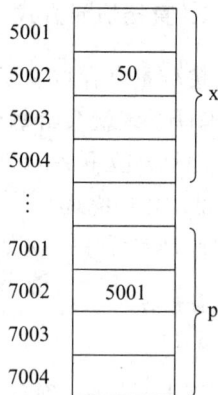

图 9.2　间接存储示意图

9.2　变量的指针和指向变量的指针变量

一个变量的指针就是这个变量的地址，它是一个无符号整数。如果一个地址用另一个变量来保存，这个变量就称为指针变量，用来指向另一变量。例如 i 的地址 2000 就是 i 的指针，这个指针用 i_pointer 来保存，则 i_pointer 就是一个指针变量，它存储的内容是指针。

为了表示指针变量和它所指向的变量之间的联系，用" * "表示指向的关系。例如，i_pointer 代表指针变量，而 * i_pointer 是 i_pointer 所指向的变量，如图 9.3 所示。

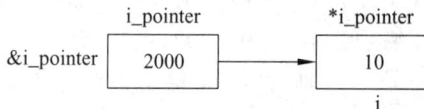

图 9.3　指针变量

则下面两个语句作用相同：

```
i=5;
* i_pointer=5;
```

第 2 个语句的含义是将 5 赋给指针变量 i_pointer 所指向的变量。

9.2.1　指针变量的定义

指针变量是专门用于存放地址的变量，C 语言将它定义为"指针类型"。指针变量也是变量，但该变量中存放的不是普通的数据而是地址。如果一个指针变量中存放的是某一个变量的地址，那么则称指针变量指向该变量。C 语言规定所有变量在使用前必须先定义，指

针变量也不例外,定义指针变量的格式为:

  类型说明符 * 变量名;

其中,"*"表示这是一个指针变量,"变量名"即为定义的指针变量名,"类型说明符"表示本指针变量所指向的变量的数据类型。定义完成后系统会为该指针变量分配存储空间(分配存储空间的大小和编译器有关,在 VC 下是 4 字节)。例如:

  int * p1;

其中,p1 是一个指针变量,它的值是某个整型变量的地址。或者说,p1 指向一个整型变量。至于 p1 究竟指向哪一个整型变量,应由向 p1 赋予的地址来决定。

  再例如:

  int * p2;
  float * p3;
  char * p4;

其中,p2 为 int 型变量指针,该变量存储的地址为 int 型变量的地址,p3 为 float 型变量指针,该变量存储的地址为 float 型变量的地址,p4 为 char 型变量指针,该变量存储的地址为 char 型变量的地址。

  "*"只表示定义的变量为指针变量,但指针变量名中并不包含"*"。

9.2.2　指针变量的类型

  在定义指针变量时必须指定其类型。该类型表明的是指针变量所指向的变量的类型。

  一个指针变量被定义之后,它所指向对象的类型就确定了。所以,在一般情况下,一个指针变量只能指向由定义限定的同一类型的变量。例如:

  int x, * p1;
  double y, * p2;
  p1=&x;
  p2=&y;

p1 为指向 int 型变量的指针,p2 为指向 float 型变量的指针,p1 和 p2 占用的空间是一样的,但是 p1 和 p2 所指向的变量所占用的空间不同。通过 p1 访问所指向的变量每次访问的是 2 个字节的空间,而通过 p2 访问所指向的变量每次访问的则是 4 个字节的空间。

  不能把 x 的地址赋给 p2,即不能有 p2=&x。

  从语法上讲,指针变量可以指向任何类型的对象,包括指向数组、指向别的指针变量、指向函数或指向结构变量等,从而可以表示复杂的数据类型。例如,可以有下列变量说明。

  char (* ptr)[5];
  int * * ip;
  int * fip();
  int (* pti)();
  int * (* pfpi)();

9.2.3 指针变量的初始化

指针变量的定义只是创建了指针变量,获得了指针变量的存储,但并没有给出指针变量指向哪个具体的变量,此时指针的值是不确定的随机值,指针处于"无所指"的状态。例如:用 int * p;语句来说明 p 是一个整型指针变量时,p 的值是不确定的随机值。此时称 p 为悬挂指针。在没有对其进行赋值操作,使它指向特定变量时就使用它,将会产生一些不可预计的后果,一般都是使程序不能正常运行。因此要避免使指针悬挂。

C 语言中与指针变量有关的两个运算符为:

& :取地址运算符;

* :指针运算符(间接访问符),在程序中用 * 表示指向。

其中地址运算符 & 是用来表示变量地址的。其一般形式为:

& 变量名

如 &a 表示变量 a 的地址,&b 表示变量 b 的地址。

在 C 语言中,变量的地址是由编译系统分配的,对用户完全透明,用户不知道变量的具体地址。地址也不会无缘无故地被存储到指针变量之中。程序中必须使用取地址运算符(&)将地址存储到指针变量中。因此,初始化指针变量的格式如下:

指针变量名=地址表达式;

当然也可以在声明指针变量时,对其进行初始化,即在声明的同时,给其赋初值,格式如下:

类型说明符 * 指针变量名=地址表达式;

其中的"地址表达式"通常是"& 普通变量名"、"& 数组元素"或"数组名",这个普通变量名或数组名必须在前面已定义过了。

地址表达式为"& 普通变量名"则表示该指针变量指向对应的普通变量;初值为"& 数组元素",则表示该指针变量指向对应的数组元素;若为"数组名",表示该指针变量存储的是数组的首地址。

假设有指向整型变量的指针变量 p,如要把整型变量 a 的地址赋予 p,则可以用以下两种方式。

(1) 用指针变量初始化的方法,即:

```
int a;
int * p=&a;
```

在例子中首先定义了 int 型变量 a,然后定义 int 型指针变量 p,并用 a 的地址对其进行了初始化。

(2) 用赋值语句的方法,即:

```
int a;
int * p;
p=&a;
```

首先定义了 int 型变量 a,再定义 int 型指针变量 p,然后通过赋值语句对指针变量 p 进行了初始化。

　　注意：

　　(1) 指针变量定义后，若不赋值，其值是不确定的。

　　(2) 可以给指针变量赋空值(NULL，是在 stdio.h 中声明的符号常量)，使指针变量不指向任何变量，例如：

```
int * ip=NULL;
```

　　(3) 指针变量的值为空值(NULL)与未对指针变量赋值，意义是不同的。

　　(4) 指针变量的值是它所指对象在内存中的地址，利用运算符"&"可得到一个变量的地址。

　　(5) 利用指针可以间接访问对象，这是通过运算符" * "实现的。

　　(6) 不能将一个整型量(或任何其他非地址类型的数据)赋给一个指针变量，例如：

```
int * p;
p=1000;
```

是错误的。

　　(7) 被赋值的指针变量前不能再加" * "说明符，如写为 * p＝&a 也是错误的。

9.2.4　指针变量的引用

　　C 语言规定，程序中引用指针变量有多种方式，常见的有下列 3 种。

　　(1) 给指针变量赋值。使用格式为：

指针变量=地址表达式；

例如：

```
int i, * p1;
p1=&i;
```

　　(2) 直接引用指针变量名。需要用到地址时，可以直接引用指针变量名。例如数据输入语句的输入变量列表中可以引用指针变量名，用来接收输入的数据，并存入它指向的变量；又或是将指针变量 1 中存放的地址赋值到另一个指针变量 2 中。注意这种引用要求指针变量 1 必须有值。例如：

```
int a,b, * p=&a, * q;
q=p;                    /* 由于 p 的值(a 的地址)赋予指针变量 q，所以 p 和 q 都指向变量 a */
scanf("%d,%d",q,&b);  /* 使用指针变量接收输入数据 */
```

　　(3) 通过指针变量来引用它所指向的变量。使用格式为：

　* 指针变量名；

　　在程序中" * 指针变量名"代表它所指向的变量。注意这种引用方式要求指针变量必须有值。例如：

```
int a=5,b, * p=&a;
```

```
b= * p;      /*由于p指向a,所以*p就是a,结果b等于5 */
```

又例如:

```
int i=200, x;
int * ip;
```

这里定义了两个整型变量i和x,还定义了一个指向整型数的指针变量ip。i,x中可存放整数,而ip中只能存放整型变量的地址。如果把i的地址赋给ip,即:

```
ip=&i;
```

于是,指针变量ip指向整型变量i。假设变量i的地址为1800,这个赋值可形象理解为如图9.4所示的联系。

以后便可以通过指针变量ip间接访问变量i,例如:

```
x= * ip;
```

图 9.4　ip指向i的示意图

运算符"*"可以访问以ip为地址的存储区域,而ip中存放的是变量i的地址。因此,*ip访问的是地址为1800的存储区域(因为是整数,实际上是从1800开始的两个字节),它就是i所占用的存储区域。所以,上面的赋值表达式等价于:

```
x=i;
```

指针变量和一般变量一样,存放在它们之中的值是可以改变的。也就是说,可以改变它们的指向。例如,假设:

```
char i,j, * p1, * p2;
i='a';
j='b';
p1=&i;
p2=&j;
```

则可建立如图9.5所示的联系。

这时赋值表达式:

```
p2=p1
```

就使p2与p1指向同一对象i,*p2就等价于i,而不是j,如图9.6所示。

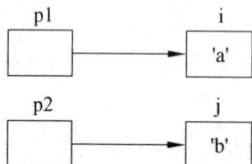

图 9.5　两个不同指针指向不同变量的示意图　　　图 9.6　两个不同指针指向同一变量的示意图

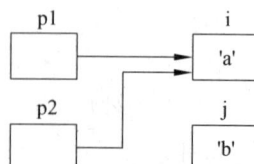

如果执行如下表达式语句,即:

```
* p2= * p1;
```

则表示把 p1 指向的内容赋给 p2 所指的区域。

通过指针访问它所指向的一个变量是以间接访问的形式进行的,所以与直接访问一个变量相比不是很直观。但由于指针是变量,通过改变它们的指向,可以间接访问不同的变量,这给程序员带来灵活性,也使程序代码编写变得更为简洁和有效。

【例 9-1】 输出两个数据中比较大的数据。

【程序】

```
#include<stdio.h>
void main()
{
  int a,b;
  int * p1, * p2, * p;
  p1=&a; p2=&b;
  scanf("%d%d",p1,p2);
  if (a<b){
    p=p1; p1=p2; p2=p;       /* 交换的是地址不是地址里面的内容 */
  }
  printf("the max is %d.\n", * p1);
}
```

【说明】 这个算法的解决思路是想利用指针变量 p1 指向两个数据中大数的地址,程序开始的部分,利用 p1 保存变量 a 的地址,p2 保存变量 b 的地址。如果数据 a 小于数据 b,那么交换两个指针变量的指向。程序运行时如果输入数据 10,20,那么可以得到的输出结果为:

20

当然也可以用下面的程序来解决这一问题。

```
#include<stdio.h>
void main()
{
  int a,b,t;
  int * p1, * p2;
  p1=&a; p2=&b;
  scanf("%d%d",&a,&b);
  if (a<b){
  t= * p1; * p1= * p2; * p2=t;}       /* 交换的是地址里面的内容不是地址 */
  printf("the max is %d.\n", * p1);
}
```

【说明】 这个算法的思路是不改变 p1 和 p2 指向,利用交换两个指针指向数据的值实现交换。程序开始的部分,利用 p1 保存变量 a 的地址,p2 保存变量 b 的地址。如果数据 a 小于数据 b,那么交换两个指针变量指向的数据。如果输入数据 10,20,那么可以得到的输出结果为:

20

这两种方案都可以实现问题的要求。在利用指针访问变量的时候,一定要弄清是需要改变指针变量的值,还是需要改变指针变量所指向的变量的值。

9.2.5　指针变量的运算

1. 赋值运算

指针变量的赋值运算有以下几种形式。

(1)指针变量初始化赋值,前面已做介绍。

(2)把一个变量的地址赋予指向相同数据类型的指针变量。例如:

```
int a,* pa;
pa=&a;       /* 把整型变量 a 的地址赋予整型指针变量 pa * /
```

(3)把一个指针变量的值赋予指向相同类型变量的另一个指针变量。例如:

```
int a,* pa=&a,* pb;
pb=pa;        /* 把 a 的地址赋予指针变量 pb * /
```

由于 pa,pb 均为指向整型变量的指针变量,因此可以相互赋值。

(4)把数组的首地址赋予指针变量。例如:

```
int a[5],* pa;
pa=a;      /*用数组名表示数组的首地址,故可赋予指向数组的指针变量 pa * /
```

也可写为:

```
pa= &a[0];  /* 数组第一个元素的地址也是整个数组的首地址,也可赋予 pa * /
```

当然也可采取初始化赋值的方法。例如:

```
int a[5],* pa=a;
```

(5)把字符串的首地址赋予指向字符类型的指针变量。例如:

```
char * pc;
pc="C Language";
```

或用初始化赋值的方法写为:

```
char * pc="C Language";
```

这里应说明的是,并不是把整个字符串装入指针变量,而是把存放该字符串的字符数组的首地址装入指针变量。在后面还将详细介绍。

(6)把函数的入口地址赋予指向函数的指针变量。例如:

```
int (* pf)();
pf=f;     /* f 为函数名 * /
```

2. 算术运算

同类型指针变量之间可以进行相减运算,得到的结果为两个变量所指向的对象之间间隔的同类型变量的个数。例如:

```
int a[10];
int * px=&a[0];
int * py=&a[3];
int x=py-px;
```

上例中 px 和 py 分别指向了数组 a 的第 0 个元素和第 3 个元素,py－px 的结果为 3,表示它们之间相差 3 个元素。

两个指针变量之间不能进行加法运算,这没有实际的意义。

指针变量和整型变量之间也可以进行加减运算,一个指针加上或减去一个整数 n 表示将该指针向后或向前移动 n 个所指类型长度的值。例如:

```
int a [4]={0,1,2,3};
int * p=&a[0];
p=p+2;
printf("%d", * p);
p=p-1;
pintf("%d", * p);
```

上例中指针 p 被初始化为数组第 0 个元素的地址,加 2 后 p 指向数组的第 2 个元素,输出 * p 的值就相当于输出 a[2] 的值,p 减 1 后指针向前移动了一个整型数据的地址,指向了 a[1],输出结果为 a[1] 的值。

指针变量同样可以使用＋＋、－－运算符,使用时需注意其前置和后置的区别,若 p 为一个指向 A 类型的指针变量,则 p++ 表示先得到 p 的值然后 p 值加 1,++p 表示 p 值先加 1(就是指针 p 向后移动了一个类型长度),再得到其值。例如:

```
int a [3]={10,100,1000};
int * p;
p=&a[0];
p++;
printf("%d\n", * p);
p=&a[0];
printf("%d\n", * p++);
p=&a[0];
printf("%d\n", * ++p);
p=&a[0];
printf("%d\n",( * p)++);
```

输出结果:

```
100
10
```

```
100
10
```

上例中第 4 行 p++后 p 指向了数组的下标为 1 的元素,输出 * p 的值为 100;第 6 行又将 p 指向了 a[0],第 7 行输出 * p++的值,因为是后缀,所以先输出 p 所指向的内容,即 a[0]的值,再计算 p++,p 指向了 a[1];第 9 行,先计算++p,p 指向 a[1],再输出其内容,即 a[1]的值;第 11 行,先计算 * p,即 10;将其输出,再将 p 所指向的存储单元的内容加 1,即 a[0]的内容变为 11。

注意:两个指针之间进行算术运算必须使它们都指向同一数组。

3. 关系运算

指针变量也可以进行关系运算,可以使用的运算符有:==,! =,<,<=,>,>=。判断一个指针 p 是否为空可以使用 p==0,也可以直接使用变量 p 作为一个逻辑使用。例如:

```
int * p;
if(p)
{
    printf("p is not null");
}
```

9.2.6 指针变量作为函数参数

在前面章节里已经介绍了函数的概念以及如何自定义函数,本节将讨论指针变量作为函数参数。指针变量作为实参变量和形参变量的传递方式也遵循值传递规则,但此时传递的内容是地址,使得实参变量和形参变量指向同一个变量。尽管调用函数不能改变实参指针变量的值,但可以改变实参指针变量所指对象变量的值。因此,指针变量作为函数参数为被调用函数改变调用函数中的数据对象提供了手段。

【例 9-2】 现在试着编写一个函数,实现两个数互换的问题。

【程序】

```
#include<stdio.h>
void swap(int x,int y)
{
    int temp;
    temp=x;
    x=y;
    y=temp;
}
void main()
{
    int a,b;
    printf("Input a,b:");
    scanf("%d%d",&a,&b);
```

```
    swap(a,b);
    printf("%d,%d\n",a,b);
}
```

【运行】

```
Input a,b:3  8↙
3,8
```

【说明】 结果不对,因为 a 和 b 并没有交换。仔细分析程序执行的过程如下。

(1) 首先在主函数 main 中 a 的值为 5,b 的值为 9,如图 9.7(a)所示。

(2) 当调用函数 swap 时,将参数 a 和 b 的值分别传递给 swap 的形参 x 和 y,这相当于执行赋值语句"x=a;y=b;",如图 9.7(b)所示。

(3) x 和 y 接收到数值后,执行 swap 函数,x 和 y 的值互换,如图 9.7(c)所示。

(4) 调用结束后,回到主函数中。形参单元被释放,实参单元仍保留并维持原值,如图 9.7(d) 所示。

这里仅仅将实参 a 和 b 的值传递给形参 x 和 y;swap 函数中对 x 和 y 的操作对实参变量 a 和 b 没有任何影响。所以,仅仅通过值传递,不能达到在被调用函数中修改调用函数中的某些变量的目的。

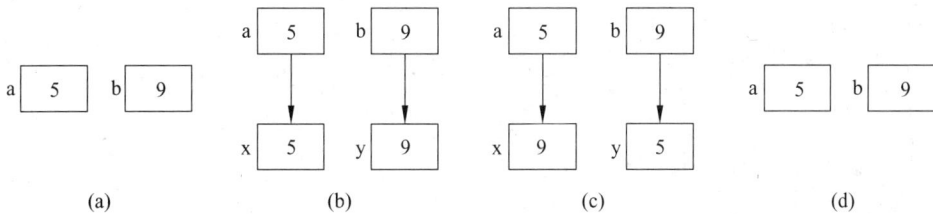

图 9.7 程序示意图

为了在被调用函数能够修改调用函数中的某些变量,可以用指向这些变量的指针或这些变量的地址作为函数的实参。下面用指针作为参数实现变量值的交换。

【例 9-3】

【程序】

```
#include<stdio.h>
void swap(int * p1,int * p2)
{
    int temp;
    temp= * p1;
    * p1= * p2;
    * p2=temp;
}
void main()
{
    int a,b;
    int * ptr1, * ptr2;
```

```
    printf("Input a,b:");
    scanf("%d%d",&a,&b);
    ptr1=&a;ptr2=&b;
    swap(ptr1,ptr2);
    printf("\n%d,%d\n",a,b);
}
```

【运行】

```
Input a,b:3    8↙
8,3
```

【说明】 结果对了。本例执行情况如下。

(1) 在主函数中,先将指针变量 ptr1 指向 a,ptr2 指向 b,如图 9.8(a)所示。

(2) 接着调用 swap 函数,将实参 ptr1 和 ptr2 的值分别传递给形参 p1 和 p2,因此 p1 也指向 a,p2 也指向 b,如图 9.8(b)所示。

(3) 在 swap 函数中,交换 * p1 和 * p2 的值,也就是交换 a 和 b 的值,此时 p1 和 p2 仍然指向 a 和 b,如图 9.8(c)所示。

(4) 函数调用结束后,回到主函数中。形参 p1 和 p2 被释放,如图 9.8(d)所示。

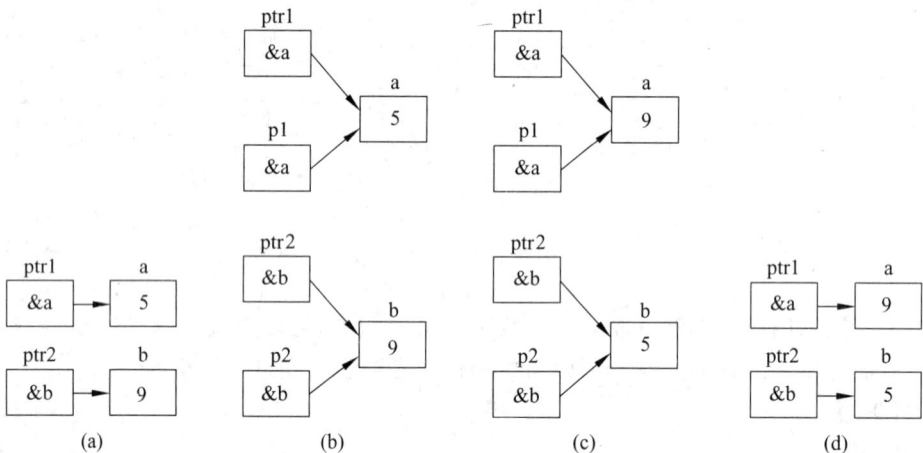

图 9.8　程序示意图

从上面的例子中可以总结出,任何需要在被调用函数中引用实参变量本身的参数,都要用指针变量作为参数。分析其中的 3 个必要操作步骤如下。

(1) 在主调函数中将指针作为实参。例如:通过 swap(ptr1,ptr2),给出实参并且完成对具有指针参数的函数调用。

(2) 在被调用函数中,将指针作为形参。例如:通过 void swap(int * p1,int * p2),声明函数的形参指针。

(3) 在被调用函数中通过间接访问操作来改变指针参数所指的变量的值。例如:

```
temp= * p1; * p1= * p2; * p2=temp;
```

此外还需要注意:如果改变的不是指针形参指向的变量的值,而是改变指针形参本身

的指向,则效果是不一样的。例如,将以上程序中的 swap 函数改成下面语句:

```
void swap(int * p1,int * p2)
{
  int * p;
  p=p1;
  p1=p2;
  p2=p;
}
```

则 a 和 b 的值将保持初始值,不发生变化。因为在函数中改变的只是指针的指向,而没有改变指针所指向的内容。

综上所述,指针变量作为函数参数时,指针类型的实参值传递给指针类型的形参,则实参指针和形参指针指向同一对象。那么,在被调用函数中用指针类型的形参进行间访操作,实际上就是对主调函数中指针类型的实参所指变量的操作。

9.3　数组指针和指向数组的指针变量

一个变量有一个地址,一个数组包含若干元素,每个数组元素都在内存中占用存储单元,它们都有相应的地址。所谓数组的指针是指数组的起始地址,数组元素的指针是数组元素的地址。

引用数组可以用下标法(如 a[5]),也可以用指针法,即通过指向数组元素的指针找到所需的元素,也就是说任何能由数组下标完成的操作也都可用指针来实现,而且使用指针的程序代码更紧凑、更灵活。

9.3.1　一维数组的指针

指向一维数组的指针与普通指针变量的定义相同(数组是由变量组成的)。即先定义一个指针变量,使其指向一维数组,然后就可通过该指针变量来访问数组及其元素。例如:

```
int t[4]={2,6,3,8}, * p=t;
 * p=t[3];
```

将数组的首地址或元素地址存入指针 p,就可借助于指针 p 间接访问数组元素,如图 9.9 所示。

因为数组名 t 是地址常量,其值在数组定义时已确定,不能改变,不能进行 a++,a=a+1 等类似的操作,但可以将数组的地址存入指针,对指针值改变,如 p++,p=p-2 达到快速访问数组元素的目的。

例如某指针访问数组元素的程序可写为:

```
#include<stdio.h>
void main()
```

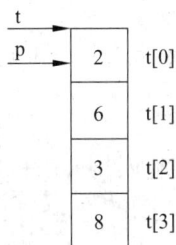

图 9.9　指针指向一维数组

```
{
    int * p, t[4]={ 2,6,3,8};
    p=t;                    /* p指向t[0],* p=t[0]=2 */
    p+=3;                   /* p指向t[3],* p=t[3]=8 */
    p--;                    /* p指向t[3],* p=t[2]=3 */
    ...
}
```

p＝t;与 p＝&t[0]等价,其作用是:将数组 t 中第 0 个元素的地址赋给指针变量 p,而不是将数组 t 中各元素的值赋给 p。

上例中由于数组名 t 是常量不能改变,借助于指针 p,当指针与数组建立了联系,可通过计算并改变指针值,达到指向不同元素的目的。

要想快速访问数据,必须要快速找到数据单元的地址,数组类型是用来处理大批量数据的,就要了解数组及其元素地址的表示。在 C 语言中数组元素的地址一般有以下 3 种表示的方法:

1. 下标表示法

(1) 对任意一个元素(下标变量),可以表示为 a[i]。其中,下标 i＝0,…,n−1,n 是元素个数,i≥0,即 i 为正整数,i 也代表元素在数组中的位置。

例如,数组 a 的 5 个元素分别表示为:

a[0],a[1],a[2],a[3],a[4]

其元素的地址为:

&a[0],&a[1],&a[2],&a[3],&a[4]

(2) []为变址运算符。变址运算符的一般说明形式为:

(地址表达式) [整数表达式]

【说明】 []为单目运算符,左结合性,[]之前只能是地址。

利用下标法系统访问数组元素 a[i]的方法如下。

(1) 先计算出 a[i]的地址 a+i。

(2) 再到 a+i 地址单元中存取数。

注意:将 a+i 看作元素 a[i]的地址,是为了便于编程书写。但实际上在内存中,系统按如下公式计算 a[i]的地址:

a+i * sizeof(类型符)

例如:float a[5],编译分配 a 的首地址为 3010,则元素 a[3]的地址＝3010＋3 * 4＝3022,求出 a[3]的地址后,就可到以 3022 为首地址的 float 型单元中访问 a[3]。

2. 地址表示法

对任意一个元素可用地址法表示为 * (a+i)。其中,i＝0,…,n−1,n 是元素个数。

例如,int a[5]的 5 个元素分别表示为:

＊(a)或＊(a+0),＊(a+1),＊(a+2),＊(a+3),＊(a+4)

其元素的地址分别为：

a 或(a+0),a+1,a+2,a+3,a+4

3. 指针表示法

指针表示法基本同地址表示法。由于它将指针与数组建立了联系,亦可利用指针来访问数组元素。例如：

int a[5],＊p=a;　　　/＊这里运算符[]是变址运算符＊/

当指针指向数组后,数组 a 的 5 个元素还可用指针分别表示为：

＊(p),＊(p+0),＊(p+1),＊(p+2),＊(p+3),＊(p+4)

或

p[0],p[1],p[2],p[3],p[4]

其元素的地址为：

p,p+1,p+2,p+3,p+4

9.3.2　通过指针访问一维数组

有了指向一维数组第一个元素的指针后,就在指针和数组之间建立了联系,可以通过指针运算使指针指向数组的各个元素,从而实现对数值元素的访问。而对数值元素的引用,既可用下标法或地址法,也可用指针法。使用下标法直观,而使用指针法,能使目标程序占用内存少,运行速度快。

【例 9-4】　借助指针实现数组中的元素的输入和输出。

/＊程序功能：使用指向数组的指针变量来引用数组元素＊/

【程序】

```
#include<stdio.h>
void main()
{
    int arr [10], ＊pa=arr, i;
    printf("Input 10 numbers: ");
    for(i=0; i<10; i++)
      scanf("%d", pa+i);              /＊使用指针变量来输入数组元素的值＊/
      printf("array[10]: ");
    for(i=0; i<10; i++)
      printf("%d ", ＊(pa+i));         /＊使用指向数组的指针变量输出数组＊/
      printf("\n");
}
```

不论是下标法还是利用地址法,引用数组元素时,必须先计算元素地址,然后再用计算出来的地址寻找相应的元素。这种利用指针得到数组元素地址然后访问数组元素的方法和利用数组名得到数组元素地址来访问元素的方法生成的程序代码相同。也就是语句:

```
for(i=0; i<10; i++)
    printf("%d ", *(pa+i));
```

和下面的语句:

```
for(i=0; i<10; i++)
    printf("%d ", *(arr+i));
```

这两种访问方式以及 arr[i]、pq[i]的访问方式完全一致,都要先计算地址,然后从中访问相应的元素。

另外,由于指针是变量,在元素的处理过程中,可以通过地址的运算,直接得到元素的地址,然后访问数据元素,上面的代码也可以写成下面的形式。

```
#include<stdio.h>
void main()
{
  int arr [10], *pa=arr, i;
  printf("Input 10 numbers: ");
  for(; pa<arr+10;pa++)
    scanf("%d", pa);              /*使用指针变量自加运算得到元素的地址*/
    printf("array[10]: ");
    pa=arr;                       /*强调变量在使用之前必须赋初值*/
  for(; pa<arr+10;pa++)
    printf("%d ", *pa);
    printf("\n");
}
```

在访问数组元素的过程中可以利用指针变量的变化,得到数组中每一个元素的地址,然后直接根据地址访问元素。这种访问方法能使目标程序质量高(占内存少,运行速度快),不必每次都重新计算地址。

使用指针 p 指向数组 a ,虽然 p+i 与 a+i、*(p+i)与*(a+i)意义相同,但仍应注意 p 与 a 的区别,a 代表数组的首地址,是不变的;p 是一个指针变量,是可变的,它可以指向数组中的任何元素。例如下面的程序段:

```
for(pa=arr;arr<(pa+10);arr++)
    printf("%d",*arr);
```

其中的 arr 代表数组的首地址,是不能改变的,因而 arr++不合法。

使用指针时,应特别注意避免指针访问越界。例如:

```
int a[5],*p;
for(p=a;p<a+5;p++)/*利用指针变量访问数组中的元素*/
    printf("%d",p)
```

在第二次使用指针变量的时候没有对指针变量进行重新赋值,因此导致数组元素的访问越界。当然,指向数组的指针变量,可以指向数组以后的内存单元而不会出现编译错误,但是这种访问没有实际意义。因此,虽然指针变量的值是可以改变的,但必须注意其当前值,否则容易出错。

设指针 Pa 指向数组 arr,也就是 Pa=arr,则以下各条语句的作用分别为:

Pa++(或 Pa+=1):Pa 指向下一个元素。

＊Pa++:相当于＊(Pa++),因为"＊"和"++"同优先级,"++"是右结合运算符。

＊(Pa++)与＊(++Pa)的作用不同:＊(Pa++)的作用是先取＊Pa,再使 Pa 加1;＊(++Pa)的作用是先使 Pa 加1,再取＊Pa。

(＊Pa)++:表示 Pa 指向的元素值加1。

如果 Pa 当前指向数组 a 的第 i 个元素,则以下各条语句的作用分别为:

＊(Pa--)相当于 a[i--],先取＊Pa,再使 Pa 减1。

＊(++Pa)相当于 a[++i],先使 Pa 加1,再取＊Pa。

＊(--Pa)相当于 a[--i],先使 Pa 减1,再取＊Pa。

因此利用指针变量处理数组的时候,要注意指针变量的变化。

【例 9-5】 将八进制数转换为十进制数。

【分析】

(1) 定义字符数组 s 用来存放八进制数的字符串。

(2) 定义指针变量 p,并让 p 指向 s。

(3) 定义数字变量 n 用来存放十进制数。

(4) 输入八进制数存到数组 s 里。

(5) 将八进制数转换成十进制数放到变量 n 里。即:

```
while(当前字符是不是'\0'吗)
{    n=n*8+*p-'0';
     p++;
}
```

(6) 输出 n。

(7) 结束。

【程序】

```
#include<stdio.h>
void main()
{
  char * p,s[6];int n;
  p=s;
  gets(p);
  n=0;
  while(*(p)!='\0')
  {
    n=n*8+*p-'0';
    p++;
```

```
        }
     printf("%d",n);
    }
```

【运行】

```
543
355
```

【例 9-6】 输入 10 个数据,统计其中正数的个数,同时输出这些数据。

【分析】 解决这个问题需要对输入的数据进行比较统计。对数组中元素的访问是通过指针变量的运算,直接得到数组元素的地址,然后用"＊"运算来访问数据。下面的程序通过指针实现了这个功能。

【程序】

```
#include<stdio.h>
void main()
{
  int a[10];
  int i, * p,count=0;
  for(i=0;i<10;i++)                    /* 数组 a 中输入数据 */
    scanf("%d",a+i);
  printf("\n");
  for(p=a;p<a+10;p++) {                 /* 指针可以移动 10 次 */
    if (*p>0) {
       count ++;
       printf("%d",* p);
       if (count%4==0) printf("\n");    /* 每行中输出 4 个元素 */
    }
  }
}
```

【说明】 程序中第 1 条循环语句利用地址法访问数组元素的下标,第 2 条循环语句利用指针变量的变化值直接得到数组的地址,可以看出,利用地址法可以直接知道处理的数组中的第几个元素,但是每次访问元素都要从内存中读入 a 以及 i;而利用指针变量的运算只需要从内存中读入 p,经过运算可以直接得到数据的地址,然后访问数据。

9.3.3 通过指针在函数间传递一维数组

前面已叙述过,当实参、形参均为数组名时,调用时会将实参数组首地址传递(单向)给形参数组,使它们共享内存。

1. 数组元素作为函数参数

在 C 语言程序中,数组元素作为函数参数时的引用情形为:

```
void swap(int x, int y);
swap(a[1], a[2]);
```

2. 数组名作为函数参数

在 C 语言程序中,数组名作为函数参数时的引用情形为:

```
void f(int x[ ], int n);            f(a, 10);
```

其中,数组名代表数组首地址。用数组名作实参,调用函数时是把数组首地址传递给形参,而不是把数组的值传给形参。

实际上,能够接收并存放地址值的只能是指针变量,C 编译系统都是将形参数组名作为指针变量来处理的。例如:

```
void f(int * x, int n);
x[i]    等效于    * (x+i)
```

若在函数调用期间改变了数组某一存储单元的内容,则在函数调用完毕后,已改变的值将被保留下来。

【例 9-7】 编写函数,将数组各元素值取反。

【程序】

```
#include<stdio.h>
void main (void)
{
    void invert();
    int a[10], i;
    for (i=0;i<10; i++) scanf( "%d", &a[i]);
    invert(a, 10);
    for (i=0; i<10; i++)
        printf("a[%d]=%d," ,i, a[i]);
}
void invert(int x[ ], int n)
{
    int i;
    for (i=0; i<n; i++)
        x[i]=-x[i];
    return;
}
```

【运行】

```
1 2 3 4 5 6 7 8 9 10
a[0]=-1,a[1]=-2,a[2]=-3,a[3]=-4,a[4]=-5,a[5]=-6,a[6]=-7,a[7]=-8,a[8]=-9,a[9]
=-10,
```

下面分析参数传递情况,即:x、a 共享同一段内存单元(参见图 9.10)。

前面已分析:可用指针表示数组,即指针运算引用数组元素。于是,可用指针变量作为形参接收实参数组首地址。

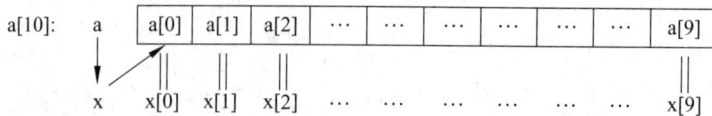

图 9.10　实参和形参数组共享同一段内存空间示意图

因此,可将上述函数改为:

```
void invert (int * x,int n)
{ int * i;
  for (i=x; i<(x+n) ;i++) * i=-(* i);
  return;
}
```

其参数传递情况,如图 9.11 所示。

由进一步分析可知:在主函数中也不一定要用数组名 a,只要用一指针变量即可。于是,若设 int * p; p=&a[0],则

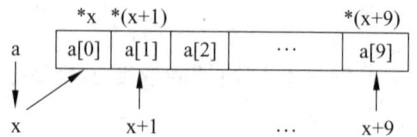

图 9.11　参数传递情况示意图

```
invert(p, n);
```

可完成同样功能。

变量名与数组名作函数参数时的情况比较,如表 9.1 所示。

表 9.1　变量名与数组名作函数参数时的情况比较

实 参 类 型	变 量 名	数 组 名
要求形参的类型	变量名	数组名或指针变量
传递的信息	变量的值	数组的起始地址
能否改变实参的值	不能	能

C 语言的函数调用都是采用“值传递”方式。即当用变量名作函数参数时传递的是变量的值;用数组名作函数参数时,由于数组名代表的是数组首地址,因此传递的是数组首地址,所以要求形参为指针变量。

3. 用指针变量替代数组名作为函数的参数

用指针变量替代数组名作为函数的参数时,一般有以下两种情况。

(1) 指针变量可以作为函数的形参。

(2) 指针变量可以作为函数的实参。

其中,实参与形参使用的对应关系有如下。

(1) 形参和实参都用数组名。例如:

```
void f(int x[ ], int n)
{…}
void main()
{
```

```
        int a[10];
…
f(a,10);
…
    }
```

其中 a 和 x 为数组,传递的是 a 数组的首地址,即把实参数组首地址传给形参作为形参数组首地址。a 和 x 数组共用一段内存单元,即在调用期间,a 和 x 指的是同一数组。

(2) 实参用数组名,形参用指针变量,例如:

```
void f(int * p, int n)
{…}
void main()
{
        int a[10];
…
f(a,10);
…
    }
```

其中实参 a 为数组名,形参 p 为指向整形变量的指针变量,即把实参数组首地址传给形参(指针变量),函数中用指针访问实参数组。函数开始执行时,p 指向 a[0],即 p＝&a[0]。通过 p 值的改变,可以指向 a 数组中的任一元素。

(3) 形参和实参都用指针变量,例如:

```
void f(int * pa, int n)
{…}
void main()
{
        int a[10], * p=a;
…
f(p,10);
…
    }
```

其中实参 p 和形参 pa 都是指针变量。先使实参指针变量 p 指向数组 a,p 的值是 &a[0]。然后将 p 的值传递给形参指针变量 pa,pa 的初值也是 &a[0],通过 pa 值的改变可以使 pa 指向数组 a 的任一元素。

(4) 实参为指针变量,形参为数组名,例如:

```
void f(int x[], int n)
{…}
void main()
{
        int a[10], * p=a;
…
f(p,10);
…
    }
```

其中实参 p 为指针变量,它使指针变量 p 指向 a[0],即 p＝a 或 p＝&a[0]。形参为数组名 x,实际上是将 x 作为指针变量处理,将 a[0]的地址传递给形参 x 取得 a 数组的首地址,x 数组和 a 数组共用一段内存单元。在函数执行过程中可以使 x[i]值变化,它就是 a[i]。主函数可以使用变化了的数组元素值。

以上 4 种参数格式都可以实现实参共享地址的空间,在函数中利用形参更改实参的数据。一般在使用的时候没有特别的限制,只是形参用数组名的形式,一般以下标或者地址法编写程序,反之形参用指针变量的时候,则直接利用地址的变化,访问相应的实参的空间。

【例 9-8】 判断两个指针所指存储单元中的值的符号是否相同;若相同则函数返回 1,否则返回 0。假设这两个存储单元中的值都不为 0。

【程序】

```c
#include<stdio.h>
int fun ( double * a, double * b )
{
    if ((* a) * (* b)>0.0)
        return 1;
    else return 0;
}
void main(void)
{
    double n , m;
    printf ("Enter n , m : ");
    scanf ("%lf%lf", &n, &m );
    printf( "\nThe value of function is: %d\n", fun ( &n, &m ) );
}
```

【运行】

```
Enter n , m : 4    -6
The value of function is: 0
```

【说明】 在 main() 函数中,输入 n 和 m 两数的值,然后调用函数 fun(),最后输出 n 和 m 的符号是否相同。

两数符号的计算是在 fun()中完成的。main()把 n 和 m 的地址传递给它,通过计算 (* a) *(* b)是否大于 0 来判断两数的符号是否相等。返回后直接输出,如果结果是 1 表示相同,是 0 则相反。

【例 9-9】 有 n 个整数,使其前面各数顺序向后移 m 个位置,最后 m 个数变成最前面的 m 个数。

【程序】

```c
#include<stdio.h>
void move (int array[20], int n, int m);
void main (void)
{
    int number[20],n,m,i;
```

```
        printf("the total numbers is:");
        scanf("%d",&n);
        printf("back m:");
        scanf("%d",&m);
        for (i=0;i<n-1;i++)
            scanf("%d",&number[i]);
        scanf("%d",&number[n-1]);
        move(number,n,m);
        for(i=0;i<n-1;i++)
          printf("%d,",number[i]);
        printf("%d",number[n-1]);
          getchar();
}
void move(int array[20],int n,int m)
{
    int * p,array_end;
    array_end= * (array+n-1);
    for(p=array+n-1;p>array;p--)
      * p= * (p-1);
     * array=array_end;
    m--;
    if(m>0) move(array,n,m);
}
```

【运行】

```
the total numbers is:10
back m:5
1 2 3 4 5 6 7 8 9 10
6,7,8,9,10,1,2,3,4,5
```

【说明】　在 main() 中定义数组 number[20]，变量 n 和变量 m，变量 n 存放数组 number 的元素个数，m 存放移动元素的个数。在 main() 中输入数组 number[] 的元素，调用函数 move() 完成移动，最后输出移动后的数组。

移动是在 move() 函数中完成的，在 main() 中把 number 数组名，变量 n 和变量 m 分别传递给 move() 的 array_end，n 和 m。在 move() 中定义了一个指针变量 p 和变量 array_end。并且，首先把数组的最后一个元素放到变量 array_end 中，然后通过 for() 循环语句中的 * p= * (p-1)，逐个把 n-1 个数全部后移一个位置，再通过语句 “ * array＝array_end；” 把 array_end 中存放的原先数组的最后一个数放到数组的第一个元素的位置。注意： * array 是数组的第一个位置的内容。到此完成了第一个数的移动，接着执行 m－－；如果 m 不等于 0，就执行 move(array,n,m) 的调用来完成下一个数的移动，依次完成 m 个数的移动。返回后，在 main() 中输出移动后的结果。

【例 9-10】　输入 10 个整数，将其中最小的与第 1 个数对换，最大数与最后一个数对换（函数用指针处理）。

方案一：形参、实参均用数组名。

【程序】

```c
#include<stdio.h>
void maxmin (int array[]);
void main (void)
{ int num[10], i;
  for (i=0; i<10; i++)
      scanf("%d", &num[i]);
  maxmin(num);
  for (i=0; i<10; i++)
      printf("%d ", num[i]);
}
void maxmin(int array[ ])
{ int * pmax, * pmin, * p;
pmax=pmin=array;
for (p=array+1; p<array+10; p++)
    if (* p > * pmax) pmax=p;
        else if (* p< * pmin) pmin=p;
    * p=array[0]; array[0]= * pmin; * pmin= * p;
* p=array[9]; array[9]= * pmax; * pmax= * p;
}
```

【运行】

```
35 42 87 2 3 6 7 5 4 10
2 42 10 35 3 6 7 5 4 87
```

方案二：形参、实参均用指针。

【程序】

```c
#include<stdio.h>
void maxmin (int * pa);
void main (void)
{   int num[10], i;
 int * pnum;
 pnum=num;
 for (i=0; i<10; i++)
     scanf("%d", &num[i]);
     maxmin(pnum);
  for (i=0; i<10; i++)
      printf("%d ", num[i]);
}
void maxmin(int * pa)
{
  int * pmax, * pmin, * p;
  p=pmax=pmin=pa;
  for (; p<pa+10; p++)
      if (* p > * pmax) pmax=p;
```

```
        else if ( * p< * pmin) pmin=p;
  * p= * pa; * pa= * pmin; * pmin= * p;
  * p= * (pa+9); * (pa+9)= * pmax; * pmax= * p;
}
```

【运行】

```
32 54 45 6 41 53 67 56 31 12
6 54 45 32 41 53 12 56 31 67
```

【例 9-11】 有一个函数 fun(int * a, int n, int * odd, int * even),函数的功能是分别求出数组中所有奇数之和以及所有偶数之和。形参 n 给出数组中数据的个数;利用指针 odd 返回奇数之和,利用指针 even 返回偶数之和(例如:数组中的值依次为 1,9,2,3,11,6,则利用指针 odd 返回奇数之和 24;利用指针 even 返回偶数之和 8)。请在花括号中填入若干语句。

【程序】

```
#include <stdio.h>
#define N 20
void fun ( int * a, int n, int * odd, int * even )
{
    int i;
    * odd=0; * even=0;
    for(i=0; i<n;i++)
    if(a[ i ]%2)
       * odd +=a[ i ];
    else
       * even +=a[i];
}
void main ()
{
    int a[N]={1,9,2,3,11,6}, i, n=6, odd, even;
    printf ( "The original data is : \n" );
    for ( i =0; i<n; i ++) printf ( "%5d", * (a+i) );
    printf("\n\n");
    fun ( a, n, &odd, &even );
    printf ( "The sum of odd numbers: %d\n", odd );
    printf ( "The sum of even numbers: %d\n", even );
}
```

【运行】

```
The original data is :
1   9   2   3   11   6
The sum of odd numbers: 24
The sum of even numbers: 8
```

【说明】 在 main() 中定义了数组 a[n]={1,9,2,3,11,6},变量 n=6,odd,even,首先输出 a 数组的各个元素的值,然后调用函数 fun() 完成统计,最后输出统计后的结果。

在 fun() 中完成对奇数和偶数的统计,main() 中把数组名 a,变量 n 及变量 odd 和 even

的地址传递给了它的指针变量 a,变量 n 和指针变量 odd,even。首先给变量 * odd 和 * even 赋初值 0,通过 for() 的 if(a[i]%2) odd+=a[i]; else even+=a[i] 将奇数和偶数的和分别 放到 * odd 和 * even 中。返回后输出奇数和及偶数和的值。

9.3.4 指向二维数组的指针变量

用指针变量可以指向一维数组中的元素,也可以指向二维数组中的元素。二维数组是 具有行列结构的数据,所以二维数组元素地址与一维数组元素地址的表示方式不一样。

1. 二维数组的地址

一维数组的指针表示法实际上是利用数组名或指向某个数组元素的指针按数组在内存 中顺序存放的规则表示的。二维数组的表示方法与一维数组的表示法相似,同样,也可以利 用指针法来表示二维数组。

在 C 语言中,二维数组是按行排列的,允许把一个二维数组分解为多个一维数组来处 理。对二维数组而言,可以这样理解,它是一个特殊一维数组,其每个数组元素又是一个一 维数组。例如,有下面的二维数组定义:

设有整型二维数组 a[3][4] 如下:

```
0 1 2 3
4 5 6 7
8 9 10 11
int a[3][4]={ {0,1,2,3},{4,5,6,7},{8,9,10,11}}
```

若数组 a 的首地址为 1000,各元素的地址及其值如图 9.12 所示。

C 语言允许把一个二维数组分解为多个一维数组来处理。因此数组 a 可分解为 3 个一 维数组,即 a[0],a[1],a[2]。每一个一维数组又含有 4 个元素,如图 9.13 所示。

图 9.12 a 数组元素地址及其值

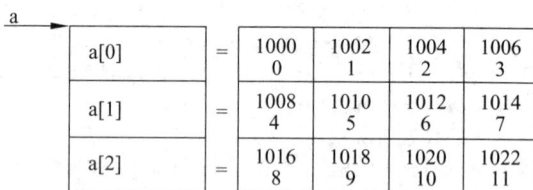

图 9.13 特殊一维数组的结构

由图可见,每行是一个一维数组,故只要能确定 每个一维数组的首地址即行首地址,就能通过行首地 址找到该行的元素地址。

a 是二维数组名,a 代表整个二维数组的首地址, a[0],a[1],a[2] 分别代表 3 个一维数组的名。根据 C 语言中数组名代表数组首地址的原则,可知 a[0], a[1],a[2] 分别是各自一维数组的名,也代表首地址, 即行首地址,行首地址与元素地址的关系如图 9.14

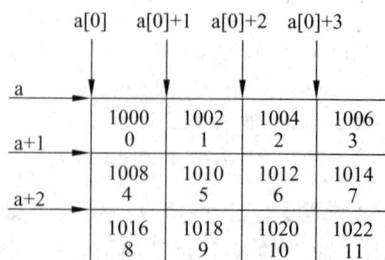

图 9.14 行首地址与元素地址的关系

所示。

以 m×n 数组 a 的第 i 行 j 列元素为例,总结二维数组的行地址、二维元素地址,二维元素的各种表示方法如下。

(1) 行首地址为:

a[i], a+i, * (a+i),&a[i][0]   /* i=0,1,…,m;m 为数组的总行数 * /

(2) 二维元素地址为:

a[i]+j, * (a+i)+j,&a[i][j]   /* i=0,1,…,m;m 为元素所在行;j=0,1,…,n;n 为元素所在列 * /

(3) 二维元素为:

* (a[i]+j), * (* (a+i)+j) ,(* (a+i)) [j],a[i][j]

对于二维数组名 a,应注意区分以下表示的不同含义。

(1) a 是二维数组名,代表数组的首地址是常量指针,系统将 a 看作二级地址(a 是 a[0] 的地址)。

(2) a[0] 是 0 行的行首地址,也是数组的首地址,但系统认为 a[0] 是一级地址(a[0] 是 a[0][0] 的地址)。

二维数组的各类地址及用指针引用元素的各种不同表示形式如表 9.2 所示。

【例 9-12】 用指针表示法输出二维数组的各元素值。

【程序】

```c
#include<stdio.h>
void main(void)
{
    int a[2][3]={{0,1,2},{3,4,5}};
    int b[3][3]={{8,1,6},{9,4,5},{3,2,7}};
    int k,j, * p;
    printf("地址法输出 a 数组 \n");
    for(j=0;j<2;j++)
    {
        for(k=0;k<3;k++)
            printf("%5d", * (a[j]+k));
        printf("\n");
    }
    printf("地址法输出 b 数组 \n");
    for(j=0;j<3;j++)
    {
        for(k=0;k<3;k++)
            printf("%5d", * ( * (b+j)+k));
        printf("\n");
    }
    j=0;
```

```
        printf("指针法输出 a 数组\n");
        for(p=a[0];p<a[0]+6;p++) /* 不能 p=a,因为系统认为 a 是二级地址,p 是一级指针 */
        {
            printf("%5d",*p);
            if(++j==3) printf("\n");
        }
    }
```

【运行】

地址法输出 a 数组

0 1 2

3 4 5

地址法输出 b 数组

8 1 6

9 4 5

3 2 7

指针法输出 a 数组

0 1 2

3 4 5

方式一输出 a 数组元素,其中:

a[j]:j 行首地址,a[j]+k:j 行 k 列元素的地址,*(a[j]+k):j 行 k 列元素;

方式二输出 b 数组元素,其中:

(b+j):j 行首地址,(b+j)+k:j 行 k 列元素的地址,*(*(b+j)+k):j 行 k 列元素;

方式三输出 a 数组元素:

将二维数组采用一维数组的方式处理。因为在内存中,二维数组的存放方式同一维数组。但注意指针 p 是单指针变量,a 是二维数组的首地址,尽管 a[0]也是二维数组的首地址,但系统认为 a≠a[0],系统认为 a 是二级地址,类型不匹配,故不能 p=a。

2. 指向二维数组的指针变量

因为在 C 语言中,将二维数组看成是一维数组的嵌套,即一个特殊的一维数组。其中,每个元素又是一个一维数组,在内存中按行顺序存放。利用指针访问二维数组可采用两种方式:指向数组元素的指针和行指针。

1) 指向数组元素的指针变量

这种指针变量的定义与普通指针变量定义相同。

【例 9-13】 用指向数组元素的指针找出二维数组中最大元素及其位置。

【程序】

```
#include<stdio.h>
void input(int *p,int r,int l);
void max(int *a,int r,int l);
void main(void)
```

```
{
    int a[3][3];
    printf("输入 3×3 数组\n");
    input(a[0],3,3);
    max(*a,3,3);                    /* 实参*a=a[0]=*(a+0),表示 0 行首地址 */
}
void input(int *p,int r,int l)  /* 指针 p 接收二维数组 0 行首地址 */
{
    int *q,*q_end=p+r*l-1;
    for(q=p;q<q_end;q++)
        scanf("%d",q);
}
void max(int *p,int r,int l)     /* 指针 p 接收二维数组首地址 */
{
    int k,t,i,j,m=*p;            /* 给 m 赋值数组首元素 */
    k=t=0;
    for(i=0;i<r;i++)
        for(j=0;j<l;j++,p++)
            if(m<*p)
                m=*p,k=i,t=j;
    printf("最大数=%d   行号=%d   列号=%d\n",m,k,t);
}
```

【运行】

输入 3×3 数组
<u>3 5 6</u>↙
<u>4 7 9</u>↙
<u>2 1 0</u>↙
最大数=9   行号=1   列号=2

【例 9-14】 用数组名常量指针找出二维数组中最大元素及其位置。

【程序】

```
#include<stdio.h>
void main(void)
{
    int j,i,max,m,n;
    int a[3][3]={{1,7,9},{23,4,6},{45,79,8}};
    max=**a;
    m=n=0;
      for(i=0;i<3;i++)
          for(j=0;j<3;j++)
              if(max<*(*(a+i)+j))
                  max=*(*(a+i)+j),m=i,n=j;
    printf("最大数=%d   行号=%d   列号=%d\n",max,m,n);
}
```

【运行】

最大数=79　行号=2　列号=1

2）行指针或指向一维数组（二维数组的一行）的指针

行指针的一般说明形式为：

类型符（＊指针变量名）[元素个数]

例如：

```
int (*p)[3],a[4][3];
p=a[0]; p=a+2;
```

定义了一个指针 p。p 指向一个具有 3 个元素的一维数组（二维数组中的行数组），即 p 用来存放二维数组中的行地址。

注意：引用了行指针后，p＋＋;表示指向下一行地址,p 的值应以一行占用存储字节数为单位进行调整。

【例 9-15】 用指向一维数组的行指针,输出二维数组,并求数组中的最大元素及所在行列号。

【程序】

```
#include<stdio.h>
void main(void)
{
    int j,i,m,n,max,a[3][3]={{1,7,9},{23,4,6},{45,79,8}};
    int (*p)[3];
    p=a;
    max=**p;                   /* 给 max 赋值 a 数组的首元素,p 是二级地址 */
    for(i=0;i<3;i++)
    {
        for(j=0;j<3;j++)
          if(max<*(*p+j))       /* 将 max 与数组中的每个元素比较 */
              max=*(*p+j),m=i,n=j;
        p++;                   /* p 指向下一行 */
    }
    printf("最大数=%d   行号=%d   列号=%d\n",max,m,n);
}
```

【运行】

最大数=79　行号=2　列号=1

在本例中,若采用 max＜＊(＊(p+i)+j))这种形式,则就不需用 p＋＋了。

例 9-13 与例 9-15 中 p＋＋的用法说明如下。

例 9-13 中的 p 是指向元素的指针,每处理完一个元素就下移指针,即指针中要依次存入每个要处理元素的地址。在例 9-15 中的 p 是指向一维数组的指针变量,用来存入行地址。例 9-15 中使用的语句 p=a,因为 p 是指向一维数组的行指针,即指向二维数组的一行,与 a,a＋1 等一样都是指向行的二级指针,故可以直接赋值。若此处改为 p＝a[0]或

p＝&a[0][0]就错了,a[0],&a[0][0]是一级地址,与 p 的类型不同,所以不能赋值,在使用过程中要注意其差别,以免出错,如表 9.2 所示。

表 9.2 二维数组的各类地址及用指针引用元素的各种不同表示形式

表 示 形 式	含 义	地 址
a	二维数组名,指向一维数组 a[0],即第 0 行首地址	1000
a[0],＊(a＋0),＊a	第 0 行首地址,即 a[0][0]的地址	1000
a＋1,& a[1]	第 1 行首地址	1008
a[1],＊(a＋1)	第 1 行首地址,a[1][0]的地址	1008
a[1]＋2,＊(a＋1)＋2,& a[1][2]	第 1 行第 2 列元素 a[1][2]的地址	1012
＊(a[1]＋2),＊(＊(a＋1)＋2),a[1][2]	第 1 行第 2 列元素 a[1][2]的值	元素值为 6

9.4 指针与字符串

9.4.1 字符串与指向字符串的指针

在 C 语言中字符串的表示形式有下面两种。

1. 用字符数组实现

例如:

```
char str[]="I love China!";
printf("%s\n",str);
```

2. 用字符指针变量指向一个字符串实现

将存放字符串的字符数组名赋给一个字符串指针变量,让字符串指针变量指向字符串的首地址,这样就可以通过指向字符串的指针变量操作字符串。例如:

```
char str[]="I love China!",＊p;
p=str;
printf("%s\n",p);
```

此外,也可以不定义字符数组。C 语言编译系统对字符串常量按照和字符数组同样的方法进行处理,在内存中开辟一段连续存储空间来存放字符串常量。所以可以直接定义一个字符串指针变量指向字符串常量。例如:

```
char ＊p="I love China!";
printf("%s\n",p);
```

上例中,首先定义 p 是一个字符指针变量,然后把字符串常量“I love China!”的首地址,即字符“I”的地址,赋予字符串指针变量 p。还可以按以下形式赋值:

```
char * p;
p="I love China!";
```

注意这里不是把该字符串本身赋值到指针变量 p 中,而是把存储字符串的首地址赋给指针变量 p。

【例 9-16】 在输入的字符串中查找有无'k'字符。

【程序】

```
#include<stdio.h>
void main(void)
{
  char st[20], * ps;
  int i;
  printf("Input a string:\n");
  ps=st;
  gets(ps);
  for(i=0; * ps!='\0';ps++)
    if(* ps=='k'){
      printf("there is a 'k' in the string\n");
      break;
    }
  if(* ps=='\0') printf("There is no 'k ' in the string\n");
}
```

【运行】

```
Input a string:abcdefjhkdl↙
there is a 'k 'in the string
Input a string:rlfg↙
There is no 'k ' in the string
```

9.4.2 使用字符串指针变量与字符数组的区别

用字符数组和字符指针变量都可实现字符串的存储和运算。但是两者是有区别的。在使用时应注意以下几个问题。

(1) 字符数组可用来存放整个字符串,它是由若干个数组元素组成的,每个元素中放一个字符。字符串指针变量本身是一个变量,用于存放字符串的首地址。

(2) 赋值方式不同。

对字符指针变量,可以采用下面方法赋值。

```
char * a;
a="I love China.";        / * 赋给 a 的是字符串的首地址  * /
```

对字符数组只能对各个元素赋值,不能用以下办法对字符数组赋值。

```
char str[14];
```

```
str="I love China.";
```

数组名是常量,不能改变常量的值。此外,也不能用以下方法对字符数组赋值。

```
char str[14];
str[]="I love China.";
```

即,数组可以在变量定义时整体赋初值,但不能在赋值语句中整体赋值。

(3) 指针变量的值是可以改变的,数组名虽然代表地址,但它的值是不能改变的。例如:

```
char * a="I love China. ";
a=a+7;       /* 移动字符指针变量,使它指向数组中第 7 个元素 */
```

但以下是错误的:

```
char str[]={"I love China. "};
str=str+7;
```

数组名是常量,这里不能重新给 str 赋值。

(4) 如果定义了一个字符数组,在编译时为它分配内存单元,它有确定的地址。例如:

```
char str[14];
scanf("%s",str);
```

是可以的。而定义一个字符指针变量时,给指针变量分配内存单元,在其中可以放一个地址值。也就是说,该指针变量可以指向一个字符型数据。但如果未对它赋一个地址值,则它并未具体指向一个确定的字符数据。这很危险。例如:

```
char * a;
scanf("%s",a);
```

能运行,但危险。指针变量 a 没有赋值,则是个随机值。这时输入的内容将存入到不可预期的地址上,当然容易引起错误。应当:

```
char * a,str[10];
a=str;
scanf("%s",a);
```

(5) 字符串指针作为函数参数,可以使程序更加简洁。

前面章节里已经介绍了使用数组的形式来说明函数的数组参数。特别要注意的是,因为数组名代表数组首元素的地址,当用数组名作实参调用函数时是把数组首地址传递给形参,而不是把数组的值传给形参。

【例 9-17】 用函数调用实现字符串复制,要求不能使用 strcpy 函数。

方法一:用字符数组作参数。

【程序】

```
#include<stdio.h>
void copy_string(char from[],char to[])
{  int i=0;
```

```
     while(from[i]!='\0')
     {   to[i]=from[i];
         i++;
     }
     to[i]='\0';
}
void main(void)
{   char a[]="I am a teacher.";
    char b[]="You are a student.";
    printf("string_a=%s\nstring_b=%s\n",a,b);
    copy_string(a,b);
    printf("\nstring_a=%s\nstring_b=%s\n",a,b);
}
```

【运行】

```
string_a=I am a teacher.
string_b=You are a student.

string_a=I am a teacher.
string_b=I am a teacher.
```

本例中,数组名作为函数参数的引用情形为:

调用函数中:copy_string(a,b);

被调用函数:void copy_string(char from[],char to[]);

这里用地址传递的办法将字符串从一个函数传递到另一个函数。a 和 b 是字符数组名,即字符数组 a 和 b 的首元素地址。在调用 copy_string 函数时,将 a 和 b 首元素的地址分别传递给形参数组 from 和 to,这样两个数组就共占同一段内存单元。因此,from[i]和 a[i]是同一单元,to[i]和 b[i]也是同一单元。在 copy_string 函数中改变字符串的内容,在主函数中可以得到被改变了的字符串。

实际上,将一维数组名传给函数时被传输的是数组首元素的地址,在被调用函数中的形参可以用一个存放该地址的变量接收这个地址,也就是本章讲述的指针变量。这样可以不定义字符数组,而是用字符型指针变量作函数参数。改写上题如下:

方法二:用字符指针变量作参数。

【程序】

```
#include<stdio.h>
void copy_string(char * from,char * to)
{   while((* from)!='\0')
    {   * to= * from;
        from++,to++;
    }
    * to='\0';
}
void main(void)
{   char * pa="I am a teacher.";
```

```
    char * pb="You are a student.";
    printf("string_a=%s\nstring_b=%s\n",pa,pb);
    copy_string(pa,pb);
    printf("\nstring_a=%s\nstring_b=%s\n",pa,pb);
}
```

该程序运行结果如下：

```
string_a=I am a teacher.
string_b=You are a student.

string_a=I am a teacher.
string_b=I am a teacher.
```

这里是把字符串指针作为函数参数的使用，具体引用情形为：

调用函数中：copy_string(pa,pb);

被调用函数：void copy_string(char * from,char * to);

在主函数中，定义字符指针变量 pa,pb 为实参，分别取得确定值后调用 copy_string 函数。通过参数传递指针变量 pa 和 from,pb 和 to 均指向同一字符串，因此在 copy_string 函数中改变字符串的内容，在主函数中可以得到被改变了的字符串。

copy_string 函数还可简化为以下形式：

```
void copy_string (char * from,char * to)
{
    while ((* to++=* from++)!='\0');
}
```

即，把指针的移动和赋值合并在一个语句中。表达式的意义可解释为，源字符向目标字符赋值，移动指针，若所赋值为非 0 则循环，否则结束循环。这样使程序更加简洁。

【例 9-18】 要求删去字符串中指定的字符。

【程序】

```
#include<stdio.h>
void del_ch(char * p,char ch)
{   char * q=p;
    while(* p!='\0')
    {   if(* p!=ch) * q++=* p;
        p++;
    }
    * q='\0 ';
}
void main(void)
{
    char str[50],* pt,ch;
    printf("Input a string:\n");
    gets(str);
```

```
        pt=str;
        printf("Input the char deleted:\n");
        ch=getchar();
        del_ch(pt,ch);
        printf("Then new string is:\n%s\n",str);
}
```

【运行】

```
Input a string:
hello world! ↙
Input the char deleted:
w ↙
Then new string is:
hello orld!
```

【说明】 本例程序由主函数和 del_ch 函数组成。主函数中定义字符数组 str,并使指针变量 pt 指向该数组。字符串和被删除的字符都由键盘输入。当函数调用时,实参指针变量 pt 和字符变量 ch 的值传递给形参指针变量 p 和字符变量 ch。实参指针 pt 和形参指针 p 都指向数组 str 首元素。在 del_ch 函数中又定义了指针变量 q 初值也指向数组 str 首元素。当 *p 不等于 ch 时,把 *p 赋给 *q,然后 p 和 q 都加,即同步移动。当 *p 等于 ch 时,不执行 *q++=*p 语句,则 q 不加 1,而 p 继续加 1,即 q 跳过 ch 元素,p 和 q 不再指向同一元素。这样 ch 字符后面存储单元里的内容将前移一个存储单元,使得 ch 字符被覆盖删除。

9.5   函数指针变量

在 C 语言中,一个函数总是占用一段连续的内存区,而函数名就是该函数所占内存区的首地址。因此,可以把函数的这个首地址(或称入口地址)赋予一个指针变量,使该指针变量指向该函数,然后通过指针变量就可以找到并调用这个函数。于是,可把这种指向函数的指针变量称为"函数指针变量"。

函数指针变量定义的一般形式为:

类型说明符 (*指针变量名)(形参表);

其中:"类型说明符"表示被指函数的返回值的类型。"(* 指针变量名)"表示" * "后面的变量是定义的指针变量。例如:

int (*pf)();

表示 pf 是一个指向函数入口的指针变量,该函数的返回值(函数值)是整型。

【例 9-19】 本例用来说明用指针形式实现对函数调用的方法。

【程序】

```
#include<stdio.h>
int max(int a,int b)
{
```

```
    if(a>b)return a;
    else return b;
}
void main(void)
{
    int (*pmax)(int,int);
    int x,y,z;
    pmax=max;
    printf("input two numbers:\n");
    scanf("%d%d",&x,&y);
    z=(*pmax)(x,y);
    printf("maxmum=%d",z);
}
```

【运行】

```
input two numbers:
234
567
maxmum=567
```

【说明】　从本例程序可以看出,用函数指针变量形式调用函数的步骤如下。

(1) 先定义函数指针变量,如程序中第 9 行语句"int(*pmax)(int,int);"定义 pmax 为函数指针变量。

(2) 把被调函数的入口地址(函数名)赋予该函数指针变量,如程序中第 11 行 pmax =max;。

(3) 用函数指针变量形式调用函数,如程序第 14 行 z=(*pmax)(x,y);。

(4) 调用函数的一般形式为:

(*指针变量名)(实参表)

使用函数指针变量还应注意以下两点。

(1) 函数指针变量不能进行算术运算,这是与数组指针变量不同的。数组指针变量加减一个整数可使指针移动指向后面或前面的数组元素,而函数指针的移动是毫无意义的。

(2) 函数调用中"(*指针变量名)"的两边的圆括号不可少,其中的"*"不应该理解为求值运算,在此处它只是一种表示符号。

【例 9-20】　编程求 $\int_0^1 (1+x^2)dx$、$\int_0^2 (1+x+x^2+x^3)dx$ 和 $\int_0^3 x/(1+x^2)dx$ 的值,这 3 个定积分上、下限都不相同,使用函数指针变量来调用函数更为方便。

【程序】

```
#include <stdio.h>
float f1(float x)
{
    float f;
    f=1+x*x;
    return(f);
```

```
    }
    float f2(float x)
    {
        float f;
        f=1+x+x*x+x*x*x;
        return(f);
    }
    float f3(float x)
    {
        float f;
        f=x/(1+x*x)
        return(f);
    }
    float integral(float (*fun)(float ), float a, float b)
    {
        float s, h, y; int n, i;
        s=(*fun)(a);
        n=100;
        h=(b-a)/n;
        for (i=1; i<=n; i++)
            s=s+2*(*fun)(a+i*h);
            y=(s-(*fun)(b))*h/2;
            return(y);
    }
    void main(void)
    {
        float y1, y2, y3;
        y1=integral( f1 , 0.0, 1.0);
        y2=integral( f2 , 0.0, 2.0);
        y3=integral( f3 , 0.0, 3.0);
        printf("%f,%f,%f\n",y1, y2, y3);
    }
```

【运行】

1.333350, 10.667201, 1.151212

【例 9-21】 编写一个函数,输入 n 为偶数时,调用函数求 $1/2+1/4+\cdots+1/n$;当输入 n 为奇数时,调用函数 $1/1+1/3+\cdots+1/n$(利用指针函数)。

【程序】

```
#include<stdio.h>
void main(void)
{
    float peven(),podd(),dcall();
    float sum;
    int n;
```

```
    while (1)
      {
        scanf("%d",&n);
        if(n>1)
        break;
      }
    if(n%2==0)
      {
        printf("Even=");
        sum=dcall(peven,n);
      }
    else
      {
        printf("Odd=");
        sum=dcall(podd,n);
      }
    printf("%f",sum);
}
float peven(int n)
{
    float s;
    int i;
    s=1;
    for(i=2;i<=n;i+=2)
    s+=1/(float)i;
    return(s);
}
float podd(int n)
{
    float s;
    int i;
    s=0;
    for(i=1;i<=n;i+=2)
        s+=1/(float)i;
    return(s);
}
float dcall(float (*fp)(int),int n)
{
    float s;
    s=(*fp)(n);
    return(s);
}
```

【运行】

Even= 4.017335

357

Odd= 3.575449

9.6　指针型函数

前面介绍过,所谓函数类型是指函数返回值的类型。在 C 语言中允许一个函数的返回值是一个指针(即地址),这种返回指针值的函数称为指针型函数。

指针型函数的一般形式为:

类型说明符 * 函数名 (形参表)

{

　　…　　　　　　　　　/ * 函数体 * /

}

其中,"函数名"之前加了" * "号表明这是一个指针型函数,即返回值是一个指针。"类型说明符"表示了返回的指针值所指向的数据类型。例如:

int * ap(int x,int y)

{

　　…　　　　　　　　　/ * 函数体 * /

}

表示 ap 是一个返回指针值的指针型函数,它返回的指针指向一个整型变量。

【例 9-22】　本程序是通过指针函数,输入一个 1~7 之间的整数,输出对应的星期名。

【程序】

```c
#include<stdio.h>
void main(void)
{
    int i;
    char * day_name(int n);
    printf("input Day No:\n");
    scanf("%d",&i);
    if(i<0) exit(1);
    printf("Day No:%2d-->%s\n",i,day_name(i));
}
char * day_name(int n)
{
    static char * name[]={ "Illegal day","Monday", "Tuesday", "Wednesday",
                            "Thursday", "Friday","Saturday", "Sunday"};
    return((n<1||n>7) ? name[0] : name[n]);
}
```

【运行】

input Day No:

5

Day No：5-->Friday

【说明】 本例程序中定义了一个指针型函数 day_name，它的返回值指向一个字符串。该函数中定义了一个静态指针数组 name。name 数组初始化赋值为 8 个字符串，分别表示各个星期名及出错提示。形参 n 表示与星期名所对应的整数。在主函数中，把输入的整数 i 作为实参，在 printf 语句中调用 day_name 函数并把 i 值传送给形参 n。day_name 函数中的 return 语句包含一个条件表达式，n 值若大于 7 或小于 1 则把 name[0]指针返回主函数输出出错提示字符串"Illegal day"；否则返回主函数输出对应的星期名。主函数中的第 7 行是个条件语句，其语义是：如输入为负数(i<0)则中止程序运行退出程序。exit 是一个库函数，exit(1)表示发生错误后退出程序，exit(0)表示正常退出。

应该特别注意的是，函数指针变量和指针型函数这两者在写法和意义上的区别。如 int(＊p)()和 int ＊p()是两个完全不同的量。

其中：int (＊p)()是一个变量说明，说明 p 是一个指向函数入口的指针变量，该函数的返回值是整型量，(＊p)的两边的括号不能少。

int ＊p()则不是变量说明而是函数说明，说明 p 是一个指针型函数，其返回值是一个指向整型量的指针，＊p 两边没有括号。作为函数说明，在括号内最好写入形式参数，这样便于与变量说明区别。

对于指针型函数定义，int ＊p()只是函数头部分，一般还应该有函数体部分。

【例 9-23】 若某班有 30 个学生，9 门课程，输入学号后，输出该班学生的姓名及 9 门课程成绩。

【程序】

```
#include <stdio.h>
void main()
{ char name[30][9];
    float score[30][a], * p, * search(float (* point)[8],int n;
    int i, j, no[30], num;
    for (i=0; i<30; i++)
        { scanf("%s%d", name[i], &no[i]);
          for (j=0; j<9; j++)
              scanf("%f", &score[i][j]);
        }
    printf("Input the number of student:");
    scanf("%d", &num);
    printf("%s", name[num]);
    p=search(score,num);
    for (i=0; i<9; i++)
        printf("%f\t", * (p+i) );
}
float * search( float (* point)[8], int n)
/* 定义 point 是指向有 8 个元素一维数组指针变量 */
{
    float * pt;
```

```
        pt= * (point+n);              / * pt 是第 n 行首地址 * /
        return (pt);
    }
```

9.7   指针数组和指向指针的指针

9.7.1   指针数组的概念

若一个数组的元素值为指针则称该数组是指针数组。指针数组是一组有序的指针的集合。指针数组的所有元素都必须是具有相同存储类型和指向相同数据类型的指针变量。

指针数组说明的一般形式为：

类型说明符 * 数组名 [数组长度]

其中，"类型说明符"为指针值所指向的变量的类型。

例如：

```
int * pa[3];
```

表示 pa 是一个指针数组，它有 3 个数组元素，每个元素值都是一个指针，指向整型变量。

【例 9-24】   通常可用一个指针数组来指向一个二维数组。指针数组中的每个元素被赋予二维数组每一行的首地址，因此也可理解为指向一个一维数组。

【程序】

```
# include < stdio.h>
void main(void)
{
    int a[3][3]={1,2,3,4,5,6,7,8,9};
    int * pa[3];
    int * p=a[0];
    int i;
    pa[0]=a[0];pa[1]=a[1];pa[2]=a[2];
    for(i=0;i<3;i++)
        printf("%d,%d,%d\n",a[i][2-i], * a[i], * ( * (a+i)+i));
    for(i=0;i<3;i++)
        printf("%d,%d,%d\n", * pa[i],p[i], * (p+i));
    getchar();
}
```

【运行】

```
3,1,1
5,4,5
7,7,9
1,1,1
```

```
4,2,2
7,3,3
```

【说明】 本例程序中,pa是一个指针数组,3个元素分别指向二维数组 a 的各行。然后用循环语句输出指定的数组元素。其中 * a[i]表示第 i 行第 0 列元素值; * (* (a+i)+i)表示第 i 行第 i 列的元素值; * pa[i]表示第 i 行第 0 列元素值;由于 p 与 a[0]相同,故 p[i]表示0 行 i 列的值; * (p+i)表示第 0 行第 i 列的值。读者可仔细领会元素值的各种不同的表示方法。

应该注意指针数组和二维数组指针变量的区别。这两者虽然都可用来表示二维数组,但是其表示方法和意义是不同的。即二维数组指针变量是单个的变量,其一般形式中"(* 指针变量名)"两边的括号不可少。而指针数组类型表示的是多个指针(一组有序指针)在一般形式中" * 指针数组名"两边不能有括号。例如:

```
int (* p)[3];
```

表示一个指向二维数组的指针变量。该二维数组的列数为 3 或分解为一维数组的长度为 3。

```
int * p[3];
```

表示 p 是一个指针数组,有 3 个数据元素 p[0],p[1],p[2]均为指针变量。

指针数组也常用来表示一组字符串,这时指针数组的每个元素被赋予一个字符串的首地址。指向字符串的指针数组的初始化更为简单。例如在例 9-22 程序中即采用指针数组来表示一组字符串。其初始化赋值为:

```
char * name []={"Illagal day", "Monday", "Tuesday", "Wednesday", "Thursday",
            "Friday","Saturday","Sunday"};
```

完成这个初始化赋值之后,name[0]即指向字符串"Illegal day",name[1]指向"Monday"。

指针数组也可以用做函数参数,请看下面的示例。

【例 9-25】 指针数组作指针型函数的参数,编程实现例 9-22 所示要求的功能。

【程序】

```
#include <stdio.h>
void main(void)
{
    static char * name[]={"Illagal day", "Monday", "Tuesday", "Wednesday",
                "Thursday", "Friday","Saturday","Sunday"};
    char * ps;
    int i;
    char * day_name(char * name[],int n);
    printf("input Day No:\n");
    scanf("%d",&i);
    if(i<0) exit(1);
    ps=day_name(name,i);
```

```
    printf("Day No:%2d-->%s\n",i,ps);
    getchar();
}
char * day_name(char * name[],int n)
{
    char * pp1,* pp2;
    pp1= * name;
    pp2= * (name+n);
    return((n<1||n>7)? pp1:pp2);
}
```

【运行】

```
input Day No:
5
Day No: 5-->Friday
```

【说明】 在本例主函数中,定义了一个指针数组 name,并对 name 作了初始化赋值。其每个元素都指向一个字符串。然后又以 name 作为实参调用指针型函数 day_name,在调用时把数组名 name 赋予形参变量 name,输入的整数 i 作为第二个实参赋予形参 n。在 day_ name 函数中定义了两个指针变量 pp1 和 pp2,pp1 被赋予 name[0]的值(即 * name),pp2 被赋予 name[n]的值即 * (name+n)。由条件表达式决定返回 pp1 或 pp2 指针给主函数中的指针变量 ps。最后输出 i 和 ps 的值。

【例 9-26】 对 5 个国名按字母顺序排列后输出。

【程序】

```
#include <stdio.h>
#include <string.h>
void main(void)
{
    void sort(char * name[],int n);
    void print(char * name[],int n);
    static char * name[]={ "CHINA","AMERICA","AUSTRALIA",
                        "FRANCE","GERMAN"};
    int n=5;
    sort(name,n);
    print(name,n);
}
void sort(char * name[],int n)
{
    char * pt;
    int i,j,k;
    for(i=0;i<n-1;i++)
    {
        k=i;
        for(j=i+1;j<n;j++)
```

```
            if(strcmp(name[k],name[j])>0) k=j;
        if(k!=i)
        {
            pt=name[i];
            name[i]=name[k];
            name[k]=pt;
        }
    }
}
void print(char * name[],int n)
{
    int i;
    for (i=0;i<n;i++)
      printf("%s\n",name[i]);
}
```

【运行】

```
AMERICA
AUSTRALIA
CHINA
FRANCE
GERMAN
```

　　【说明】　在以前的例子中采用了普通的排序方法,逐个比较之后交换字符串的位置。交换字符串的物理位置是通过字符串复制函数完成的。反复地交换将使程序执行的速度很慢,同时由于各字符串(国名)的长度不同,又增加了存储管理的负担,而用指针数组能很好地解决这些问题。即:把所有的字符串存放在一个数组中,把这些字符数组的首地址放在一个指针数组中,当需要交换两个字符串时,只需交换指针数组相应两元素的内容(地址)即可,而不必交换字符串本身。

　　本程序定义了两个函数,一个名为 sort 完成排序,其形参为指针数组 name,即为待排序的各字符串数组的指针。形参 n 为字符串的个数。另一个函数名为 print,用于排序后字符串的输出,其形参与 sort 的形参相同。主函数 main 中,定义了指针数组 name 并作了初始化赋值。然后分别调用 sort 函数和 print 函数完成排序和输出。值得说明的是在 sort 函数中,对两个字符串比较,采用了 strcmp 函数,strcmp 函数允许参与比较的字符串以指针方式出现。name[k]和 name[j]均为指针,因此是合法的。字符串比较后需要交换时,只交换指针数组元素的值,而不交换具体的字符串,这样将大大减少时间的开销,提高了运行效率。

　　处理多个字符串时,常用二维数组,各串长度均相同;但常常遇到串长不同,即有的很长,有的很短,定义成字符数组太浪费空间(如:书名)。这时若用指针数组较为合适,因为各字符串长度可不同,且操作速度快(如:排序)。

```
#include<stdio.h>
```

```
void main(void)
{
    static char * name[ ]={" ","Basic", "c", "c++", "ForTran", "FoxPro"};
    int n0;
    while(1)
    {
      scanf("%d", &n0);
      if( n0<1 || n0>5)
      {
        printf("Input Error!");
        contiune;
      }
      else
        printf("%d----%s\n",n0,name[n0]);
                  /* name[n0]也可用 * (name+n0), 但不可用 name+n0 * /
      printf("continue(Y/N)?")
      if(getchar()=='N' || getchar()=='n')
        break;
    }
}
```

本程序运行结果为：

```
4
4----Fortran
continue(Y/N)?
```

【例 9-27】 从指针变量 p 所指的串中，找指针变量 q 所指字符串的起始位置。例如：若 string1 为"abcdef"，string2 为 "cde"，则输出 3；找不到，则输出—1。

【程序】

```
#include<string.h>
void main(void)
{
    char s1[20], s2[20], * p=s1, * q=s2;
    printf ("Input s1 and s2:");
    gets(p); gets(q);
    printf("%d\n", index(p,q) );
}
int index(char * p1, char * q1)
{
    char * pp, * qq;
    int i;
    for (i=1,pp=p1; * pp !='\0'; i++, p++)
    {
    for (pp=p1,qq=q1; * qq== * pp && * qq !='\0';pp++, qq++);
    if (! * qq)
        return(i);
    }
```

```
        return(-1);
    }
```

【运行】

```
Input s1 and s2:abcdef
abc
1
```

9.7.2 指向指针的指针

如果一个指针变量存放的又是另一个指针变量的地址,则称这个指针变量为指向指针的指针变量。

前面已经介绍过,通过指针访问变量称为间接访问。由于指针变量直接指向变量,所以称为"单级间址"。而如果通过指向指针的指针变量来访问变量则构成"二级间址"。单级间址和二级间址的示意图如图 9.15 所示。

定义一个指向指针型数据的指针变量的形式如下:

```
char * * p;
```

p 前面有两个"＊"号,相当于＊(＊p)。显然＊p 是指针变量的定义形式,如果没有最前面的"＊",那就是定义了一个指向字符数据的指针变量。现在它前面又有一个"＊"号,表示指针变量 p 是指向一个字符指针型变量的。＊p 就是 p 所指向的另一个指针变量。

假设 name 是一个指针数组,它的每一个元素是一个指针型数据,其值为地址。name 是一个数组,它的每一个元素都有相应的地址。数组名 name 代表该指针数组的首地址。name＋1 是 name[i]的地址,也就是指向指针型数据的指针(地址)。还可以设置一个指针变量 p,使它指向指针数组元素。p 就是指向指针型数据的指针变量,如图 9.16 所示。

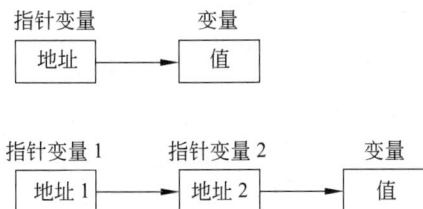

图 9.15 指针的指针示意图

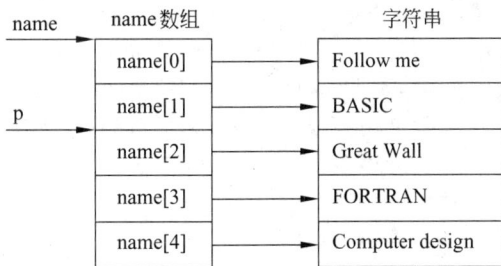

图 9.16 指针数组和指针的指针关系图

如果有语句:

```
p=name+2;
printf("%o\n",*p);
printf("%s\n",*p);
```

则,第 1 个 printf 函数语句输出 name[2]的值(它是一个地址),第 2 个 printf 函数语句以字符串形式(%s)输出字"Great Wall"。

【例 9-28】 使用指向指针的指针程序示例。

【程序】

```
#include<stdio.h>
void main(void)
{
    char * name[]={"Follow me","BASIC","Great Wall","FORTRAN","Computer design"};
    char **p;
    int i;
    for(i=0;i<5;i++)
    {
        p=name+i;
        printf("%s\n",* p);
    }
}
```

【运行】

```
Follow me
BASIC
Great Wall
FORTRAN
Computer design
```

【说明】 p 是指向指针的指针变量。

【例 9-29】 一个指针数组的元素指向数据的简单例子。

【程序】

```
#include<stdio.h>
void main(void)
{
    static int a[5]={1,3,5,7,9};
    int * num[5]={&a[0],&a[1],&a[2],&a[3],&a[4]};
    int **p,i;
    p=num;
    for(i=0;i<5;i++)
    {
        printf("%d\t",**p);
        p++;
    }
}
```

【运行】

```
1   3   5   7   9
```

【说明】 指针数组的元素只能存放地址。

9.7.3 main 函数的参数

前面介绍的 main 函数都是不带参数的。实际上，main 函数可以带参数，这个参数可以认为是 main 函数的形式参数。C 语言规定 main 函数的参数只能有两个，习惯上这两个参数写为 argc 和 argv。

C 语言还规定：argc(第 1 个形参)必须是整型变量，argv(第 2 个形参)必须是指向字符串的指针数组。加上形参说明后，main 函数的函数首部应写为：

```
main (int argc,char * argv[])
```

由于 main 函数不能被其他函数调用，因此不可能在程序内部取得实际值。那么，在何处把实参值赋予 main 函数的形参呢? 实际上，main 函数的参数值是从操作系统命令行上获得的。当要运行一个可执行文件时，可在 DOS 提示符下输入文件名，再输入实际参数即可把这些实参传送到 main 的形参中去。

DOS 提示符下命令行的一般形式为：

```
C:\>可执行文件名 参数 参数…
```

但是应该特别注意的是，main 的两个形参和命令行中的参数在位置上不是一一对应的。因为 main 的形参只有两个，而命令行中的参数个数原则上未加限制。argc 参数表示了命令行中参数的个数(注意：文件名本身也算一个参数)，argc 的值是在输入命令行时由系统按实际参数的个数自动赋予的。

例如，若有一个命令行为：

```
C:\>E24 BASIC FoxPro FORTRAN
```

则由于文件名 E24 本身也算一个参数，所以共有 4 个参数，因此 argc 取得的值为 4。argv 参数是字符串指针数组，其各元素值为命令行中各字符串(参数均按字符串处理)的首地址。指针数组的长度即为参数个数。数组元素初值由系统自动赋予，其表示如图 9.17 所示。

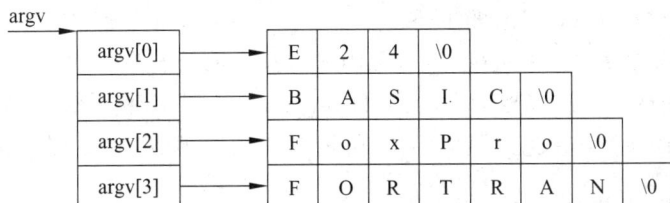

图 9.17 argv 存储示意图

【例 9-30】 显示命令行中输入的参数。
【程序】

```
#include <stdio.h>
void main(int argc,char * argv[]){
```

```
    while(argc-->1)
      printf("%s\n",*++argv);
  }
```

如果上例的可执行文件名为 E24.exe,存放在 C 驱动器的盘内。因此输入的命令行为:

C:\>e24 BASIC FoxPro FORTRAN

【运行】

BASIC
FoxPro
FORTRAN

【说明】 该行共有 4 个参数,执行 main 时,argc 的初值即为 4。argv 的 4 个元素分别为 4 个字符串的首地址。执行 while 语句时,每循环一次 argv 值减 1。当 argv 等于 1 时停止循环,共循环 3 次,因此共可输出 3 个参数。在 printf 函数中,由于打印项 *++argv 是先加 1 再打印,故第 1 次打印的是 argv[1]所指的字符串 BASIC。第 2 次和第 3 次循环分别打印后面两个字符串。而参数 E24 是文件名,不必输出。

9.8 有关指针的数据类型和指针运算的小结

利用指针可以对存储单元的地址进行访问,故利用指针能有效地表示复杂的数据结构,实现动态内存分配,更方便、灵活地使用数组、字符串,并为函数间多数据的传递提供简洁便利的方法。但是,由于指针概念较复杂,使用较灵活,初学时常常感到较难理解和掌握。因此,学习时必须从指针的概念入手,了解什么是指针,它与其他类型变量的区别,重点掌握指针在数组、函数等方面的应用。本章主要讲述了利用指针处理内存中各种类型数据的方法,并重点讲述了以下 3 个方面的内容。

1. 关于指针的概念

(1)变量的地址就是变量的指针。用于存储地址的变量称为指针变量。当一个变量的地址赋给某一指针变量时,称这个指针变量指向该变量。此时,既可用变量名直接存取变量的值,也可用指针变量间接存取变量的值。

(2)C 语言中的数组名、字符串名,甚至函数名及函数的参数等都可用指针访问。可以定义相应的指针变量存放这些地址。同样有两种方法访问数组和函数,可利用下标法、地址法、指针法直接或间接存取数组元素。也有两种方法调用函数:用函数名来调用或用指向函数的指针变量。

(3)表达式"*(地址表达式)"表示某地址对应的存储单元,结果为数据;表达式"& 变量"表示取变量的地址,结果为地址。

(4)一维数组名是该数组的首地址(第一个元素的地址)。当数组与指针 p 建立了联系后,可利用 p+n 来指向第 n 个元素,达到快速访问数组元素的目的。

(5)字符串可以存放在字符数组中,也能以字符串常量的形式出现在程序中。程序中把一个字符串常量赋值给一个指针变量,实际上是把该字符串的首地址赋值给指针变量,并未将字符串本身赋值给指针,指针中只能存入地址。

(6) 可以把 C 语言的二维数组 a 视为一个特殊的一维数组(a[0],a[1],a[3],…),而这个一维数组的每一个元素 a[i] 又是一个一维数组(a[i][0],a[i][1],a[i][2],…)。

因此,&a[i][j]、a[i]+j、*(a+i)+j 三者相互等价,都是元素 a[i][j] 的地址。一个行指针变量 pi 指向的数据类型是一个有 n 个元素的一维数组,当 pi 指向二维数组的一行(设每行也有 n 个元素)时,pi+1 表示指向上一行,pi-1 表示指向下一行。

(7) 指针数组的每一个元素都是一个指针变量。指针数组的元素可用来存放变量、数组元素、字符串的地址。

(8) 指向指针的指针要进行两次"间接存取"(二级间址)才能存取变量的值。

(9) 通过指针变量存取结构体变量成员数据有两种方法。一是通过指针运算符"*",另一种是通过指向运算符"->"。

(10) 在 C 程序中使用指针编程,可以写出灵活、简练、高效的好程序,实现许多用其他高级语言难以实现的功能。

(11) 初学者利用指针编程较易出错,而且这种错误往往是隐蔽的,难以发现。比如由于未对指针变量 p 赋值就对 *p 赋值,新值就代替了内存中某单元的内容,可能出现不可意料的错误。因此使用指针编程,概念要清晰,并注意积累经验。

2. 关于常用的指针类型变量

到目前为止,已经介绍了多种指针类型的数据,由于定义的形式多样,很容易搞错,为了使读者有一个比较全面而准确的了解,便于查阅,表 9.3 归纳了各种有关指针类型数据的定义形式以及含义。

表 9.3　各种有关指针类型数据的定义形式以及含义

定 义 形 式	含 义
int *p	p 为指向 int 类型数据的指针变量,可存入 int 型单元的地址
int **p	p 为二级指针变量,可存入 int 型单元的地址,即指向指针的指针
int (*p)()	p 为指向函数的指针,返回一个 int 型数据
int *p()	p 为函数名,返回一个 int 型单元的地址(右结合性)
int (*p)[n]	p 为指向含 n 个元素的一维数组的指针变量,可存入 n 个 int 型单元的首地址
int *p[n]	p 为指针型数组名,该数组中可存入 n 个 int 型单元的地址(右结合性)

3. 关于指针的运算

指针是一种数据类型,应具有无符号正整数的值。由于地址本身的特征,也给指针的运算带来一些限制,故它只能进行以下运算。

(1) 算术运算。指针中存放的是地址,通过算术运算得到的结果也是一个地址值,对单个普通变量的地址计算没有任何实际意义,因为地址必须由编译系统分配,通过计算得出的地址不能随便使用。指针的算术运算主要用于数组中,因为数组占用一片连续的存储单元,首地址存入数组名中,这样就可通过对数组首地址±n 的计算得到元素的地址,表示指针在内存空间向上或下移动,移动以其类型长度为单位,达到快速访问数组元素的目的,当然算出的地址值不能超过所定义数组的地址范围。如定义数组为 10 个元素,求第 11 个元素的地址是错误的。

（2）关系运算。同类型的指针变量可以进行＝＝或！＝的比较判断,判断两个地址是否相同以确定是否是同一个变量,在数组中还可用＞、＜、＞＝、＜＝比较,以确定地址是否有效(没超出数组地址的范围)。

（3）赋值运算。指针的赋值运算通常有如下几种。

① 指针赋值：给指针赋一个同类型变量的地址,或同类型的指针变量相互赋值。例如：

```
float f1,f2, * pf1, * pf2;
pf1=&f1;pf2=&f2; pf2=pf1;
```

② 指针自增、自减 1：指针相加 1 或减 1,主要用来指向上一个或下一个元素。

③ 指向 void 类型的指针。例如：

```
void * p;
```

它表示指针变量不指向一个确定的类型数据,其作用仅仅是用来存放一个地址。例如,下列写法是不对的。

```
int x,p1;
void * p2;
p2=&x;                  /* 错误,不能存入一个确定类型的地址 */
p2=(void * )&x;         /* 正确,强制转换优先 */
p1=(int * )p2;          /* 正确,强制转换优先 */
```

习题 9

【说明】 本章习题都要求用指针方法处理。

9.1 编程输入 3 个整数,按由小到大的顺序输出。

9.2 编程输入 3 个字符串,按由小到大的顺序输出。

9.3 编一程序,将字符串中的第 m 个字符开始的全部字符复制成另一个字符串。要求在主函数中输入字符串及 m 的值并输出复制结果,在被调用函数中完成复制。

9.4 编程输入一行文字,找出其中的大写字母、小写字母、空格、数字以及其他字符各有多少?

9.5 写一个函数,将一个 3×3 的矩阵转置。

9.6 在主函数中输入 10 个等长的字符串。用另一函数对它们排序,然后在主函数输出这10 个已排好序的字符串。

9.7 编一程序用指针数组处理 9.6 题,但要求字符串不等长。

9.8 将 n 个数按输入时顺序的逆序排列,用函数实现。

9.9 写一函数,实现两个字符串的比较。即自己写一个 strcmp 函数,函数原型为：

```
int strcmp(char * p1,char * p2);
```

设 p1 指向字符串 s1,p2 指向字符串 s2。要求：当 s1＝s2 时,返回值为 0,若 s1≠s2,返回它们二者第 1 个不同字符的 ASCII 码差值(如"BOY"与"BAD",第 2 个字母不同,"O"与"A"之差为 79－65＝14)。如果 s1＞s2,则输出正值,如果 s1＜s2,则输出负值。

9.10　编一程序,输入月份号,输出该月的英文月名。例如,输入"3",则输出"March",要求用指针数组处理。

9.11　编一程序,将字符串"computer"赋给一个字符数组,然后从第 1 个字母开始间隔地输出该串。请用指针完成。

9.12　键盘输入一个字符串,然后按照下面要求输出一个新字符串。新串是在原串中的每两个字符之间插入一个空格,如原串为"abcd",则新串为"a□b□c□d□"(□代表空格)。要求在函数 insert 中完成新串的产生,并在函数中完成所有相应的输入和输出。

9.13　设有一数列,包含 10 个数,已按升序排好。现要求编一程序,它能够把从指定位置开始的 n 个数按逆序重新排列并输出新的完整数列。进行逆序处理时要求使用指针方法(例如:原数列为 2,4,6,8,10,12,14,16,18,20,若要求把从第 4 个数开始的 5 个数按逆序重新排列,则得到新数列为 2,4,6,16,14,12,10,8,18,20)。

9.14　编一程序,统计从键盘输入的命令行中第 2 个参数所包含的英文字符个数。

9.15　通过指针数组 p 和一维数组 a 构成一个 3×2 的二维数组,并为 a 数组赋初值 2,4,6,8,…。要求先按行的顺序输出此二维数组;然后再按列的顺序输出它。试编程。

9.16　有 4 名学生每个学生考 4 门课程,要求在用户输入学生序号以后能输出该生的全部成绩,用指针型函数来实现。请编写函数 float ＊ search()。

```
main()
{static float score[][4]={{60,70,80,90},{50,89,67,88},
                          {34,78,90,66},{80,90,100,70}};
float ＊ search(),＊p;
int i,m;
printf("enter the number of student:");
scanf("%d",&m);
printf("The score of No.%d are:\n",m);
p=search(score,m);
for(i=0;i<4;i++)printf("%5.2f\t",＊(p+i));
}
float ＊ search(float(＊pointer)[4],int n);
{    }
```

9.17　下面给出的 findmax 函数将计算数组中的最大元素及其下标值和地址值,请将其编写完整。

```
＊ findmax()函数
#include<stdio.h>
＊ findmax(int ＊ s,int t,int ＊ k)
{    }
void main(void)
{
   int a [10]={12,23,34,45,56,67,78,89,11,22},k,＊ add;
   add=findmax(a,10,&k);
   printf("%d,%d,%o\n",a[k],k,add);
}
```

第 10 章　结构与联合

结构和联合是程序设计中经常使用的数据类型,用于描述实际问题中具有多个不同数据成员的一类实体。本章首先介绍结构的概念、声明结构类型变量的方法、引用结构成员的方法,然后介绍结构数组的声明与使用、指向结构类型数组的指针,并介绍使用指针来处理链表的基本方法。本章还将讨论另一个相关的概念——联合。

本章重点:

(1) 结构类型和结构变量的声明。

(2) 结构成员的引用。

(3) 结构数组的声明和使用。

(4) 结构指针的使用。

(5) 结构与函数的关系。

(6) 链表的概念、建立与使用。

本章难点:

(1) 结构成员的引用。

(2) 结构数组与结构指针的关系。

(3) 结构与函数的关系。

(4) 链表的建立与使用。

10.1　概述

在前面的章节中,学习了一些简单数据类型(整型、实型和字符型)以及构造数据类型(数组)的声明和应用。数组中的每一个元素的数据类型是相同的,也就是说数组可以用于处理相关联的同一类型的数据。但是,在实际应用中,经常需要将不同类型的数据作为一个整体来处理。比如描述一个学生的情况,需要记录学生的姓名、年龄、性别、身份证号码等信息;描述一个人的通讯地址,需要记录姓名、邮编、邮箱地址、电话号码、E-mail 等信息。共同特点是:需要用若干个数据项才能够将内容表达完整。如果仅仅使用前面章节讲述的基本数据类型和数组类型,则很难将它们形成一个整体。

例如:一个学籍管理系统中的人物需要存储的数据项如图 10.1 所示。

在图 10.1 中,每个数据项本身是一个称为数据域的实体。把所有的数据域结合在一起就形成了一个称为结构的单元。尽管在学籍管理系统中可能存在很多人物,但每一个人物都有他单独的特征,在该系统的任何一个子系统中,每个人物的结构形式应该是相同的。于是,在处理结构时,特别要注意区别一个结构的形式和它的内容。

结构的形式由标识符、数据类型和这个结构中单个数据域的排列组成。结构的内容由存储在标识符中的实际数据组成。图 10.2 显示了图 10.1 中可接受的这个结构形式的内容。

学号	学号：200913137001
姓名	姓名：李悠然
性别	性别：女
出生日期	出生日期：19900101
所在学院	所在学院：计算机
家庭住址	家庭住址：湖北省武汉市青山区建设一路

图 10.1　一个学籍管理系统人物的典型构成　　　　图 10.2　一个结构的形式和内容

10.2　结构类型的说明与引用

结构是一个或多个变量的集合,这些变量可能为不同的数据类型。由于结构是一种可以将一组相关的变量组合在一起的构造数据类型,因此结构有助于组织复杂的数据。在程序设计中,常常借助于它将表示同一对象的不同属性封装在一起,使之达到逻辑概念与程序变量一一对应的目的,从而提高程序的清晰度,降低程序的复杂度,改善程序的可维护性。

10.2.1　结构类型的声明

结构类型不像整型、实型等数据类型在 C 语言系统中已经预先定义了,它是由用户根据需要,按规定的格式自行定义的。

结构类型的声明方法如下:

```
struct 结构类型名
{
    类型名 1　成员名表 1;
    类型名 2　成员名表 2;
    …
    类型名 n　成员名表 n;
}
```

关于结构类型声明有以下几点说明。

(1) struct 是关键字,由它引入结构声明。

(2) 结构类型名是由用户定义的标识符。如 student,person 等,可以反映出结构的特征。

(3) 结构类型名、成员名、结构类型的变量名都要符合标识符的命名规则。

(4) 结构的全体成员用大括号括起来,最后一个大括号后还有一个分号,这个分号是不可省略的。

(5) 成员的声明方式和它所属类型的变量的声明方式相同,成员的类型可以是一切合法的类型,每个成员称为结构中的一个“域”。

例如,一个学生的数据包括以下多个数据项。

数据项	类型
学号	整型
姓名	字符数组
成绩	单精度实数

针对这种情况,可以将一个学生的数据声明为一个结构类型。描述如下:

```
struct student
{
    long num;
    char name[20];
    float score;
};
```

在这个结构声明中结构类型名为 student。该结构由类型不同的 3 个成员组成,第 1 个成员名为 num,是长整型变量;第 2 个成员名为 name,是字符数组;第 3 个成员名为 score,是单精度浮点型变量。应注意,在大括号"}"后面的分号是不可少的。

【例 10-1】 如果通讯地址表由下面的项目构成:

姓名 (字符串)	工作单位 (字符串)	家庭住址 (字符串)	邮编 (长整型)	电话号码 (长整型)	E-mail (字符串)

该通讯地址表用 C 语言提供的结构类型描述如下。

```
struct address
{
    char name[20];              / * 姓名 * /
    char department[30];        / * 工作单位 * /
    char address[30];           / * 家庭住址 * /
    long box;                   / * 邮编 * /
    long phone;                 / * 电话号码 * /
    char email[30];             / * Email * /
};
```

一旦声明了一个结构类型,仅仅只是告诉系统,它由哪些成员组成,各成员的类型是什么,并把它们作为一个整体来处理。也就是说声明的结构类型只是一种"模型",系统并没有为它们分配内存单元。只有在声明了该结构类型的变量后,C 编译系统才会给构成结构的各成员分配适当的内存单元。

以上讲述了结构类型的声明方式,现在来总结一下,声明一个结构类型应该注意以下几个方面。

(1) 结构类型的声明以分号结束。

(2) 整个声明被看做是一条语句,而每个成员则以自己的名称和类型分别声明在结构类型中的单个语句中。

数组和结构都属于构造数据类型,它们提供了一种以相对简单的方式来访问和操作数

据。但两者还是有许多不同之处,比如:

(1) 数组是相同类型的相关数据的集合,而结构可以由不同类型的数据组合而成。

(2) 数组可以说是一个系统内置的数据类型,而结构是一种程序员自定义的数据类型。

(3) 数组使用时只需要声明一个数组变量就可以使用它了。而结构则需要先声明一个数据类型,然后才能声明和使用这种类型的变量。

下面介绍声明和使用结构类型变量的方法。

10.2.2 声明结构类型变量的方法

在声明了结构类型后,就可以声明这种类型的变量了。结构变量的声明类似于其他的数据类型变量的声明。

声明结构变量有如下 3 种方法。

(1) 单独声明。即先声明结构类型再声明结构变量。比如:

```
struct student
{
    long num;
    char name[20];
    float score;
};
struct student stu1,stu2;
```

在这里声明了两个结构变量 stu1 和 stu2,每个变量的类型都是 struct student 结构类型,它们均包含 3 个成员。每个结构变量可存放一个学生的数据,系统为每个结构变量分配 28 个字节的内存单元(即系统为每个结构成员分配的存储空间的总和 4+20+4=28 字节)。

结构变量 stu1 的存储状态如图 10.3 所示。

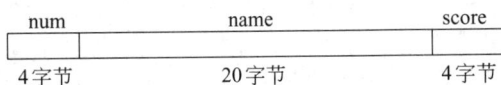

图 10.3 结构变量 stu1 的存储状态

(2) 混合声明。即在声明结构类型的同时声明结构变量。比如:

```
struct student
{
    long num;
    char name[20];
    float score;
} stu1,stu2;
```

该方法与第(1)种方法相同,表示声明了两个结构变量 stu1 和 stu2。

(3) 无类型名声明。即直接声明结构类型变量。比如:

```
struct
{
```

```
    long num;
    char name[20];
    float score;
} stu1,stu2;
```

以上这 3 种方法都可以用来声明结构变量,但是在程序设计的时候一般使用前两种方法。第(3)种方法与前两种方法的区别在于:在第(3)种方法中省去了结构名,直接给出了结构变量。但是,这种方法没有结构类型名,所以在程序的其他地方将不能再次声明该结构类型的变量。

关于结构类型的变量需要注意以下几个方面。

(1)结构类型与结构变量是两个不同的概念,不要混同。结构类型是用户自行定义的标识符,表示处理对象的数据结构。系统并不为结构类型分配存储空间,只有在程序中声明了该结构类型的变量后,才分配存储空间。

(2)结构的成员自己不是变量,它们不占用任何存储空间,除非它们与结构变量相关联。

(3)为每个结构变量分配的存储空间是该结构中各个成员的存储空间的总和。

(4)结构成员名可与程序中其他变量同名,两者代表不同的对象,互不干扰。

10.2.3   结构变量的初始化

C 语言规定,任何存储类型的结构、数组和联合都可以在进行变量说明的时候初始化,初值是由常量表达式组成的初值表。结构的初值表形式与数组类似。例如:

```
struct student
{
    long num;
    char name[20];
    float score;
} stu1={20090401, "Li Ming", 91.5};
```

上面的语句对结构中的成员进行了初始化,把 20090401 赋值给长整型成员 num,字符串"Li Ming"赋值给字符数组成员 name,91.5 赋值给单精度实数型成员 score。

C 语言还可以用下面的语句初始化结构变量:

```
struct student
{
    long int num;
    char name[20];
    float score;
};
struct student stu1={20090401, "Li Ming", 91.5};
```

关于结构类型变量的初始化要注意以下几个问题。

(1)C 语言不允许对结构类型中的单个结构成员进行初始化,必须在实际变量的声明中初始化。

（2）所有初始化的数据都用大括号括起来，其中的数值必须与结构类型声明中成员的顺序及类型相匹配。

（3）允许部分初始化。可以只初始化前面的一些成员。未初始化的成员必须位于初始化列表的末尾。例如，若有变量声明 struct student stu1＝{20090401,"Li Ming"};，则结构变量 stu1 的成员 score 没有初始化。

（4）未初始化的成员将按如下规定赋给默认值：对于整数，赋给 0。对于实型数，赋给 0.0。对于字符，赋给'\0'。对于字符串，赋给"\0"。

（5）不能在结构内赋初值。例如以下的初始化工作就是错误的。

```
struct student
{
    long num=20090401;
    char name[20]="Li Lin";
    float score=87.5;
}stu1;
```

10.2.4 访问结构的成员

在 C 语言中，有多种方法访问结构成员和给结构成员赋值。如前所述，结构的成员本身不是变量。必须要通过结构变量，才能使用它们的成员。

除了允许具有相同类型的结构变量相互赋值以外，一般对结构变量的使用，包括赋值、输入、输出、运算、比较等都是通过结构变量的成员来实现的。

1. 引用结构变量

（1）同类型的结构变量可以相互赋值。

例如，若有结构变量声明：struct student stu1，stu2；则 stu1＝stu2；和 stu2＝stu1；都是合法的赋值语句。

需要注意的是，初始化不同于赋值，初始化形式不能用于赋值表达式。例如：

```
struct student stu1={20090410, "Liuwei", 78};
```

是合法的说明语句，而

```
stu1={20060410, "Liuwei", 78};
```

则是非法的赋值语句，因为{20090410,"Liuwei",78}不是一个表达式，而是一个初值表。

（2）结构变量可以取地址。

例如：&stu1 是合法的地址表达式，结果是结构变量 stu1 的地址，可以赋值给一个结构指针（具体内容详见 10.4 节）。

（3）结构变量可以作函数的参数或函数的返回值，由函数返回的结构可以赋给同类型的结构变量（具体内容详见 10.5 节）。

（4）对结构变量的整体操作只限于相同类型结构变量之间的赋值操作和作为函数的参数传递结构。要注意的是不能给结构变量整体赋值，只能分别给每个成员赋值。下面的写法都是错误的：

```
scanf("%d%s%f",&stu1);
printf("%d%s%f",stu1);
```

2. 结构成员引用

结构成员是通过结构变量名和成员名共同表示的。C 语言规定结构变量成员的一般引用形式为：

结构变量名.成员名

其中，成员名是对结构类型成员的引用，"."是一个小数点，称为成员选择运算符，用于连接结构变量名和成员名。"结构变量名.成员名"是一个整体，具有成员名的数据类型，可以像普通变量一样进行输入、运算和输出。

例如：stu1.score 表示结构变量 stu1 的成绩，它是 float 类型，可以像其他普通的 float 类型变量一样处理。

例如，下面的语句为结构变量 stu1 的成员赋值：

```
stu1.num=102;
strcpy(stu1.name,"Zhang ping");
stu1.score=85;
```

也可以使用 scanf 函数从键盘输入相关数据，为结构变量 stu1 的成员赋值，如下面的语句所示。

```
scanf("%ld", &stu1.num);
scanf("%s", stu1.name);
scanf("%f", &stu1.score);
```

【例 10-2】 请声明一个结构类型 personal，包含姓名、参加工作日期以及工资。再编写一个程序从键盘读取每个人的这些信息，并将这些信息显示出来。

【程序】

```
#include<stdio.h>
struct personal
{
    char name[20];
    int year;
    int month;
    int day;
    float salary;
};
void main()
{
```

```
    struct personal person;                        /*声明结构变量*/
    printf("Please input values of person:\n");
    scanf("%s%d%d%d%f",
        person.name,
        &person.year,
        &person.month,
        &person.day,
        &person.salary);
    printf("name: %s\n",person.name);
    printf("birthday: %d-%d-%d\n",person.year,person.month,person.day);
    printf("salary: %5.1f\n",person.salary);
}
```

【运行】

```
"F:\MYC\Debug\MYC.exe"                                              _ □ ×
Please input values of person:
ZhangLin 1979 3 29 3500
The values of the person:
name: ZhangLin
birthday: 1979-3-29
salary: 3500.0
Press any key to continue
```

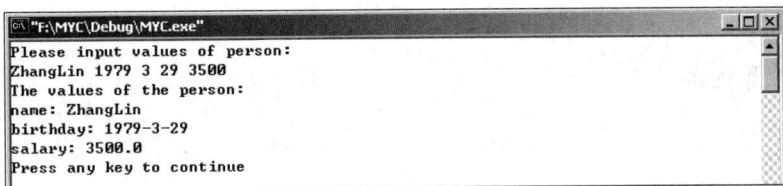

【例 10-3】 编写程序输入 100 个学生的学号、姓名和考试成绩,找出最高分和最低分的学生。

【分析】 将学生的信息声明为一个结构类型。首先分别人为设置一个考试成绩的最大值和最小值,然后采用“打擂比武”的方法,利用 for 循环读入每一个学生的数据,并与人为设置的最大值和最小值进行比较。如果大于最大值,就将当前学生的数据作为最高分。如果小于最小值,就将当前学生的数据作为最低分。重复操作,当 100 个学生的数据读完后,就得到了最高分和最低分。在这里,用到了结构的整体赋值。下面给出它的算法描述。

(1) 首先人为分别设置一个考试成绩的最大值(可设为 0)和最小值(可设为 100)。

(2) 利用 for 循环求最高分,最低分。读入每一个学生的数据,然后与人为设置的最大值和最小值进行比较。

① 读入一个学生的数据。

② 与人为设置的最大值进行比较,如果大于最大值,就将当前学生的数据作为最高分。

③ 与人为设置的最小值进行比较,如果小于最小值,就将当前学生的数据作为最低分。

(3) 将最高分,最低分的学生的信息打印输出。

【程序】

```
#include<stdio.h>
struct student                                     /*声明结构类型*/
{
    int num;
    char name[20];
    int score;
};
```

```
void main()
{
    int i;
    struct student st,stmax,stmin;
    stmax.score=0;
    stmin.score=100;
    for(i=1;i<=100;i++)
    {
        scanf("%d%s%d",&st.num,st.name,&st.score);
        if(st.score>stmax.score) stmax=st;          /*这是整个结构的赋值*/
        if(st.score<stmin.score) stmin=st;
    }
    printf("The max is %5d%15s%5d\n",stmax.num,stmax.name,stmax.score);
    printf("The min is %5d%15s%5d\n",stmin.num,stmin.name,stmin.score);
}
```

3. 结构成员的运算

结构变量的成员也可以像其他变量一样参与运算,即可以使用表达式和运算符进行操作。如:

```
stu1.score+=20;
sum=stu1.score+stu2.score;
```

还可以对整型结构成员进行递增和递减运算。例如:

```
stu1.num++;
++stu1.num;
```

C语言不允许对结构变量进行任何逻辑操作,如果要对它们进行比较,必须比较每一个成员。

【例 10-4】 编写一个程序,逐个比较其中的成员,以确定两个结构变量是否相等。

【程序】

```
#include<stdio.h>
struct student                              /*声明结构类型*/
{
    int num;
    float score;
};

void main()
{
    struct student stu1={111,78};
    struct student stu2={222,89};
    struct student stu3;
    stu3=stu1;                              /*两个结构变量的赋值*/
```

```
    if(stu3.num==stu1.num && stu3.score==stu1.score)    /* 逐个成员的比较 */
    {
        printf("stu1 and stu3 are same\n\n");
        printf("%d %s %f\n",stu3.num,stu3.score);
    }
    else
        printf("\nstu1 and stu3 are diffrent\n");
}
```

10.2.5 结构的嵌套

在 C 语言中允许结构的嵌套,即结构的成员还可以是另一个结构。

例如,如要声明一个学生的结构。

```
struct student{
    int num;
    char name[20];
    char sex;
    int year;
    int month;
    int day;
    float score;
}stu;
```

该结构声明了学生的学号、姓名、性别、出生年月日以及成绩。在这里可以将出生年月日合并在一起,将它们声明为一个子结构,如下所示。

```
struct student
{
    int num;
    char name[20];
    char sex;
    struct date                       /* 声明嵌套结构类型 */
    {
        int year;
        int month;
        int day;
    }birthday;                        /* 声明嵌套结构变量 */
    float score;
}stu1;
```

struct student 结构含有一个名为 birthday 的成员,而 birthday 本身又是一个含有 3 个成员的结构。包含在内部结构中的成员有 year、month 和 day。

C 语言规定只能对最低一级的成员进行赋值、存取、运算及比较等操作,因此,结构中嵌套子结构成员的引用形式为:

结构变量名.成员结构变量名.成员名

所以,上述结构变量 stu1 的嵌套子结构成员可以这样引用:

```
stu1.birthday.year
stu1.birthday.month
stu1.birthday.day
```

而下面的引用则是非法的:

```
stu1.birthday                    /* 这个引用缺少了具体的成员 */
stu1.year                        /* 这个引用缺少了内部结构变量名 birthday */
```

下面的语句是对结构变量 stu1 的嵌套子结构 birthday 的成员进行赋值:

```
stu1.birthday.year=2002;
stu1.birthday.month=10;
stu1.birthday.day=18;
```

另外,在程序设计的过程中也可以用如下方式来声明嵌套的结构:

```
struct date
{
    int month;
    int day;
    int year;
};
struct student{
    int num;
    char name[20];
    char sex;
    struct date birthday;            /* 嵌套子结构 */
    float score;
}stu1;
```

在这个例子中,先声明一个结构类型 struct date,接着又声明了一个结构类型 struct student,在这个结构类型中声明了一个 struct date 类型的变量 birthday 作为它的成员,成为嵌套的结构。

10.2.6 结构中的数组

C 语言允许用数组作为结构的成员。其实,我们已经在前面的例子中用到了结构中的数组,比如上一节 struct student 中的 name 成员。请看下面的例子。

```
struct student
{
    int num;
    char name[20];
```

```
    float score[3];
}stu1;
```

在这个结构中,结构成员 score 有 3 个元素,即 score[0], score[1], score[2]。这些元素可以按照与普通数组元素同样的方式进行访问。例如:

```
scanf("%f",&stu1.score[0]);                    /* 输入 stu1. score[0] */
printf("%5.2f",stu1.score[0]);                 /* 输出 stu1. score[0] */
```

下面通过一个例子来具体说明结构中的数组成员的使用情况。

【例 10-5】 计算一名学生的平均成绩。关于学生的信息包括学号、姓名、出生日期以及 3 门课的考试成绩。计算该学生的平均成绩并输出所有信息。

【分析】 将学生信息声明为一个结构类型,出生日期是嵌套的结构类型成员。3 门课的成绩是有 3 个元素的 float 型数组。首先读入该学生的基本信息(包括学号、姓名、出生日期),然后用 for 循环读入该学生的每门课的成绩,并求出 3 门课的总成绩。最后将总成绩除以 3 计算出 3 门课的平均成绩。下面给出它的算法。

(1) 输入学生的基本信息(包括学号、姓名、出生日期)。

(2) 利用 for 循环读入学生 3 门课的成绩,并将读入的成绩加在 sum 中,得到 3 门课的总成绩 sum。

(3) 将总成绩 sum 除以 3 得出平均成绩。

(4) 输出整条记录和平均成绩。

【程序】

```
#include<stdio.h>
struct date
{
    int year,month,day;
};
struct student
{
    int num;
    char name[20];
    struct date birthday;                      /* 嵌套结构成员 */
    float score[3];
};
void main()
{
    struct student stu1;
    int i;
    float sum=0,aver;
    /* 输入学生基本信息 */
    printf("input information of the student\n");
    printf("input num of the student:");
    scanf("%d",&stu1.num);
    printf("input name of the student:");
```

```
        scanf("%s",stu1.name);
        printf("input birthday of the student(year-month-day):");
        scanf("%d-%d-%d",&stu1.birthday.year,&stu1.birthday.month,&stu1.birthday.day);
        /*输入 3 门课的成绩并求和*/
        printf("input score of 3 courses:");
        for(i=0;i<3;i++)
        {
            scanf("%f",&stu1.score[i]);
            sum=sum+stu1.score[i];
        }

        aver=sum/3;                              /*求出平均成绩*/
        /*输出基本信息和平均成绩*/
        printf("Number:%d\tName:%s\t",stu1.num,stu1.name);
        printf("Birth:%d-%d-%d\n",stu1.birthday.year,stu1.birthday.month,stu1.
        birthday.day);
        printf("Score[0]=%10.2f\n",stu1.score[0]);
        printf("Score[1]=%10.2f\n",stu1.score[1]);
        printf("Score[2]=%10.2f\n",stu1.score[2]);
        printf("Average =%10.2f\n",aver);
    }
```

【运行】

程序执行时显示并输入：

```
input information of the student
input num of the student: 102✓
input name of the student: Zhang ping
input birthday of the student(year-month-day): 1990-2-15✓
input score of 3 courses: 67  78  84✓
```

结果输出：

```
Number:102 _____Name: Zhang ping _Birth: 1988-10-18
Score[0]=_____67.00
Score[1]=_____78.00
Score[2]=_____84.00
Average=_____76.33
```

10.3 结构数组

单个结构类型变量在解决实际问题时的作用并不大。在实际应用中，经常要处理的是具有相同数据结构的一个群体。比如一个班的学生档案，一个单位职工的工资表等。这时可以通过结构数组来存放批量数据。

以同类型结构变量作为元素的数组称为结构数组。结构数组是一种应用十分广泛的数组结构,特别适合于描述人员基本信息、图书目录、商品清单等二维表格。假设表 10.1 所显示的数据需要处理。

表 10.1 员工数据表

员 工 号	员 工 姓 名	员 工 工 资
2033409	Lili	2014.15
2033410	Wanghong	2310.56
2033411	Zhanglei	1890.67
2033412	Luowen	3010.08

在这个员工数据表中,员工号是一个长整型数据,员工姓名是一个字符串,员工工资是一个浮点型数据。如果按照前面章节中所讲的方式来存储这些信息,则所有的员工号需要存储在一个长整型数组中,员工姓名需要存储在一个字符指针数组中,员工工资需要存储在一个浮点型数组中。用这种方式组织数据的时候,表 10.1 中的每一列都被认为是一个存储在自己数组中的单独的列。假如该单位有 110 名员工,则可以定义如下:

```
long person_code[110];
char name[110][30];
double salary[110];
```

在使用这些数组时,每个员工的不同项目之间的相应关系通过它们在每个数组中相同的数组位置来识别的。比如,要输出某一个员工的所有信息,则要访问这 3 个不同的数组。一个员工的所有项目应该是一个完整的记录,所以将这个完整的表分成 3 个独立的数组来存储非常地不方便。这时,我们可以利用结构数组的特点,声明一个结构数组来存入这张表的全部内容。

结构数组与数值型数组的相同之处在于结构数组与数值型数组的元素都相同类型,不同之处在于结构数组中每个元素都是一个结构类型的数据。

10.3.1 结构数组的声明

声明结构数组与声明普通数组的方法相同。例如,表 10.1 的员工数据表可以声明为:

```
struct payrecord
{
    long int num;
    char name[20];
    float salary;
};
struct payrecord employee[110];
```

这里声明了一个名为 employee 的结构数组,它由 100 个元素组成,可以存放 100 个员工的完整信息。结构数组 employee 中的每个元素均声明为 struct payrecord 类型,分别都包含成员变量 num,name 和 salary。

由于 employee 是一个数组,我们就可以使用访问数组元素的方法来访问结构数组中的每一个元素,而结构数组中的每一个元素都是 struct payrecord 类型,所以可以用成员选择运算符来访问它的结构成员。例如,employee[0].num,employee[21].salary。必须注意,employee 数组的每个元素都是一个含有 3 个成员的结构变量。

10.3.2 结构数组的初始化

结构数组的初始化与普通数组的初始化方法相同,可以在声明结构数组的同时指定初值。例如,可以按如下方式声明并初始化一个有 4 个元素的结构数组。

```
struct payrecord
{
    long int num;
    char name[20];
    float salary;
};
struct payrecord employee[3]={{2033409,"Lili",2014.15},
                               {2033410,"Wanghong",2310.56},
                               {2033411,"Zhanglei",1890.67}};
```

也可以按照下面的方式声明并初始化一个结构数组。

```
struct payrecord
{
    long int num;
    char name[20];
    float salary;
}employee[3]={{2033409,"Lili",2014.15},
              {2033410,"Wanghong",2310.56},
              {2033411,"Zhanglei",1890.67}};
```

结构数组在内存中的存储方式与其他数组一样,都是按顺序存放的。所以,经过初始化后结构数组 employee 的实际存储方式如图 10.4 所示。

employee [0].num	2033409
employee [0].name	Lili
employee [0].salary	2014.15
employee [1].num	2033410
employee [1].name	Wanghong
employee [1].salary	2310.56
employee [2].num	2033411
employee [2].name	Zhanglei
employee [2].salary	1890.67

图 10.4 一个名为 employee 的结构数组的存储方式

在初始化结构数组时,也可以不指定数组元素的个数。系统会根据初值的情况,确定结构数组中元素的个数。例如:

```
struct payrecord
{
    long int num;
    char name[20];
    float salary;
};
struct payrecord employee[ ]={{2033409,"Lili",2014.15},
                              {2033410,"Wanghong",2310.56},
                              {2033411,"Zhanglei",1890.67}};
```

系统根据初值的实际情况,确定结构数组中元素的个数为 3。

10.3.3 结构数组元素的引用

引用结构数组的元素与引用普通数组元素的形式完全一样。例如:employee[0]是引用结构数组 employee 的第 0 个元素。每个 employee[i](i=0,1,2,3)等同于一个结构变量。在引用 employee[i]的成员时,employee[i]起着一个结构变量名的作用。

例如,引用结构数组元素 employee[0]中的成员(假定其值如图 10.4 所示)。

```
employee[0].num          (2033409)
employee[0].name         (Lili)
employee[0].score        (2014.15)
```

下面的语句给 employee[0]中的成员赋值。

```
employee[0].num=21008;          (或 scanf("%d",&employee[0].num);)
scanf("%s",employee[0].name);   (或 strcpy(employee[0].name, "Lili");)
                                /*注意:不能用赋值运算赋值*/
employee[0].score=97;           (或 scanf("%f",&employee[0].score);)
```

下面通过几个例子来说明结构数组元素的引用方法。

【例 10-6】 将 4 个职工按照工资由高到低排序,并输出排序后的结果。

【分析】 将职工的基本信息声明为一个结构类型。4 个职工的数据可以保存在结构数组 employee 中。程序中用冒泡排序法对工资进行排序。最后输出排序后的全部职工的信息。

【程序】

```
#include<stdio.h>
struct payrecord
{
    long int num;
    char name[20];
    float salary;
};
void main(void)
{
```

```
struct payrecord employee[4]={{2033409,"Lili",2014.15f},
                                {2033410,"Wanghong",2310.56f},
                                {2033411,"Zhanglei",1890.67f},
                                {2033412,"Luowen",3010.08f}};
int i,j;
struct payrecord temp;
/*用冒泡排序法排序*/
for(i=0;i<4-1;i++)
    for(j=0;j<4-1-i;j++)
        if(employee[j].salary<employee[j+1].salary)    /*比较的是员工的工资*/
        {
            temp=employee[j];
            employee[j]=employee[j+1];
            employee[j+1]=temp;
        }
/*输出排序后的结果*/
    for(i=0;i<4;i++)
        printf("%10ld%20s%10.2f\n",employee[i].num,employee[i].name,
        employee[i].salary);
}
```

【运行】

```
"F:\MYC\Debug\MYC.exe"
    2033412       Luowen     3010.08
    2033410     Wanghong     2310.56
    2033409         Lili     2014.15
    2033411     Zhanglei     1890.67
Press any key to continue
```

【例 10-7】 建立同学通讯录。

【分析】 因为每位同学有很多不同的信息,为方便操作,将同学通讯录声明为一个结构类型 addressbook,可以用两个成员 name 和 phone 存放同学的姓名和电话号码。用结构数组保存所有同学的信息。程序中利用 for 语句,用 gets 函数逐个输入结构数组中每个元素的两个成员。然后又在 for 语句中用 printf 函数逐个输出结构数组中每个元素的两个成员。

【程序】

```
#include<stdio.h>
#define NUM 30
struct addressbook
{
    char name[20];
    char phone[10];
};
void main()
{
    struct addressbook stu[NUM];
```

```
    int i;
    for(i=0;i<NUM;i++)
    {
        printf("input name:");
        gets(stu[i].name);
        printf("input phone number:");
        gets(stu[i].phone);
    }
    printf("\nname\t\t\tphone\n");
    for(i=0;i<NUM;i++)
        printf("%s\t\t\t%s\n",stu[i].name,stu[i].phone);
}
```

10.4 指向结构类型数据的指针

结构类型变量是存放在内存单元中的,因此它也有地址。如果声明了一个结构类型变量,可以用取地址操作符"&"来得到该结构变量的地址。有地址的变量就可以通过指针来访问它。

10.4.1 指向结构类型变量的指针

指向结构类型变量的指针变量声明的一般形式:

`struct 结构名 *结构指针变量名;`

下面通过一个例子来说明指向结构类型变量的指针变量(以下简称为结构指针)的声明和使用方法。

(1)首先声明结构。比如:

```
struct student
{
    char name[20];
    long number;
    float score;
};
```

(2)声明结构类型的变量:

`struct student stu_1;`

(3)声明结构指针变量:

`struct student *p;`

(4)通过取结构类型变量的地址,使指针变量 p 指向结构类型变量:

`p=&stu_1;`

（5）用结构指针访问结构类型变量，通过箭头运算符"－＞"引用结构变量中的成员，其引用形式为：指针变量名－＞成员名，或者（＊指针变量名）.成员名。即，

```
p->score  或者  (*p).score
```

下面通过一个例子具体说明结构指针的声明和使用方法。

【例 10-8】 指向结构类型变量的指针变量的应用。

```
#include<stdio.h>
#include<string.h>
struct student                        /*声明结构 student*/
{
    char*name;
    char sex;
    unsigned long birthday;
    float height;
};
void main()
{
    struct student stu1;
    struct student*point;              /*声明 point 为指向 student 结构的指针*/
    point=&stu1;                       /*将指针 point 指向 student 结构变量 stu1*/
    /*输入学生的相关信息*/
    strcpy(point->name,"Zhu Zheqing");  /*将字符串复制到指针所指向的 name 成员中*/
    point->sex='F';
    point->birthday=19881011;
    point->height=1.69;
    /*输出学生数据*/
    printf("Name=%s\n",stu1.name);
    printf("Sex=%c\n",stu1.sex);
    printf("Birthday=%d\n",(*point).birthday);
    printf("Height=%f\n",point->height);
}
```

【运行】

```
"F:\MYC\Debug\MYC.exe"                                    _ □ ×
Name=        ZhuZheqing
Sex= F
Birthday=  19881011
Height= 1.69
Press any key to continue
```

【说明】

（1）在本例程序中声明了一个结构 struct student，声明了该类型的结构变量 stu1 以及指向该结构类型的指针变量 point。

（2）语句 struct student * point;是声明一个结构指针。

（3）语句 point＝&stu1;是将结构变量 stu1 的内存首地址赋给指针 point，这时结构指

针变量 point 指向 stu1 的首地址，如图 10.5 所示。

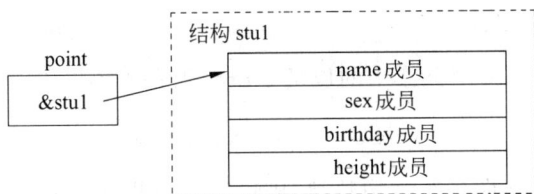

图 10.5　结构指针指向结构变量

（4）strcpy(point—＞name,"Zhu Zheqing")；是利用标准库函数 strcpy 将字符串常量复制到结构变量 stu1 的 name 成员中。

（5）点操作符和箭头操作符可以互换使用，所以访问结构成员的方法有如下 3 种。

① 结构变量名.成员名。

② 结构指针变量名—＞成员名。

③（＊结构指针变量名).成员名。

10.4.2　指向结构数组的指针

一个结构数组元素相当于一个结构变量，因此，访问结构数组元素的成员与访问结构变量的成员具有相同的形式。即可以用指向结构数组的指针变量访问结构类型的数组元素。

指向结构数组的指针变量的声明和使用方法如下。

（1）首先声明结构：

```
struct student
{
    char name[20];
    long number;
    float score;
};
```

（2）再声明结构数组：

```
struct student stu[3];
```

（3）声明指向结构类型变量的指针变量：

```
struct student * p;
```

（4）通过取结构数组的首地址，使指针变量 p 指向结构数组：

```
p=stu;
```

（5）用结构指针访问结构数组，通过箭头运算符"—＞"引用结构类型变量中的成员的引用形式为：

```
指针变量名->成员名
```

或

（＊指针变量名）.成员名。

则引用结构数组 stu 的第 0 个元素中的成员 score 的形式为：

①stu[0].score   ②p->score   ③（＊p）.score

（6）如果一个指针指向一个结构数组，则可以通过指针的移动（＋＋、－－、＋、－），可以达到用结构指针顺序访问和随机访问结构数组元素的目的（若有语句 p＝stu;）：

```
p++;                         /*指针 p 指向 stu[1] */
p=p+2;                       /*指针 p 指向 stu[2] */
```

另外，如果需要访问嵌套结构的成员，则需要用多个"."或"－＞"运算符来逐级访问，直到找到最低一级的成员。例如，若有声明：

```
struct stu
{
    int num;
    char * name;
    struct date
    {
        int year,month,day;
    }birth;
    float score;
}stu[5]={21002,"LiLi",{1988,10,11},89}, * p=&stu;
```

则可用下面 3 种形式访问嵌套结构的成员 year：

①stu[0].birth.year   ②p->birth.year   ③（＊p）.birth.year

下面通过一个例子来具体说明指向结构数组的指针的使用方法。

【例 10-9】 有 5 个学生信息，包括学号、姓名、性别和成绩，将这些信息输出。

【程序】

```
#include<stdio.h>
struct student
{
    int num;
    char * name;
    char sex;
    float score;
};
void main()
{
    struct student stu[5]={{101,"Zhouping",'M',45},
                           {102,"Zhangping",'M',62.5},
                           {103,"Liufang",'F',92.5},
```

```
                          {104,"Chengling",'F',87},
                          {105,"Wangming",'M',58}};
    struct student * ps;
    printf("No\tName\t\t\tSex\tScore\t\n");
    for(ps=stu;ps<stu+5;ps++)
        printf("%d\t%s\t\t%c\t%f\t\n",ps->num,ps->name,ps->sex,ps->score);
}
```

【运行】

```
"F:\MYC\Debug\MYC.exe"
No          Name          Sex      Score
2006101     Zhou ping     M        45.000000
2006102     Zhang ping    M        62.500000
2006103     Liou fang     F        92.500000
2006104     Cheng ling    F        87.000000
2006105     Wang ming     M        58.000000
Press any key to continue
```

【说明】　在本例程序中声明了一个结构 struct student,在 main 函数中声明了该类型的数组 stu 同时进行了初始化,并声明 ps 为指向 struct student 结构的指针。通过取结构数组 stu 的首地址,使指针变量 ps 指向 stu。然后通过循环输出结构数组 stu 中各成员的信息。

指向结构数组的指针变量与指向数组的指针变量的使用方式相同。

如果 stu 的声明如例 10-9 所示,则语句 struct student * p＝stu;表示结构指针变量 p 指向结构数组 stu 的第一个元素。这时 stu＋i、p＋i 与 & stu[i]的意义相同,均表示结构数组的第 i 个元素的地址。那么结构数组第 i 个元素中各成员的引用形式为:(stu＋i)－＞name、(stu＋i)－＞num 和(p＋i)－＞name、(p＋i)－＞num。

如果结构指针变量 p 指向结构数组的某一个元素,则 p＋＋或＋＋p 指向结构数组的下一个元素。例如:

(＋＋p)－＞num 表示先使指针 p 自加 1,指向下一个元素,然后得到它所指向的元素的 num 成员值。

(p＋＋)－＞num 表示先得到 p 指向的元素的 num 成员值,然后使 p 自加 1,指向下一个元素。

虽然一个结构指针变量可以用来访问结构变量或结构数组元素的成员,但是,不能使它指向结构中的一个成员,也就是说不允许将一个结构成员的地址赋予它。因此,下面的赋值是错误的:

```
    p=&stu[1].sex;
```

而只能是

```
    p=stu;
```

即,将结构数组首地址赋予结构指针 p。或者是

```
    p=&stu[0];
```

是将结构数组的 0 号元素的首地址赋予结构指针 p。

10.5　结构与函数

C 语言是函数式的语言,函数的使用是 C 语言的精华。结构和结构指针既可以作为函数的参数,也可以作为函数的返回值返回。将一个结构传递给一个函数有如下 3 种方法。

(1) 将结构变量的每一个成员作为函数调用的实参。

(2) 将整个结构(用结构变量名表示)作为函数的参数。

(3) 将指向结构的指针作为函数的参数。

每种方法都各有其优缺点,下面分别讲述每一种方法。

10.5.1　结构成员作为函数的参数

用结构成员作函数参数与用普通变量作函数参数的用法相同。在这种方法中,将形参说明为结构成员的类型,实参就是对结构成员的引用,参数传递采取“值传递”方式。应该注意使实参与形参的类型保持一致。例如,给定结构声明。

```
struct student
{
    int num;
    char name[20];
    float score;
};
```

则语句:

```
display(stu.num, stu.name, stu.score);
```

传递这个结构成员 stu. num,stu. name,stu. score 的副本给 display 函数。

【例 10-10】　有一个结构变量 stu,内含学生的学号、姓名和 3 门课程的成绩。要求在 main 中赋值,在函数 printf 中打印输出(要求将结构的每一个成员作为函数的参数)。

【程序】

```
#include<stdio.h>
#include<string.h>
struct student
{
    int num;
    char name[20];
    float score[3];
};
void display(int ,char[ ],float[ ]);                /* display 函数原型声明 */
void main()
{
    struct student stu;
    stu.num=12345;
```

```
    strcpy(stu.name, "Lili");
    stu.score[0]=67.5;
    stu.score[1]=89;
    stu.score[2]=78.6;
    display(stu.num, stu.name, stu.score);
}
void display (int n,char na[],float sc[])              /*display 函数声明*/
{
    printf("%d\n%s\n%f\n%f\n%f\n", n, na, sc[0], sc[1], sc[2]);
    printf("\n");
}
```

【说明】 在本程序中,首先声明一个 struct student 结构变量 stu,接着给结构变量的每个成员赋值,最后调用函数 display,将结构的 3 个成员传递给函数。在 display 函数中,接收实际参数的值,将它们输出。

这种方法与普通变量的传递方法相同,是简单的"值传递"。

10.5.2 结构作为函数的参数

在标准 C 语言中,允许用结构变量作为函数参数进行整体传送。一个结构所有成员的副本可以通过结构变量名传递给一个被调用的函数。用结构作函数参数时,需将形参和实参说明为同类型的结构变量。参数传递仍是采取"值传递"的方式。例如,若有函数调用:

```
display(stu);
```

则是传递全部的结构变量 stu 的一个副本给 display 函数。在 display 函数中,必须声明一个该结构类型的形式参数来接收这个结构变量。

下面通过一个例子来具体说明参数这种方法。

【例 10-11】 有一个结构变量 stu,内含学生的学号、姓名和 3 门课程的成绩。要求在 main 中给结构变量赋值,在函数 display 中打印输出该结构变量的值(要求将整个结构作为函数的参数)。

【程序】

```
#include<stdio.h>
#include<string.h>
struct student
{
    int num;
    char name[20];
    float score[3];
};
void display(struct student);              /*形参为 struct student 结构类型*/
void main()
{
    struct student stu;
```

```
        stu.num=12345;
        strcpy(stu.name, "Lili");
        stu.score[0]=67.5;
        stu.score[1]=89;
        stu.score[2]=78.6;
        display(stu);                       /*实参为 struct student 结构类型变量*/
    }
    void display(struct student dispst)
    {
        printf("%d\n%s\n", dispst.num, dispst.name);
        printf("%f\n%f\n%f\n", dispst.score[0], dispst.score[1], dispst.score[2]);
        printf("\n");
    }
```

【说明】 在本程序中,首先声明一个 struct student 结构变量 stu,接着给 stu 的每个成员赋值,最后调用函数 display,将结构变量 stu 作为实参传递给函数。在 display 函数中,struct student 结构类型的形参 dispst 用来接收实参的值,并将它们输出。

前面这两种方法是将结构的全部成员逐个传送给被调用函数,时间和空间的开销增大,特别是结构成员是数组时将会使传送的时间和空间开销很大,严重地降低了程序的效率,仅适用于较小的结构,因此程序设计时一般较少采用这种方法。但由于形参是实参的副本,在被调用函数中对形参结构的修改将不会影响主调函数中实参结构的值。所以,在不需要修改实参结构值的场合,这两种方法是适用的。

10.5.3 将指向结构的指针作为函数的参数

传递一个结构的副本的另一个方法是传递一个结构的地址,即将指向结构的指针作为函数的参数。这时,需要将形参说明为与实参类型相同的结构指针,实参为结构变量的地址。这时,参数传递采取的是"地址传递"的方式,传送的是结构变量的地址。请看下面的例子。

【例 10-12】 有一个结构变量 stu,内含学生学号、姓名和 3 门课程的成绩。要求在 main 中为结构变量的成员赋值,在函数 display 中将它们输出(要求将结构变量的指针作为函数的参数)。

【程序】

```
#include<stdio.h>
#include<string.h>
struct student
{
    int num;
    char name[20];
    float score[3];
};
void display (struct student * );           /*形参是结构指针*/
```

```
void main()
{
    struct student stu;
    stu.num=12345;
    strcpy(stu.name, "Lili");
    stu.score[0]=67.5;
    stu.score[1]=89;
    stu.score[2]=78.6;
    display(&stu);                      /*实参是结构变量的地址*/
}
void display(struct student * ps)
{
    printf("%d\n%s\n ", ps->num, ps->name);
    printf("%f\n%f\n%f\n", ps->score[0], ps->score[1], ps->score[2]);
    printf("\n");
}
```

【说明】 在本程序中,首先声明一个 struct student 结构变量 stu,接着给 stu 的每个成员赋值,最后调用函数 display,将 stu 的首地址作为实参传递给该函数。在 display 函数中,声明一个 struct student 结构类型的指针 * ps,接收实参的值(即 stu 的地址),并通过该指针将该结构变量的成员全部输出。

该方法是用结构指针变量作为函数的参数进行传送。这时由实参传向形参的只是结构变量的地址,减少了时间和空间的开销,适合于较大的结构。但在被调用函数中通过指针对结构的值所做的修改就是对主调函数中的实参结构进行的修改。

10.5.4 结构和结构指针作为函数的返回值

通过返回值的方式也可以在函数间传递结构。当一个函数的返回值是一个结构时,称之为结构型函数。当一个函数的返回值是一个结构指针时,称之为结构指针型函数。

结构型函数的声明形式为:

struct 结构名 函数名(形参表)

例如:

```
struct student input(struct student stu)
{
    ...
    return stu;
}
```

结构指针型函数的声明形式为:

struct 结构名 * 函数名(形参表)

例如:

```
struct student * copyinfo(struct student stu)
{
    ...
    return &stu;
}
```

因为将结构传递给函数时,函数使用的是结构的副本,因此,在函数中对结构成员的任何修改不能反映到初始结构中。因此,需要函数将整个结构返回给主调函数。Visual C++的编译器支持这种方法,但并不是所有的编译器都支持这种方法。

【例 10-13】 写一个函数 copyinfo1,将学生信息复制生成一个新的学生信息。

【程序】

```
#include<stdio.h>
#include<string.h>
struct student
{
    int num;
    char name[20];
    float score;
};
struct student copyinfo1(int,char * ,float);      /* 函数类型是 struct student 结构 * /

void main()
{
    struct student stu1={101,"Liping",85},stu2;
    stu2=copyinfo1(stu1.num,stu1.name,stu1.score);
    printf("num=%d\tname=%s\tscore=%f\n",stu2.num,stu2.name,stu2.score);
}
struct student copyinfo1(int n,char * na,float sc)
{
    struct student st;
    st.num=n;
    strcpy(st.name,na);
    st.score=sc;
    return st;
}
```

【运行】

```
num=101 ⌴name=Li Ping ⌴⌴⌴⌴score=85.000000
```

【说明】 在本例中,main 函数声明了两个 struct student 结构类型的变量 stu1 和 stu2,并且为 stu1 的成员赋了初值。在调用 copyinfo1 函数时,stu1 的 3 个成员分别被复制到形参 n,na 和 sc 中,从 copyinfo1 函数返回时,返回值是由 n,na 和 sc 构成的一个新的 struct student 类型的结构,由函数返回的结构被赋予同类型的结构变量 stu2,然后在 main 中输出 stu2 的各个成员。

该例表明,由函数返回的结构必须赋予一个同类型的结构变量,只有这样才能够访问到在函数中对结构成员赋了新值的结构。

【例 10-14】 写一个函数 copyinfo2，将学生信息复制生成一个新的学生信息。要求函数的形参是结构，返回值是指向该结构的指针。

【程序】

```
#include<stdio.h>
#include<string.h>
struct student
{
    int num;
    char name[20];
    float score;
};
struct student * copyinfo2(struct student);

void main()
{
    struct student stu1={101,"Liping",85}, * ps;
    ps=copyinfo2(stu1);
    printf("num=%d\tname=%s\tscore=%f\n",ps->num,ps->name,(* ps).score);
}
struct student * copyinfo2(struct student stu2)
{
    static struct student newst;
    newst.num=stu2.num;
    strcpy(newst.name,stu2.name);
    newst.score=stu2.score;
    return &newst;
}
```

【说明】 在本例中，main 函数中声明了一个 struct student 结构类型的变量 sut1 以及指向该结构类型的指针变量 * ps。函数 copyinfo2 的形参是 struct student 结构变量，该函数的类型是 struct student 结构指针。copyinfo2 函数的返回值在 main 函数中被赋予同类型的结构指针 ps，在 main 中再通过 ps 引用其结构成员。

局部静态变量 newst 用于保存复制的结果，newst 的地址就是函数 copyinfo2 的返回值。由于 newst 是局部变量，为了保证在返回到 main 函数后能够通过指针访问到这个结构，newst 必须说明为静态存储结构。

10.6 单链表

10.6.1 静态数据结构和动态数据结构

在程序设计的过程中，许多实际问题涉及的数据之间具有线性关系，即数据之间是一个跟一个的前后关系。例如，如果要选择合适的数据结构存放一批学生的学号及考试成绩，这些数据之间就具有线性关系。对于具有线性关系的数据集,在 C 语言中采用一维数组表示。采用数组存放同类数据,给程序设计带来了较大方便,增强了程序的灵活性。数组类型采用的是静态存储分配方式。它具有下面两个主要特点。

(1) 在声明数组类型变量时要明确地指出所包含的元素数量。在 C 语言中,要求表示数组元素数量的量是一个整型常量,也就是说,在每次程序运行时,无法通过用户的输入确定数组元素的数量。

(2) 系统按照给定的常量为数组类型变量分配一片连续的内存空间。其中,数组的下标代表数据在线性序列中的位置。利用下标可以快速地在数组中定位。当在某个位置插入一个新的数据时,需要将后面的所有数据向后移动一个位置。当删除某个位置上的数据时,需要将后面的所有数据向前移动一个位置。

所以可以得出下面的结论:采用数组类型存储具有线性关系的数据集合,其优点是容易查找给定位置的数据;其缺点是无法根据需求动态地确定数组元素的数量,插入或删除数据时需要移动其他数据。

前面所讲述的各种基本类型和导出类型数据的数据结构都是静态的。静态数据结构是通过对变量的说明建立的,变量所占用的存储空间的大小是在变量说明时由系统分配的,而且在程序的执行过程中是不能改变的,访问静态数据对象可以用变量名也可以用指向变量的指针。

C 语言还提供了动态存储分配的方式,可以随时调整数组的大小,以满足不同问题的需要,从而很好地避免了上述问题的产生。

动态数据结构是在程序运行的过程中,根据需要随时调用系统提供的动态存储分配函数申请存储空间逐步建立起来的。其存储空间在程序执行过程中是可以改变的,可以随时申请空间,也可以随时释放空间(交还给系统)。由于存储空间并不是一次性申请得到的,所以数据之间占用的存储空间有可能不连续。因此对于每一个数据来说,在存储数据值的同时还要保存在这个数据之后的数据的存储位置。访问动态数据结构只能通过指针。

图 10.6 表示的是单链表的结构。

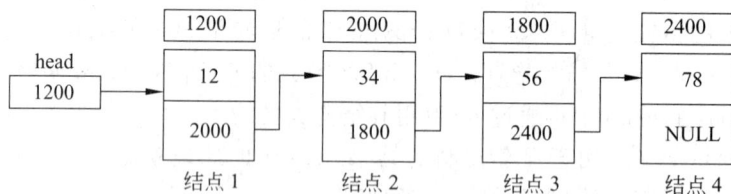

图 10.6 单链表的结构

链表的每一个元素称为一个"结点"。每个结点就是一个结构变量,不同的结点具有相同的类型。结点由数据域和指针域两个部分组成。数据域存放各种实际的数据,如学号 num、姓名 name、性别 sex 和成绩 score 等。指针域存放下一个结点的地址,即指向下一个结点的指针。结点和结点之间通过指针连接成一个数据整体。最后一个结点称为"表尾",尾结点由于无后续结点,不再指向其他的元素,故表尾结点的指针为空(NULL)。访问动态数据结构的元素只能通过存放在上一个元素中的指针进行。

单链表有一个"头指针"head,它存放链表第一个结点的首地址,它没有数据,只是一个指针变量。从图 10.6 中我们可以看到它指向链表的第一个元素。

在链表中头指针是访问链表的重要起点。无论在链表中访问哪一个节点,都需要从链头开始,顺序向后查找。通过头指针找到第一个结点,通过第一个结点中的"指针"找到下一个结点,以此类推。链表如同一条铁链一样,一环扣一环,中间是不能断开的。

由于每个结点包含数据域和指针域两部分内容,所以链表中的结点采用结构表示。结构变量成员可以是数值类型、字符类型、数组类型,也可以是指针类型。我们用指针类型成员来存放下一个结点的地址。下面是链表结点的数据结构声明:

```
struct node
{
    int num;
    struct node * next;
};
```

其中成员 num 用于存放结点自身的数据,成员 next 是指针类型,指向与结点类型完全相同的下一个结点。在链表结点的数据结构中,非常特殊的一点就是结构内的指针域的数据类型使用了未声明成功的数据类型。结构中不允许嵌套定义(即在结构中包含自身结构),但可以包含指向自身结构的指针。这是在 C 语言中唯一规定可以先使用后声明的数据结构。

需要注意的是,上述声明只是声明了一个结构类型,并未分配存储空间,只有声明了该结构的变量后系统才分配相应的内存单元。

一个结点中可以含有一个或多个指向结构自身的指针,因而结点之间可以连接成不同形式的动态数据结构,如单链表、双向链表、二叉树等,它们在应用软件和系统软件设计中是非常有用的数据结构。本节将以简单的数据为例说明链表的建立、结点的引用、链表的输出以及结点的插入、删除、修改和查找等基本操作。

10.6.2 C 语言的动态存储分配函数

1. 动态存储分配函数及功能

动态数据结构的各个结点是在程序运行的过程中由动态存储分配函数动态地建立起来的。在 C 语言中,提供了以下函数实现存储空间的动态分配和释放。因为动态存储分配函数的原型是在头文件 malloc.h 和 stdlib.h 中定义的,所以在使用这些函数时必须在程序中包含这两个头文件中的任意一个。

1) malloc 函数
其函数原型为:

```
void * malloc(size_t size);
```

malloc 函数在内存的动态存储区中分配一个长度为 size 的连续空间,并返回指向该空间起始地址的指针。若分配失败(比如系统不能提供所需的内存空间),则返回空指针 NULL。新分配的区域没有初始化。

注意:size_t 是在<stddef.h>中定义的 unsigned 的别名。

我们可以用该函数为一维数组申请动态存储空间。例如：

```
a=(int * ) malloc(10 * sizeof(int));
```

在内存中为长度 10 的整型数组申请了存储空间。

2）free 函数

其函数原型为：

```
void free(void * p);
```

free 函数释放指针 p 所指向的内存空间,使这部分的内存区域能够被其他程序使用。当 p 的值为 NULL 时,该函数不执行任何操作。p 必须指向最近一次调用 malloc 函数分配的空间。free 函数没有返回值。

2. 动态存储分配函数的用法

在使用动态存储分配的存储区域之前,必须检查函数返回的指针是否有效。如果返回的指针不是空指针,则存储区域分配成功,就可以通过该指针使用已经分配的存储区域。否则,存储区域分配失败,不能进行正常的处理,此时可终止程序的运行,或返回到调用处,根据具体情况进行相应的出错处理。例如：

```
# include<stdlib.h>
#define SIZE 100
…
int * p;
if((p=(int * )malloc(SIZE))==NULL)
{  <出错处理>  }
else
{  <正常处理>  }
```

【例 10-15】 下面的程序用 malloc 函数申请一个 student 结构的存储空间,然后输入该结构的信息,最后输出所有的数据,并释放内存。

```
# include<stdio.h>
# include<stdlib.h>                              /* ①包含头文件 */
struct student
{
    int num;
    char * name;
    char sex;
    float score;
};
void main()
{
    struct student * ps;                         /* ②说明结构指针变量 */
    ps=(struct student * )malloc(sizeof(struct student));  /* ③申请存储空间 */
    if(ps==NULL)                                 /* ④检查返回指针的有效性 */
```

```
    {
        printf("Out of Memory!\n");
        exit(-1);                               /*指针无效,终止程序运行*/
    }
    /*⑤存储区域分配成功,通过指针使用存储区域*/
    ps->num=102;
    ps->name="Zhangping";
    ps->sex='M';
    ps->score=62.5;
    printf("Number=%d\nName=%s\n",ps->num,ps->name);
    printf("Sex=%c\nScore=%8.2f\n",ps->sex,ps->score);
    free(ps);                                   /*⑥释放存储区域*/
}
```

【说明】 在本例中,首先声明了一个结构类型 struct student,声明了指向 struct student 结构类型的指针变量 ps。然后向内存申请一块 struct student 大小的内存区,并把首地址赋予 ps,使 ps 指向该区域。再用指针变量 ps 为各成员赋值,并输出各成员的值。最后用 free 函数释放 ps 所指向的内存空间。

整个程序包括包含头文件、说明结构指针变量、申请内存空间、检查返回指针的有效性、使用内存空间、释放内存空间 6 个步骤。一般的动态分配程序都是由这 6 个步骤来完成的。

10.6.3 单链表

链表是一种可以实现动态分配存储空间的数据结构,它不需要一组地址连续的存储单元,而是用一组任意的,甚至是在存储空间中零散分布的存储单元存放数据。

可以将它类比成一"环"接一"环"的链条,每一"环"视作一个结点,结点串在一起形成链条,如图 10.7 所示。

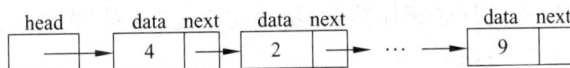

图 10.7 单链表

这种数据结构非常灵活,结点的数目不需要事先指定,可以临时生成。每个结点都有自己的存储空间。结点间的存储空间也可以不连续,结点之间的串联由指针来完成,指针的操作极为灵活方便,习惯上称这种数据结构为动态数据结构。

这种结构最大的优点是插入和删除结点方便,无须移动大批数据,只需修改指针的指向即可完成。

在该链表中,链表的结点含有一个指向自身的指针,用于连接其他结点。整个链表有一个头指针 head,头指针指向链表的第一个元素,称为链头。最后一个元素的指针域不指向任何元素,以空指针 NULL 表示,该元素称为链尾。

下面的声明和语句可以描述一个含 3 个结点的单链表。

```
struct node
```

```
    {
        int data;
        struct node * next;
    };
    struct node a,b,c, * head=&a;
    a.next=&b;
    b.next=&c;
    c.next=NULL;
```

在该链表中,a 为头结点,b 为中间结点,c 为尾结点,因而 a、b 和 c 首尾相接。

按结点连入链表的方式不同,链表分为"先进后出"链表和"先进先出"链表两种。先进后出链表结点的连入方式为最先建立的结点为链尾,最后建立的结点为链头,称为"栈"式链表;先进先出链表结点的连入方式为最先建立的结点为链头,最后建立的结点为链尾,称为"队列"式链表。本节主要以"队列"式链表为例介绍单链表的主要操作:建立、删除、插入和遍历输出。

1. 单链表的创建和输出

所谓建立动态链表是指,在程序执行过程中从无到有地建立起一个链表,即一个一个地开辟结点,输入各结点数据,并建立起前后相连的关系。

建立链表的过程可以想象成在一个空表(即一个结点也没有)内不断添加新结点的过程。下面通过一个例子来说明如何建立一个动态链表。

【例 10-16】 建立一个链表存放输入的整数。使链表中从链头至链尾的结点排列顺序正好和整数的输入顺序相同(称为先进先出链表或"队列",即最先建立的结点为链头,最后建立的结点为链尾)。

【分析】 该程序的关键是建立第一个结点,建立链表的过程就是重复执行建立第一个结点的过程直到输入的数据为 0。最先建立的结点是链头,将其地址保存在头指针中,它的建立不能包含在循环中,必须在循环之前先建立第一个结点。然后通过不断地往第一个结点前面插入新的结点的方式建立其他结点,从而建立起"队列"式链表。

建立第一个结点的步骤如下。

(1) 说明头指针(head),并使其具有初值 NULL,并说明一个暂时保存当前新建结点存储地址的指针(p)。

```
struct node * head=NULL, * p;
```

(2) 为新建的结点分配内存,并使 p 指向该结点。

```
p=(struct node * )malloc(sizeof(struct node));
```

(3) 将数据存入新建的结点,并使新建的结点指向链表中第一个结点。

```
scanf("%d",&p->data);
p->next=head;
```

(4) 使新建的结点成为新的链头。

```
head=p;
```

（5）使链尾指针指向新建的结点。

```
tail=p;
```

建立其余结点的步骤如下。

（1）同第一个结点的步骤（1）。为新建的结点分配内存，并使 p 指向该结点。

```
p=(struct node * )malloc(sizeof(struct node));
```

（2）同第一个结点的步骤（2）。将数据存入新建的结点，并使新建的结点成为链表中最后一个结点，即链尾。

```
scanf("%d",&p->data);
p->next=NULL;
```

（3）使链尾指向新建结点（即将新建结点连接到上一次建的结点之后）。

```
tail->next=p;
```

（4）同第一个结点的步骤（4）。使链尾指针指向新建的结点。

```
tail=p;
```

（5）判断是否有后续结点要接入链表，若有转到（1），否则结束。

经过上述步骤就可以建立"队列"式链表。

逐个读取链表中所有结点的过程称为遍历链表。输出链表中所有结点需要遍历链表，在输出链表的过程中需要一个指针用于指向链表的当前结点（称其为遍历指针）。遍历链表的方法和步骤如下。

（1）使遍历指针 p 指向链头。
（2）如果链表不为空，输出当前结点。否则转（5）。
（3）每输出一个结点之后修改 p 的值，使 p 指向下一个结点。
（4）转向（2）。
（5）结束。

【程序】

```
#include<stdio.h>
#include<stdlib.h>
struct node                              /*声明链表的数据结构*/
{
    int num;
    struct node * next;
};

void main(void)
{
    struct node * head=NULL, * tail, * p;
    int n;
    printf("input numbers end of 0:\n");
```

```
        scanf("%d",&n);
        if(!n)
            return;
        /*建立第一个结点*/
        p=(struct node*)malloc(sizeof(struct node));      /*申请新结点*/
        p->num=n;
        p->next=head;                                     /*使新的结点成为链头*/
        head=p;
        tail=p;                                           /*用tail指向链尾*/
        scanf("%d",&n);
        while(n)                                          /*输入结点的数值不为0*/
        {
            p=(struct node*)malloc(sizeof(struct node));
            p->num=n;
            p->next=NULL;                                 /*使新建立的结点连入链尾*/
            tail->next=p;
            tail=p;                                       /*使tail指向新的链尾*/
            scanf("%d",&n);
        }
        /*遍历输出链表*/
        p=head;
        while(p!=NULL)
        {
            printf("%5d",p->num);
            p=p->next;
        }
    }
```

【运行】

输入：35 19 22 18 201 0
输出：⎵⎵⎵35⎵⎵⎵19⎵⎵⎵22⎵⎵⎵18⎵⎵201

如果将例10-16中建立链表的算法定义成函数，为了使从函数返回后head指向新建立的链表，则可以用头指针变量作为函数的返回值，故应将函数说明为指针函数。

【例10-17】 用函数实现例10-16中的建立链表的功能，将该函数说明为指针函数。

【程序】

```
#include<stdio.h>
#include<stdlib.h>
struct node                                           /*声明链表的数据结构*/
{
    int num;
    struct node * next;
};
struct node * createlist(void);
```

```
void main(void)
{
    struct node * head, * p;
    head=createlist();                      /* 调用 createlist 函数建立链表 */
    p=head;
    while(p!=NULL)
    {
        printf("%5d",p->num);
        p=p->next;
    }
}
struct node * createlist(void)              /* 函数返回的是与结点相同类型的指针 */
{
    struct node * head=NULL, * tail, * p;
    int n;
    printf("input numbers end of 0:\n");
    scanf("%d",&n);
    if(!n)
        return NULL;
    /* 建立第一个结点 */
    p=(struct node * )malloc(sizeof(struct node));     /* 申请新结点 */
    p->num=n;
    p->next=head;                           /* 使新的结点成为链头 */
    head=p;
    tail=p;                                 /* 用 tail 指向链尾 */
    scanf("%d",&n);
    while(n)
    {
        p=(struct node * )malloc(sizeof(struct node));
        p->num=n;
        p->next=NULL;                       /* 使新建立的结点连入链尾 */
        tail->next=p;
        tail=p;                             /* 使 tail 指向新的链尾 */
        scanf("%d",&n);
    }
    return head;                            /* 返回链表的头指针 */
}
```

【说明】 在本例中，将结构 node 声明为外部类型，这样程序中的各个函数均可使用该声明。creatlist 函数用于动态建立一个有 n 个结点的链表，它是一个指针函数，返回指向 node 结构的指针。在 creatlist 函数中，首先输入结点的数据，如果输入的数据不为 0，则用 malloc 函数建立新结点，同时成为第一个新结点，将新结点连接到表头，使头指针 head 指向新结点，同时使 tail 指向新的链尾。

如果输入的值不为 0，但不是第一个结点，就将该节点连接到链尾，使尾指针 tail 指向新结点。重复上述工作，直到输入的数据的值为 0，结束链表的创建。

也可以将输出链表的过程用一个函数来实现,函数的定义如下所示。

```
void display(struct node * head)        /* 输出以 head 为头的链表各结点的值 */
{
    struct node  * p;
    p=head;                             /* 取得链表的头指针 */
    while(p!=NULL)                      /* 遍历链表 */
    {
        printf("% 6d",p->num);          /* 输出链表结点的值 */
        p=p->next;                      /* 使指针变量 p 指向下一个结点 */
    }
}
```

2. 删除单链表的一个结点

删除链表的结点指若某结点数据域的值满足给定的条件,则将该结点删除。删除链表的结点有两个原则:(1)删除操作不应破坏原链接关系。(2)删除结点前,应该有一个删除位置的查找子过程。

在删除一个结点时可以遇到以下 3 种情况。

(1) 链表为空。这时不需要做任何事情,直接返回即可。

(2) 链表头就是要删除的结点。这时先用一个指针 p 暂存此结点,再让链表头指向相邻的下一个结点,最后将 p 结点释放。

```
p=head;
head=p->next;
free(p);
```

(3) 要删除的结点不在链表头。这时,要查找该链表中是否有要删除的结点,如果没有则返回,如果有则删除。

如果找到要删除的结点(指针为 p),为了不破坏原链表的链接关系,要将该结点的上一个结点链接到该结点的下一个结点上,这时需要一个用于记录遍历过程中结点 p 的上一个结点的指针 last。

```
p=head;
while(p->data!=x&&p->next!=NULL)
{
    last=p;
    p=p->next;
}
```

下面通过一个例子说明单链表的删除操作。

【例 10-18】 以前面建立的动态链表为例,编写一个删除链表中指定结点的函数 delete。

【分析】 当链表中结点的值与指定值相同时,将其从链表中删除。由前述可知,从链表中删除一个结点有 3 种情况,即链表为空、删除链表的头结点、删除链表的中间结点。由于删除的结点可能在链表的头,会造成链表的头指针丢失,所以函数返回值声明为结构类型的指针。

链表删除操作的具体步骤如下。

(1)声明一个指针变量 p 指向链表的头结点。

(2)判断链表是否为空,如果为空,则从函数返回。如果不为空,则转到(3)。

(3)用循环从头到尾依次查找链表中各结点并与要删除的值进行比较,若相同,则查找成功退出循环。

(4)判断该结点是否为表头结点,如果是使 head 指向第二个结点,如果不是使被删结点的前一结点指向被删结点的后一结点。

删除函数如下所示。

```
int delete(struct node * head,int x)      /* 以 head 为头指针,删除 x 所在结点 */
{
    struct node * p, * last;
    if(head==NULL)                        /* 如为空表,输出提示信息 */
    {
        printf("empty list!\n");
        return 0;                         /* 从函数返回 */
    }
    p=head;
    while(p->num!=x && p->next!=NULL)
                    /* 当不是要删除的结点,而且也不是最后一个结点时,继续循环 */
    {
        last=p;                           /* last 指向当前结点,p 指向下一结点 */
        p=p->next;
    }
    if(p->num==x)                         /* 找到要删除的结点 */
    {
        if(p==head)             /* 被删结点是第一个结点,则使 head 指向第二个结点 */
            head=p->next;
        else
            last->next=p->next;           /* 否则使 last 所指结点的指针指向下一结点 */
        free(p);                          /* 释放空间 */
        return 1;
    }
    return 0;                             /* 没有找到要删除的结点 */
}
```

3. 在单链表中插入一个结点

链表的插入是指将一个结点插入到一个已经排好序的链表当中。

新结点插入到链表中必须遵循以下原则:(1)插入操作不应破坏原有的链接关系。(2)插入的结点应该在它该在的位置,即应该有一个插入位置的查找过程。

下面通过一个例子说明单链表的插入操作。

【**例 10-19**】 以前面建立的动态链表为例,编写一个函数,能够在链表中指定位置插入一个结点。

【**分析**】 要在一个链表的指定位置插入结点,要求链表本身必须已按某种规律排序。例如,在前面的整数数据链表中,要求按整数顺序(假定链表已经按照升序排序)插入一个结点。将要插入的结点依次与链表中各结点相比较,寻找插入位置。结点可以插在表头、表中或表尾。

结点的插入过程中存在以下几种情况:(1)如果原表是空表,只需使链表的头指针 head 指向被插结点即可。(2)如果被插结点值最小,则应插入第一结点之前,这种情况下使头指针 head 指向被插结点,被插结点的指针域指向原来的第一结点即可。(3)如果在链表中某位置插入,使插入位置的前一结点的指针域指向被插结点,使被插结点的指针域指向插入位置的后一结点即可。(4)如果被插结点值最大,则在表尾插入,使原表末结点指针域指向被插结点,被插结点指针域置为 NULL。

由于插入的结点可能在链头,会对链表的头指针造成修改,所以函数的返回值声明为返回结构类型的指针。

函数如下所示。

```c
struct node * insert(struct node * head,int x)
{
    struct node  * last, * current, * p;
    p=(struct node * )malloc(sizeof(struct node));        /* 建立一个新结点 */
    p->num=x;
    if(head==NULL)                                        /* 空表插入 */
    {
        head=p;
        p->next=NULL;
    }
    else
    {
        current=head;
        while((x>current->num)&&(current->next!=NULL))    /* 找插入位置 */
        {
            last=current;
            current=current->next;
        }
        if(x<=current->num)
            if(head==current)                             /* 在第一结点之前插入 */
            {
                p->next=head;
                head=p;
            }
            else                                          /* 在其他位置插入 */
            {
                p->next=curent;
```

```
                last->next=p;
            }
        else                                            /*在链表尾插入*/
        {
            current->next=p;
            p->next=NULL;
        }
    }
    return head;                                         /*返回链表的头指针*/
}
```

10.7　联合

在实际问题中有很多数据对象在不同的情况下拥有不同类型的成员。例如在学校的教师和学生需填写包含姓名、年龄、职业和单位等数据项的表格,其中"职业"项可以是教师或学生。对学生要求在"单位"填入班级编号,而教师则要求在该项填入某系某教研室。其中班级编号用整型量表示,教研室用字符类型表示。如何把这两种不同类型的数据都填入"单位"这个变量中? 遇到这种情况,我们往往把"单位"变量声明为联合类型,该类型包含整型和字符型数组两种类型的数据。

10.7.1　联合的声明

联合是一种特殊的结构,它的特点是两个或多个变量共享内存中的相同区域。一个联合类型的变量由多个成员组成,但这些成员并不同时存在,而是在不同时刻拥有不同的成员,在同一时刻仅拥有其中的一个成员。

声明联合类型的一般形式为:

```
union 联合类型名
{
    成员表列
};
```

例如:

```
union personinfo
{
    int class;
    char office[10];
};
```

声明了一个名为 personinfo 的联合类型,它含有两个成员,一个为整型,成员名为 class;另一个为字符数组,数组名为 office。同结构一样,这里声明的联合类型只是一种"模型",其中并没有具体的数据,因此系统也没有给他分配任何的存储单元。要引用联合类型中的各成员,还必须声明联合类型的变量。声明为一个联合数据类型的变量能够用于容纳字符变量、整型变量、双精度变量或任何其他有效的 C 语言数据类型。这些类型中的每一个能够被赋值给联合变量,但是同一时刻只能有一个起作用。

10.7.2　联合变量的说明

联合变量的说明方法和结构变量的说明方式相同,也有 3 种形式。以 personinfo 类型为例,说明如下。

(1) 先声明联合类型再声明联合变量。比如:

```
union personinfo
{
    int class;
    char office[10];
};
union personinfo a,b;                    /*说明 a,b 为 personinfo 类型*/
```

(2) 在声明联合类型的同时声明联合变量。比如:

```
union personinfo
{
    int class;
    char office[10];
}a,b;
```

(3) 直接声明联合类型变量。比如:

```
union
{
    int class;
    char office[10];
}a,b;
```

虽然联合与结构数据类型在形式上非常相似,但其表示的含义及存储过程是完全不同的。下面通过一个例子分析一下两者的区别。

【例 10-20】　结构和联合的区别。

【程序】

```
#include<stdio.h>
struct stud                              /*结构*/
{
    int a;
    float b;
    double c;
    char d;
};
union data                               /*联合*/
{
```

```
    int a;
    float b;
    double c;
    char d;
};
void main()
{
    printf("%d,%d",sizeof(struct stud),sizeof(union data));
}
```

【运行】

15,8

程序的输出说明结构类型中各成员有各自的内存空间,一个结构变量所占的内存空间为其各成员所占存储空间之和。而联合类型中各成员共享一段内存空间,实际占用存储空间为在这个联合中存储空间最大的成员所占的存储空间。详细说明如图 10.8 所示。

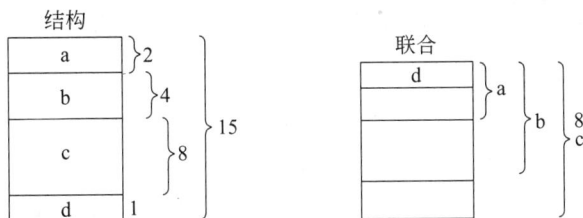

图 10.8   联合类型和结构类型占用存储空间的比较

这里所谓的共享并不是指把多个成员同时装入一个联合变量内,而是指该联合变量可被赋予任一成员值,但每次只能赋一种值,新值赋入就覆盖了原来的旧值。比如前面提到的"单位"变量,如果声明为一个包含整型类型的"班级"成员和字符数组类型的"教研室"成员的联合类型后,就允许赋予联合类型变量成员为整型值或字符串,但不能同时赋予这两种类型。

10.7.3   联合变量的引用

对联合成员的引用与结构成员的引用方式相同,可以是下列形式之一。

(1) 联合变量名.成员名

(2)(＊指向联合变量的指针).成员名

(3) 指向联合变量的指针－＞成员名

例如,若声明联合类型变量为:

```
union data                    /＊联合＊/
{
    int a;
    float b;
    double c;
```

```
        char d;
    }mm;
```

那么,以下这些成员的引用方式都是正确的:

```
mm.a
mm.b
mm.c
mm.d
```

但是要注意的是,由于联合各成员共用同一段内存空间,使用时在某一时刻只能根据需要使用其中的某一个成员,不能同时引用 4 个成员。其特点是方便程序设计人员在同一内存区对不同数据类型的交替使用,增加灵活性,节省内存。

【例 10-21】 对联合变量的使用。

【程序】

```c
#include<stdio.h>
union data
{
    int a;
    float b;
    double c;
    char d;
};
void main()
{
    union data mm;
    mm.a=6;
    printf("%d\n",mm.a);
    mm.c=67.2;
    printf("%5.1lf\n",mm.c);
    mm.d='W';
    mm.b=34.2;
    printf("%5.1f,%c\n",mm.b,mm.d);
}
```

【运行】

```
"F:\MYC\Debug\MYC.exe"
6
67.2
34.2,?
Press any key to continue
```

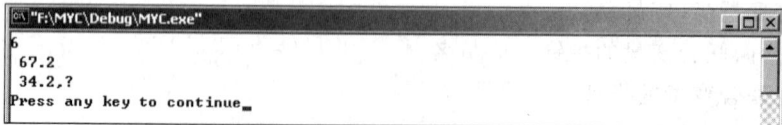

【说明】 程序最后一行的输出有些出人预料。其原因是连续赋值 mm.d='W'; mm.b=34.2;后,最终保存在联合内存单元的数值是 34.2。因此当输出成员 mm.d 时,它是 char 类型,只占一个字节的空间,而在其后赋值的成员 mm.b 是 float 类型,占 4 个字节,所以只取 mm.b 中低 8 位的值输出,对应的 ASCII 符号为"?"。

通过这个例子,说明联合变量中的值是最后一次存放的成员的值。

10.7.4 联合与结构的区别与联系

联合是一种特殊的结构,它与结构的相同之处有以下几点。

(1) 声明方式相同。除了将关键字 struct 换成 union 以外,结构的各种声明方式都可以用来声明联合。联合的成员可以是任何类型的数据,包括基本类型、指针、数组、结构或联合类型。

(2) 引用成员的方式相同。联合变量也有地址,可以用 & 运算符对联合取地址,也可以说明指向联合的指针,可以用"."或"->"运算符来访问联合的成员。

(3) 赋值方式相同。联合也不能进行整体赋值、输入和输出,但同类型的联合变量可以作为一个整体相互赋值。

(4) 结构和联合可以相互嵌套,即结构可以是联合的成员,联合也可以是结构的成员。

(5) 同结构变量一样,联合变量名和联合的指针可以作为函数的参数,也可以作为函数的返回值。

联合和结构的区别有以下几点。

(1) 存储结构。结构的各个成员各自占用自己的存储单元,各有自己的地址,各个成员所占的存储单元的总和就是结构的长度。联合的各个成员则占用共同的存储单元,其中占用最多存储单元的成员的长度就是联合的长度,联合的各个成员的地址都是同一地址。因此,一个联合中可能有若干个不同类型的成员,但在每一时刻只有一个成员起作用,即最近一次存放的成员起作用。

(2) 初始化。联合变量的初始化形式与数组和结构的初始化形式相同。但由于联合在同一时刻只有一个成员起作用,因此只能对联合的第一个成员初始化。例如:

```
union data
{
    int i;
    char ch;
    float f;
};
union data a={100};                    /*正确*/
union data a={1,'a', 1.5};             /*错误*/
```

由于对联合的初始化没有多大意义,一般不用初始化方法给联合赋值。

(3) 成员的地址。结构各成员的地址互不相同,只有第一个成员的地址与结构变量的地址相同;联合所有成员的地址相同,都等于联合变量的地址。

【例 10-22】 假设有一个教师和学生的统一表格,教师数据有姓名、性别、年龄、职业和教研室等。学生有姓名、年龄、职业和班级等。编程输入人员数据,再以表格的形式输出。

【分析】 程序中用一个结构数组来存放人员数据,该结构共有 4 个成员。其中学生数据的 class(班级)和教师数据的 office(教研室)类型不同,但在同一表格中,因此考虑使用联合数据类型保存该项人员数据。下面给出它的算法。

（1）声明一个结构数组 person 来存放人员数据。

（2）调用函数来输入人员的信息。利用 for 语句,输入人员的各项数据。

① 先输入结构的前 3 个成员。

② 判别 job 成员项,如为's'则对学生赋班级编号;否则对教师赋教研室名。

③ 继续输入,直到循环结束。

（3）利用 for 语句,调用函数来输出人员的信息。

① 判别 job 成员项,如为's'则将学生的信息输出,其中的 category 成员按照班级编号输出;否则将教师的信息输出,其中的 category 成员按照教研室名输出。

② 继续输入,直到循环结束。

【程序】

```c
#include<stdio.h>
#define NUM 10
struct pp
{
    char name[20];
    char sex;
    int age;
    char job;
    union
    {
        int classes;
        char position[10];
    }category;
};
void input(struct pp person[],int n);
void print(struct pp person[],int n) ;
void main(void)
{
    struct pp person[NUM];
    input(person,NUM);
    print(person,NUM);
}
void input(struct pp person[],int n)
{
    int i;
    for(i=0;i<n;i++)
    {
        printf("请输入姓名、性别、年龄、学生/教师:\n");
        scanf("%s %c %d %c",person[i].name, &person[i].sex,\
                    &person[i].age,&person[i].job);
        if(person[i].job=='s')
        {
            printf("请输入学生的班级: ");
```

```
            scanf("%d",&person[i].category.classes);
        }
        else if(person[i].job=='t')
        {
            printf("请输入教师所在的教研室：");
            scanf("%s",person[i].category.position);
        }
        else
            printf("input error!\n");
    }
}
void print(struct pp person[],int n)
{
    int i;
    printf("Name      sex age job    class/position\n");
    for(i=0;i<n;i++)
    {
        if(person[i].job=='s')
            printf("%-10s%-3c%-6d%-3c%-6d\n",person[i].name,\
            person[i].sex,person[i].age, person[i].job,person[i].category.classes);
        else
            printf("%-10s%-3c%-6d%-3c%-6s\n",person[i].name,\
            person[i].sex,person[i].age,person[i].job,person[i].category.position);
    }
}
```

【说明】 该程序在 struct pp 结构中嵌套着一个联合成员 category,通过其 job 成员区分输入的人员的类型。根据不同类型的人员为联合变量输入不同的值,如果是学生,则输入班级信息 classes,如果是老师则输入所在的教研室 position。

使用联合有助于编写独立于机器的或可移植的代码。因为编译程序自动跟踪着组成联合的变量的实际大小,因此不依赖于机器,无须关心整数、字符、浮点等类型的大小。

习题 10

10.1 声明一个名为 time 的结构,它包含 3 个整数成员：hour、minute 和 second。编写一个程序,提示用户输入当前的时、分和秒,并按如下格式显示：13:04:25。

10.2 修改 10.1 题的程序,使用一个函数来给成员输入值,另一个函数显示输入的时间。

10.3 修改 10.2 题,将输入成员的值声明成函数,函数的返回值是 10.1 题设计的结构。

10.4 输入两个时间,用函数实现比较两个时间是否相同。若相同返回 1,否则返回 0。

10.5 声明一个名为 date 的结构,包含年、月、日 3 个成员。编写一个程序,完成以下任务。

(1) 用一个函数输入年、月、日,并放入日期结构变量中。

(2) 用另一个函数来验证输入的日期是否合法。

(3) 用一个函数显示该日期。

10.6 设计一个函数 update,接收 10.5 题中的 date 结构,完成递增一天的功能。

10.7 为 10.5 题增加一个名为 adddate 的函数,该函数接收两个参数,一个为包含当前日期的结构,另一个为整数,表示要加到当前日期中的天数。函数的功能是把天数加到当前日期中去,并返回包含下一个正确日期的结构。

10.8 输入 n 个学生的姓名、性别及成绩,并分别找出男学生的前 3 名及女学生的前 3 名。要求程序至少由 3 个函数组成。(1)主函数,输入学生个数 n,开辟内存空间,组织调用其他函数,输出统计结果。(2)输入函数,输入 n 个学生的数据。(3)统计函数,统计男女学生成绩的前 3 名。

10.9 有 10 个学生,每个学生的信息包括学号、姓名、3 门课的成绩,从键盘输入 10 个学生的信息,要求打印出 3 门课的总平均成绩,以及最高分的学生的信息(包括学号、姓名、3 门课的成绩,平均分数)。

10.10 输入 n 个会议代表的姓名、工作单位及年龄,输出排除不合格代表后所剩下的所有代表的数据。合格的条件是:年龄在 18~50 岁之间,每个单位只能有一个代表。

10.11 输入一行字符,建立一个先进先出链表,链表的每个结点含有输入的一个字符,最后输出链表中的所有字符。

10.12 修改 10.11 题,要求将输出链表中所有字符的功能用函数实现,函数的参数是链表的头指针。

10.13 修改 10.12 题,增加统计链表中结点个数并输出统计结果的功能。将此功能定义成函数,函数的参数是链表的头指针,返回值是统计的结果。

10.14 编写程序实现以下功能。

(1) 输入一批数据,建立该批数据的一个单链表。

(2) 对该链表中的数据进行排序。

(3) 输入 1 个新数据,将该数据插入到链表的适当位置,要求链表中的数据仍保持有序。

(4) 输入 1 个数据,要求在链表中查找该数据,找到则返回指向链表中该结点的指针,找不到给出提示。

(5) 输入 1 个数据,要求如果在链表中找到该数据则删除该结点。

要求以上功能均用函数实现。

10.15 有两个链表 a 和 b,设结点中包含学号、姓名。从链表 a 中删除与链表 b 中有相同学号的那些结点。

10.16 试编一主函数将建立链表、删除结点、插入结点的函数组织在一起,并输出全部结点的值。

第11章 文　　件

所谓"文件"是指一组相关数据的有序集合。C 语言支持一些函数能够执行基本的文件操作。本章首先介绍文件的基本概念、文件指针的概念以及文件的打开与关闭,然后介绍文本文件和二进制文件的顺序读写方法和随机读写方法。

本章重点:

(1) 文件指针的概念。

(2) 文件的打开与关闭方法。

(3) 文本文件的顺序读写和随机读写方法。

(4) 二进制文件的顺序读写和随机读写方法。

本章难点:

(1) 文件的打开与关闭方法。

(2) 文件的随机读写方法。

11.1　文件概述

所谓"文件"是指一组相关数据的有序集合。这个数据集有一个名称,叫做文件名。在前面的各章中已经多次使用了文件的概念,例如源程序文件、目标文件、可执行文件、库文件(头文件)等。文件通常是驻留在外部介质(如磁盘、光盘等)上的,在使用时才调入内存中来。

以前各章中所用到的输入和输出,都是通过诸如 scanf 和 printf 之类的函数从键盘读取数据和向显示器写数据。这些是基于控制台的 I/O 函数,总是使用终端(键盘和屏幕)作为目的地。这种方法只要数据不多,都可以很好地工作。但是,在很多实际问题中需要用到大量的数据,这时基于控制台的 I/O 操作就会出现两个问题:一是通过终端来处理大量的数据非常费时,二是当程序终止或关机时,所有输入的数据以及正在处理的数据都会丢失。

针对这两个问题,C 语言使用文件来解决,即把数据存储在磁盘文件中,需要时再从文件中读取。C 语言支持一些函数,执行文件的命名、文件的打开、从文件中读取数据、往文件中写数据以及文件的关闭等基本的文件操作。

在 C 语言中,有两种方法来执行文件操作,一种是低级 I/O,使用 UNIX 系统调用,另一种是高级 I/O,使用 C 语言的标准 I/O 库函数。本章将介绍 C 标准函数库中用于文件处理的各种函数,如表 11.1 所示。

表 11.1　C 语言的 I/O 函数

函　数　名	执行的操作
fopen	创建一个文件或打开一个已有的文件
fclose	关闭一个已打开的文件
fgetc	从文件中读取一个字符
fputc	往文件中写入一个字符
fprintf	往文件中写入一个格式化的数据值集
fscanf	从文件中读取一个格式化的数据值集
fseek	将文件指针定位在指定的位置
ftell	给出文件的当前位置
rewind	将文件指针重新定位在文件的开头

11.2　文件的分类

从操作系统角度来看,每一个与主机相连的输入输出设备都看作是一个文件,终端键盘是输入文件,显示器和打印机是输出文件。下面从不同的角度对文件进行分类。

(1) 从用户的角度看,文件可分为普通文件和设备文件两种。

普通文件是指驻留在磁盘或其他外部介质上的一个有序数据集,可以是源文件、目标文件、可执行程序;也可以是一组待输入处理的原始数据,或者是一组输出的结果。比如源文件、目标文件、可执行程序称为程序文件,输入输出数据称为数据文件。

设备文件是指与主机相连的各种外部设备。如显示器、打印机、键盘等。在操作系统中,外部设备是看作一个文件来进行管理的,对它们的输入、输出等同于对磁盘文件的读和写。通常把显示器定义为标准输出文件,把键盘定义为标准输入文件。一般情况下在屏幕上显示有关信息就是向标准输出文件输出。比如前面经常使用的 printf 和 putchar 函数就是这类输出。从键盘上输入就意味着从标准输入文件上输入数据。比如 scanf 和 getchar 函数就属于这类输入。

(2) 按存储的形式不同,文件可分为 ASCII 码文件和二进制码文件两种。

ASCII 文件也称为文本文件,这种文件在磁盘中存放时每个字符对应一个字节,用于存放对应的 ASCII 码。例如,数 1234 的存储形式如图 11.1 所示,共占用 4 个字节。二进制文件是按二进制的编码方式来存放文件的。例如,数 1234 的存储形式为:00000100 11010010,只占两个字节。

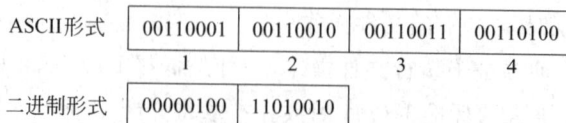

图 11.1　1234 的两种存储形式

ASCII 码文件可在屏幕上按字符显示,例如源程序文件就是 ASCII 文件,用文本编辑软件可以显示文件的内容。由于是按字符显示,因此能读懂文件内容。但这种文件一般占有较多的存储空间。

二进制文件以二进制形式存放数值,可以节省外存空间和转换时间。二进制文件虽然也可在屏幕上显示,但其内容无法读懂。

C 系统在处理文件时,并不区分文件的类型,把数据都看成是一连串的字符,即字符流(stream)。对文件的存取以字符(字节)为单位,按字节进行处理。输入输出字符流的开始和结束只由程序控制而不受物理符号(如回车符)的控制。因此也把这种文件称为"流式文件"。

(3) 按照操作系统对磁盘文件的读写方式,文件可以分为缓冲文件系统和非缓冲文件系统。

缓冲文件系统就是操作系统在内存中为每一个正在使用的文件开辟一个读写缓冲区。输出数据时先将数据送到缓冲区中,当缓冲区装满后才输出到磁盘等外部介质上。同样,输入数据时先从磁盘文件中的数据送到缓冲区中,当缓冲区装满后再从缓冲区逐个地将数据送到程序数据区。

而非缓冲文件系统操作系统不自动开辟确定大小的缓冲区,由程序为每个文件设定缓冲区。

在 ANSI C 标准中,对文件的处理采用的是缓冲文件系统。

11.3　文件类型指针

由前文可知,在 C 语言中,文件是以数据流的方式保存的。对文件的存取以字符(字节)为单位,一个字节一个字节地进行访问和读写操作。如果希望能够随机地对文件中的任何一个字节进行访问,就需要有一个能够很方便地改变当前读写位置的变量。显然指针变量可以较灵活地实现上述操作。因此对流中的数据的操作是通过文件指针实现的。所谓文件指针就是指向一个文件的指针变量。通过文件指针就可对它所指的文件进行各种操作。一个文件对应一个文件指针。

如果要把数据存放在磁盘文件中,必须向操作系统指定文件的相关信息,主要包括:文件类型、文件名以及文件的打开方式。

文件类型定义为 FILE,它是在<stdio.h>中定义的结构类型,用户在编程中不必关心FILE 的细节。文件使用之前必须声明为 FILE 类型的指针变量,以便通过它与文件建立起链接关系。

定义说明文件指针的一般形式为:

```
FILE  *指针变量标识符;
```

则定义一个文件型指针变量为:

```
FILE  * fp;
```

关于文件类型的指针有以下几个方面需要注意。

(1) FILE 应为大写。在缓冲文件系统中,每个被使用的文件都在内存中开辟一个区,用来存放文件的有关信息(如文件名、文件状态及文件当前位置等),这些信息就被保存在FILE 类型的结构体变量中。但是,在编写源程序时并不需要关心 FILE 结构的细节。

（2）fp 是指向 FILE 结构的指针变量，通过 fp 可找到存放某个文件信息的结构变量，然后按该结构变量提供的信息访问该文件，可实现对文件的读写操作。习惯上把 fp 称为指向一个文件的指针变量或文件指针。如果有 n 个文件，一般应设 n 个文件指针变量，使它们分别指向这 n 个文件。

文件操作的一般步骤为：①打开文件，建立 FILE 指针与文件的联系。②调用标准输入输出函数，通过 FILE 指针对文件进行读写操作。③当不再使用文件时，关闭文件，切断文件指针与文件的联系。

11.4 文件的打开与关闭

在 C 语言中，文件的打开、关闭、读、写、定位等各种操作都是由标准库函数来完成的。这些函数被定义在头文件<stdio.h>中。在本节内将介绍主要的文件操作函数。

11.4.1 标准文件

标准文件是指每一个 C 程序的运行过程中，由系统自动打开并自动关闭的 3 个文件，它们是标准输入文件（文件名为 stdin）、标准输出文件（文件名为 stdout）和标准输入输出错误文件（文件名为 stderr）。

标准输入文件对应于终端键盘，标准输出文件和标准输入输出错误文件对应于终端显示器。例如：标准输入函数 getchar 和 scanf 就是从标准输入文件 stdin 读取数据，标准输出函数 putchar 和 printf 就是向标准输出文件 stdout 写数据。所有的标准文件都是系统预定义的，使用时只需直接使用，并不需要由用户程序打开和关闭。

11.4.2 文件的打开与关闭函数

1. 文件的打开函数

打开文件将通知编译系统 3 个信息：（1）使用的文件指针。（2）需要打开的文件名。（3）使用文件的方式。

在 ANSI C 标准中，用 fopen 函数打开文件。

打开文件的一般格式为：

```
FILE * fp;
fp=fopen ("filename", "mode");
```

其中，fp 为"指向 FILE 类型的指针变量"，filename 是要打开文件的文件名。mode 是指文件的打开方式，它规定了打开文件的目的。

该函数的功能是：打开由文件名指定的文件，并将被打开文件的指针赋给 FILE 类型的指针 fp。该指针包含了文件的所有信息，可以用做系统与程序之间的通信。

文件名是一个字符串，它是操作系统的一个合法文件名，包括基本名称和扩展名。文件名一般是字符串常量、字符数组或字符型指针。文件名也可以带路径，如果不指明路径，则表示文件在当前盘当前目录下。例如：test. txt、student. dat、store、prog. c。

当打开一个文件时,必须指定要对文件进行操作的方式。打开文件方式 mode 是一个字符串,可以为字母 r,w,a,b 和加号(+)的组合,如表 11.2 所示。

表 11.2 使用文件的方式

读 写 方 式	含 义	读 写 方 式	含 义
"r"	打开文本文件(只读)	"r+"	打开文本文件(读、覆盖写)
"w"	建立文本文件(只写)	"w+"	打开文本文件(先写后读)
"a"	打开文本文件(追加)	"a+"	打开文本文件(读、追加)
"rb"	打开二进制文件(只读)	"rb+"	打开二进制文件(读、覆盖写)
"wb"	建立二进制文件(只写)	"wb+"	打开二进制文件(先写后读)
"ab"	打开二进制文件(读、追加)	"ab+"	打开二进制文件(读、追加)

r 表示打开的文件只能用于读取数据,w 表示打开的文件只能用于写入数据,a 表示打开的文件可以在文件尾添加数据,b 表示打开的文件是二进制文件(缺省 b 时默认为文本文件)。加号(+)表示打开的文件既可以读、也可以写,但从读操作转为写操作(或从写操作转为读操作)时,必须先调用 fflush 函数或者定位函数。

例如,下面的语句：

```
FILE * fp;
fp=fopen("file1.txt","r");
```

表示在当前盘当前目录下以"读(r)"方式打开文本文件 file1. txt,同时使指针变量 fp 指向该文件。

又例如,下面的语句：

```
FILE * fp;
fp=fopen("c:\\student.dat","rb");
```

表示打开 C 盘根目录下的二进制文件 student. dat,只允许按二进制方式进行读操作。其中,两个反斜线"\\"表示根目录。

文件的打开与关闭需要注意以下几个问题。

(1) 用读(r)方式打开文件时,该文件必须已经存在,而且只能从该文件读出数据,否则打开文件不成功。

(2) 用写(w)方式打开文件时,只能往该文件写数据。如果打开的文件不存在,则以指定的文件名建立该文件;如果打开的文件已经存在,则将原文件删去,重新建立一个新文件。

(3) 如果希望在一个已存在的文件的末尾追加新的信息(同时不希望删除原有数据),可用"a"方式打开文件。但要求该文件必须已经存在,否则将会出错。打开时,文件位置指针自动移到文件末尾。

(4) fopen 函数把文件正常打开后,返回文件在内存中的起始地址,并把该地址赋给文件指针,从而建立起文件和文件指针之间的联系。此后对文件的操作就可以通过文件指针进行,而不再使用文件名。如果不能打开指定的文件(比如用"r"方式打开一个并不存在的文件,或磁盘已满无法建立新文件等),该函数将返回一个空指针值 NULL。因此,在编程的过程中可以通过判断文件指针的值是否等于 NULL 来检验文件是否正常打开,并做相应的处理。如下面的程序段所示。

```
#include<stdio.h>
#include<stdlib.h>                      /*用于 exit 函数 */
…
FILE * fp;
if((fp=fopen("test.txt", "r"))==NULL)
{
    printf("cannot open file %s\n","test.txt");
    exit(0);
}
```

这段程序的意义是,用读方式在当前盘当前目录打开一个名为 test.txt 的文本文件,并检查打开文件是否成功。如果打开文件时返回的是空指针,表示打开指定文件失败,则显示提示信息"cannot open file test.txt",然后调用 exit 函数终止程序的执行。exit 函数的作用是关闭所有文件,退出程序的执行,返回操作系统。

(5) 把一个文本文件读入内存时,要将 ASCII 码转换成二进制码,而把文件以文本方式写入磁盘时,也要把二进制码转换成 ASCII 码,因此文本文件的读写要花费较多的转换时间。对二进制文件的读写则不存在这种转换。

2. 文件的关闭函数

文件一旦使用完毕,应使用关闭文件函数把打开的文件关闭, 以避免文件的数据丢失等错误。

在 ANSI C 标准中,对文件的处理采用的是缓冲文件系统。在向文件写数据时,是先将数据输出到缓冲区,等缓冲区充满后才输出到文件中。如果缓冲区还没有填满,而程序运行又已经结束,这时保存在缓冲区中的数据就来不及写到文件中,造成数据丢失的情况发生。如果在程序运行结束前关闭打开的文件,它先将缓冲区中的数据输出到文件中,然后才释放文件指针变量,这样就可以避免数据丢失的问题。

在 ANSI C 标准中,用 fclose 函数关闭文件。关闭文件的一般格式为:

fclose (文件指针);

fclose 函数正常完成关闭文件操作时,函数返回值为 0,否则返回 EOF(−1)。文件关闭后,文件指针与文件名脱钩,就不能对该文件进行读和写的操作了,但这个文件指针可以再与其他文件建立新的连接关系。

例如,关闭上面的例子中打开的文件 test.txt:

fclose(fp);

通常,当程序正常运行结束时,系统也会自动关闭所有已经打开的文件。但是,我们应该养成良好的编程习惯,只要文件使用完毕就立即关闭文件。

3. C 语言中文件操作的步骤

综上所述,对文件进行读写操作时一般都包含 6 大步骤,具体方法如下。

(1) 包含头文件: ♯include＜stdio.h＞

(2) 说明文件指针: FILE ＊fp;

(3) 打开文件,获得文件指针: fp＝fopen("filename","mode")

(4) 检查打开文件是否成功:

```
if(fp==NULL)
{    /＊不成功,做出错处理,并退出程序＊/    }
else
{    /＊成功,执行步骤(5)＊/    }
```

(5) 调用读、写函数,通过 fp 存取文件,并进行所需的处理。

(6) 关闭文件: fclose(fp)。

下面通过一个例子来说明文件操作的步骤。

【例 11-1】 复制文本文件,即将从源文件中读取信息并将这些信息写到目标文件中。

【程序】

```
#include<stdio.h>              /＊(1)包含头文件＊/
#include<stdlib.h>             /＊用于 exit 函数＊/
void main()
{
    FILE    ＊fp1, ＊fp2;       /＊(2)说明文件指针＊/
    char ch;
    if((fp1=fopen("source.txt","r"))==NULL)
        /＊(3)以读方式打开源文件,获得文件指针。(4)并检查打开文件是否成功＊/
    {
        printf("cannot open file%s\n","source.txt");
        exit(0);
    }
    if((fp2=fopen("target.txt","w"))==NULL)
        /＊以写方式打开目标文件,获得文件指针,并检查打开文件是否成功＊/
    {
        printf("cannot open file %s\n","target.txt");
        exit(0);
    }
    /＊(5)调用读、写函数,通过文件指针存取文件＊/
    while((ch=fgetc(fp1))!=EOF)
        fputc(ch,fp2);
    fclose(fp1);                /＊(6)关闭文件＊/
    fclose(fp2);
}
```

11.5　文本文件的顺序读写

当文件按指定的工作方式打开以后,就可以通过调用读写函数对它进行读写操作了。C语言允许对文件进行顺序和随机存取。顺序存取时,数据顺序写入,顺序读出。不需要对文件指针精确定位,不要求每个数据项具有相同的长度。

C语言的读写函数往往针对不同的数据对象,采用不同的数据格式。一般采用文本文件和二进制文件的两种不同性质,对文本文件来说,可按字符读写或按字符串读写;对二进制文件来说,可进行成块的读写或格式化的读写。下面对文本文件的读写方式进行介绍。二进制文件的读写方式将在11.6节介绍。

一般,"可见"的文件就是文本文件,比如采用各种文本编辑器输入的文件、按文本方式输出的文件等都是文本文件。存放一个ASCII代码,代表一个字符。例如,一个int型的整数12 345,它在内存中占2字节。若以二进制形式存放,按书写形式每个字符占用一个字节,它在文本文件中将占5个字节。该数在写入文本文件时,要将内存中2个字节的二进制数转换成5个字节的ASCII代码。反之,从文本文件读入内存时,要将这5个字符转换成2个字节的二进制数。

文本文件的优点是可以直接阅读,而且由于ASCII代码标准统一,文件易于移植。其缺点是输入输出都要进行转换,效率低下。

在C语言中提供了多种读写文本文件的函数。例如:

(1) 字符读写函数 : fgetc 和 fputc。

(2) 字符串读写函数: fgets 和 fputs。

(3) 格式化读写函数: fscanf 和 fprinf。

在使用以上函数前,要求在程序的开始处包含头文件<stdio.h>。另外,C语言还提供几个用于测试标准输入输出函数执行状态的函数,它们的功能及调用如下。

(1) 文件结束检测函数(feof 函数): 也叫文件尾测试函数。

feof 函数的调用形式为:

```
feof(fp);
```

其中,参数 fp 是已经打开文件的 FILE 指针,该函数用于在执行对 fp 文件的 I/O 操作之后,判断文件的读写指针是否已经指向文件结束位置。如果是,则返回值为 1,否则为 0。

feof 函数一般用于测试输入文件(二进制文件或文本文件)是否结束,而文件尾结束标志 EOF 只能用于测试文本文件是否结束。所以测试二进制文件是否结束只能用 feof 函数。

(2) 读写文件出错检测函数(ferror 函数): 错误测试函数。

ferror 函数的调用形式为:

```
ferror(fp);
```

其中,参数 fp 是已经打开文件的 FILE 指针,该函数用于测试对 fp 文件的 I/O 操作是否出错。如返回值为 0 表示没有出错,否则表示 I/O 操作出错。

下面的关系表达式通常用于控制文件的读操作：

```
!feof(fp) && !ferror(fp)
```

如果该表达式结果为非 0，则当前读写位置不是文件尾，且最近一次执行的文件 I/O 操作正常。

11.5.1　字符读取函数

C 语言中字符读取函数有 fgetc 和 getc 两个函数。fgetc 和 getc 是两个功能完全相同的函数。其调用格式为：

```
字符变量=fgetc(文件指针);
字符变量=getc(文件指针);
```

其功能是以字符（字节）为单位从指定的文件中读取一个字符，如果读取正确，返回读取的字符；如果读取错误或遇到文件结束标志 EOF 时，返回 EOF。例如：

```
ch=fgetc(fp);
```

表示从打开的文件 fp 中读取一个字符并送入字符变量 ch 中。

fgetc 函数调用中，读取的文件必须是以读或读写方式打开的。

在文件内部有一个位置指针，用来指向文件的当前读写字节。在文件打开时，该指针总是指向文件的第一个字节。使用 fgetc 函数后，该位置指针将向后移动一个字节。因此可连续多次使用 fgetc 函数，读取多个字符。

注意：文件指针和文件内部的位置指针不是同一个指针。文件指针是指向整个文件的，必须在程序中定义说明，只要不重新赋值，文件指针的指向是不变的。文件内部的位置指针用来指示文件内部的当前读写位置，每读写一次，该指针均向后移动，它不需在程序中定义说明，而是由系统自动设置的。

【例 11-2】　从文件 file1.txt 中读入文件的内容，并在屏幕上输出该文件的内容。

【程序】

```
#include<stdio.h>
#include<stdlib.h>
void main()
{
    FILE * fp;
    char ch;
    if((fp=fopen("file1.txt","r"))==NULL)
    {
        printf("Cannot open file: file1.txt ");
        exit(0);
    }
    while (!feof(fp)&&!ferror(fp))
    {
```

```
        ch=fgetc(fp);
        putchar(ch);
    }
    fclose(fp);
}
```

11.5.2 写字符函数

C 语言中写字符函数有 fputc 和 putc 两个函数。fputc 和 putc 是两个功能完全相同的函数,其调用格式为:

```
fputc(字符变量,文件指针);
putc(字符变量,文件指针);
```

其功能是把一个字符写入指定的文件中,如果执行成功,返回所写的字符,否则返回 EOF。例如:

```
fputc(ch,fp);
putc(ch,fp);
```

表示把字符变量 ch 中的字符写入 fp 所指向的文件中。

该函数使用时要注意以下几个方面。

(1) 被写入的文件可以用写、读写,追加方式打开。

(2) 每写入一个字符,文件内部位置指针向后移动一个字节。

(3) fputc 函数有一个返回值,如写入成功则返回写入的字符,否则返回一个 EOF。

【例 11-3】 从键盘输入若干字符,将它们存放在磁盘上的文件 file1.txt 中。

【程序】

```
#include<stdio.h>
#include<stdlib.h>
void main()
{
    FILE  * fp;
    char ch;
    if((fp=fopen("file1.txt ","w"))==NULL)          /*以写方式打开文件*/
    {
        printf("Cannot open file");
        exit(0);
    }
    while((ch=getchar())!=EOF)
        fputc(ch,fp);                               /*将从键盘输入的字符写入打开的文件中*/
    fclose(fp);
}
```

11.5.3　字符串读取函数

C语言还可以从磁盘文件中读取一个字符串,字符串读取函数 fgets 的调用形式为:

```
fgets(s, n, fp);
```

其中,s 为字符数组名或字符型指针用于存放读入的字符串;n 是一个正整数,用于指定读入的字符的个数(不超过 $n-1$ 个字符);fp 是已经打开的文件的指针。

该函数的功能是从指定的文件中读一行(包括换行符"\n")到字符数组 s,并在末尾添加一个字符串结束标志"\0"。如果一行字符的数目多于 n 个,则至多读入 $n-1$ 个字符。如果在读入 $n-1$ 个字符之前遇到"\0"、换行符或 EOF,读入立即结束。如果执行成功,返回值是读取的字符串的指针 s。否则,遇到文件尾或出错时返回空指针 NULL。例如:

```
fgets(str,n,fp);
```

表示从 fp 所指向的文件中读出 $n-1$ 个字符送入字符数组 str 中。

下面通过一个例子说明字符串读取函数的使用方法。

【例 11-4】　从 file1.txt 文件中读入一个含 10 个字符的字符串,并将其显示在屏幕上。

【程序】

```
#include<stdio.h>
#include<stdlib.h>
void main()
{
    FILE * fp;
    char str[11];
    if((fp=fopen("file1.txt","r"))==NULL)
    {
        printf("Cannot open file:file1.txt!");
        exit(0);
    }
    fgets(str,10,fp);                           /*读入字符串*/
    printf("%s",str);                           /*输出字符串*/
    fclose(fp);
}
```

11.5.4　写字符串函数

写字符串函数 fputs 的调用形式为:

```
fputs(s, fp);
```

其中,s 为字符数组名、字符串常量或字符型指针,fp 是已经打开的文件的指针。

该函数的功能是将一个字符串写入指定的文件,如果执行成功,返回一个非负数,否则

返回 EOF。其中字符串可以是字符串常量,也可以是字符数组名或字符指针变量。例如:

```
fputs("abcd", fp);
```

表示把字符串"abcd"写入 fp 所指的文件之中。

【例 11-5】 从键盘输入一个字符串,追加在文件 file1.txt 的末尾,并将新文件显示在屏幕上。

【程序】

```
#include<stdio.h>
#include<stdlib.h>
void main()
{
    FILE * fp;
    char ch,str[20];
    if((fp=fopen("file1.txt","a+"))==NULL)        / * 用追加方式打开磁盘文件 * /
    {
        printf("Cannot open file: file1.txt ");
        exit(0);
    }
    printf("input a string:\n");
    scanf("%s",str);
    fputs(str,fp);
    rewind(fp);                                   / * 重新定位读写指针到文件开头 * /
    while(!feof(fp))
    {
        ch=fgetc(fp);
        putchar(ch);
    }
    printf("\n");
    fclose(fp);
}
```

【说明】 本例子要求在 file1.txt 文件的末尾添加字符串,因此在程序中先以追加读写文本文件的方式打开文件 file1.txt。然后输入一个字符串 str,并用 fputs 函数把该字符串写入文件中。然后用 rewind 函数把文件内部位置指针移到文件开始,再逐个显示当前文件中的全部内容。

rewind 函数的作用是将文件位置指针重新放在文件的开头,当文件由"读"转为"写"或由"写"转为"读"时就要重新设置文件的位置指针到文件的开头。

11.5.5 格式化读写函数

格式化读写函数 fscanf 和 fprintf 函数与前面学习的 scanf 和 printf 函数的功能相似,都是用于格式化输入和输出多个数据。它们的区别在于 scanf 和 printf 函数的读写对象是键盘和显示器,fscanf 和 fprintf 函数的读写对象是磁盘文件。

1. 格式化输入函数

C 语言中格式化输入函数是 fscanf。fscanf 函数的调用形式为：

```
fscanf(文件指针,格式字符串,输入表列);
```

其中,格式字符串与 scanf 函数相同。该函数的功能是从指定的文件中按指定的格式读出一批数据,并赋给输入表列中的各项。如果函数执行成功,返回输入项的个数;如果遇到文件尾,返回 EOF;如果赋值失败,返回 0。

2. 格式化输出函数

C 语言中格式化输出函数是 fprintf。fprintf 函数的调用形式为：

```
fprintf(文件指针,格式字符串,输出表列);
```

其中,格式字符串与 printf 函数相同。该函数的功能是将输出表列中的各个数据按指定的格式写入指定的文件中。如果函数执行成功,返回实际写入文件的字符个数;若出现错误,返回负数。例如：

```
fscanf(fp,"%d%f",&i, &t);
```

如果磁盘文件中有字符"3 4.5",则将磁盘文件中的数据 3 送给变量 i,数据 4.5 送给变量 t。

```
fprintf(fp,"%2d%3c",j,ch);
```

其作用就是将整型变量 j 和字符型变量 ch 的值按％2d 和％3c 的格式输出到由 fp 指定的文件中。

下面通过一个例子说明格式化输入输出函数的使用。

【例 11-6】 已知磁盘文件 file1.txt 中存放着 10 个整数,将它们读出然后排序,再将排序后的结果输出到另一文件 score.txt 中,并显示在屏幕上。

【程序】

```
#include<stdio.h>
#include<stdlib.h>
void sort(int b[], int n);
void main()
{
    int i,a[10]={0};
    FILE * fp1, * fp2;
    if((fp1=fopen("file1.txt","r"))==NULL)
    {
        printf("can't open file----file1.txt!\n");
        exit(-1);
    }

    for(i=0;i<10;i++)
```

```
        fscanf(fp1,"%d ",&a[i]);                    /* 从 fp1 所指的文件中读数据 */
    fclose(fp1);

    sort(a,10);

    if((fp2=fopen("score.txt","w"))==NULL)
    {
        printf("can't open file----score.txt!\n");
        exit(-1);
    }
    for(i=0;i<10;i++)
        fprintf(fp2,"%4d",a[i]);
    rewind(fp2);                                     /* 重新定位文件指针到文件头 */
    if((fp2=fopen("score.txt","r"))==NULL)
    {
        printf("can't open file----score.txt!\n");
        exit(-1);
    }
    for(i=0;i<10;i++)                                /* 将文件中的数据读出到数组中 */
        fscanf(fp2,"%4d",&a[i]);
    for(i=0;i<10;i++)                                /* 将读出的数据输出 */
        printf("%4d",a[i]);
    fclose(fp2);
}
void sort(int b[], int n)
{
    int i, j, k, t;
    for(i=0;i<n-1;i++)
    {
        k=i;
        for(j=i+1;j<n;j++)
            if(b[j]<b[k])
                k=j;
        t=b[k];
        b[k]=b[i];
        b[i]=t;
    }
}
```

【运行】

若 file1. txt 文件中的数据为：65 73 55 32 76 78 86 98 84 69

程序执行后 score. txt 文件中的数据为：

___32 ___55 ___65 ___69 ___73 ___76 ___78 ___84 ___86 ___98

使用格式化读写函数时应该注意以下几点。

(1) 文本文件的输入格式说明符要与文件中的数据格式相匹配。

(2) 用 fscanf 函数和 fprintf 函数存取文件时,可以一次读写一批数据。这时,必须正确设置输入输出格式,以防止出现错误。

当 fscanf 函数读到空白符时,便自动结束读入操作,在使用时要特别注意。在 file1.txt 文件中数据和数据之间有一个空白符,所以在读取操作时 fscanf 函数中的格式符"%d"中相应也必须有一个空格,只有这样才能将文件中的数据读取到数组中。

用 fprintf 函数向文件写入数据时,为了能够再用 fscanf 函数将其读出,在每个输出项后面多输出一个空格即可。

在例 11-6 的程序中使用了 rewind 函数,该函数是将文件指针重新放置在文件的开头。当从读转为写或从写转为读时需要使用此函数来对文件指针重新定位。

11.6 数据块读写函数

二进制文件中的数据是按其在内存中的存储形式存放的。二进制文件在输入输出时不必进行转换,效率很高。但二进制文件只能由机器阅读,人工无法阅读,也不能打印。而且,由于不同的计算机系统对数据的二进制表示也各有差异,因此,二进制文件可移植性差。一般用二进制文件保存数据处理的中间结果,供本计算机以后使用。

在 C 语言中读写二进制文件的关键是如何将以二进制方式存放的文件信息读出同时输入到程序的数据结构中,以及如何将程序数据结构中的数据以二进制的方式输出到指定文件中。对于读操作来说,如果要读的文件是以二进制方式存放的,应按二进制文件的方式读取。对于写来说,如果所写的文件只用于数据交换,则应用二进制方式写。

在 C 语言中用于对二进制文件读写的函数有如下两种。

(1) 数据块读写函数:fread 和 fwrite。

(2) 数据读写函数:getw 和 putw。

在这里只介绍数据块读写函数 fread 和 fwrite。注意,在使用以上函数前,要求在程序的开始处包含头文件<stdio.h>。

11.6.1 读数据块函数

读数据块函数 fread 的调用形式为:

```
fread(buffer,size,count,fp);
```

其中 buffer 是用来存放读入数据在内存中的首地址,通常是数组名或数组指针;size 表示读出的单个数据块的字节数;count 表示要读入的数据块的个数;fp 表示数据存放的文件指针。

该函数的功能是从 fp 所指定的文件中,连续读 count 次,每次读 size 个字节存放在 buffer 所指向的一片连续的内存单元中。在读出的过程中,系统自动把回车符和转义序列转换成换行符。函数的返回值为实际读入的数据项的个数;若读入的数据块少于规定的数据,则说明已提前到达文件末尾。

例如:

```
fread(num,4,5,fp);
```

表示从 fp 所指的文件中,每次读 4 个字节送入数组 num 中,连续读 5 次,即读 5 个数到数组 num 中。

11.6.2 写数据块函数

写数据块函数 fwrite 的调用形式为:

```
fwrite(buffer,size,count,fp);
```

其中,buffer 表示要从内存中写入文件的数据块的首地址,通常是数组名或数组指针;size 表示要写入文件的每个数据块的长度(字节数);count 表示要写的数据块的个数;fp 表示文件指针。

该函数的功能是将 buffer 中存放的数据写入由 fp 所指向的文件中,共写入 count 块数据,每块数据的大小为 size 个字节。如果函数执行成功,返回实际写入的数据块个数;若所写数据块少于实际需要的数据块,则出错。

例如:

```
fwrite(buffer,sizeof(float),5,fp);
```

表示将 buffer 中存放的数据写入 fp 所指的文件中,共写入 5 块数据,每块数据的大小为 float 类型占用的字节数。

11.6.3 使用数据块读写函数的注意事项

在使用数据块读写函数应该注意以下事项。

(1) 打开二进制文件时,fopen 函数中的文件使用方式只能用"wb","rb"或"ab"。

(2) 用 fread 和 fwrite 函数可以读写一个或多个数据块。数据块可以是一个数值数据,也可以是一个数组、结构或结构数组,也就是说,允许对连续占用内存的多个数据进行整体输入输出。例如,下列程序段:

```
float sum[100];
fwrite(sum,sizeof(sum),1,fp);
```

表示以整个数组作为一个数据块写入文件,用 sizeof(sum)得到数据块的长度,并一次写入一个数据块。而下列语句:

```
fwrite(sum,sizeof(float),100,fp);
```

表示以数组元素作为一个数据块,用 sizeof(float)得到数据块的长度,共写入 100 个数据块。

(3) 在循环读写大量数据块时,不能用 EOF 来判别是否已经到达文件末尾,应该使用 feof 函数来判别是否文件结束。

【例 11-7】　从键盘输入 30 个学生的基本信息,写入一个二进制文件中,再从该文件读取学生的基本信息,并显示在屏幕上。

【分析】　假设学生基本信息只包含学号、姓名、年龄和家庭地址几个数据项,为此需要定义一个结构类型。输入学生信息的时候,将所有数据项存放在一个结构类型的变量中,并以二进制的形式写入文件。在读取文件的时候,每次读取一个结构变量。

【程序】

```c
#include<stdio.h>
#include<stdlib.h>
#define NUM 30                                      /*定义符号常量*/
struct student
{
    int num;
    char name[10];
    int age;
    char addr[15];
};
void main()
{
    struct student stu,*pp;
    FILE *fp;
    int i;
    pp=&stu;
    if((fp=fopen("stu_list.dat","wb"))==NULL)        /*以二进制写方式打开文件*/
    {
        printf("Cannot open file: stu_list.dat!");
        exit(0);
    }
    printf("\ninput data\n");
    for(i=0;i<NUM;i++)
    {
        scanf("%d%s%d%s",&pp->num,pp->name,&pp->age,pp->addr);
        fwrite(pp,sizeof(struct student),1,fp);      /*将学生结构写入文件*/
    }
    fclose(fp);
    if((fp=fopen("stu_list.dat","rb"))==NULL)        /*以二进制读方式打开文件*/
    {
        printf("Cannot open file: stu_list.dat!");
        exit(0);
    }
    printf("\n\nnumber\tname\tage\taddress\n");
    while(!feof(fp)&&ferror(fp))
    {
        fread(pp,sizeof(struct student),1,fp);       /*读出学生结构*/
        if(!feof(fp))
```

```
        printf("%5d\t%s\t%3d\t%s\n",pp->num,pp->name,pp->age,pp->addr);
    }
    fclose(fp);                              /* 关闭文件 */
}
```

【说明】 本程序定义了一个结构 student,说明了一个结构类型的变量 stu 和一个结构类型的指针变量 pp。pp 指向 stu。程序中以读方式打开二进制文件 stu_list.dat,输入一个学生信息之后,写入该文件中,共输入 NUM 个学生的信息。然后关闭该文件,重新以二进制读方式打开该文件,每次从文件中读出一个学生的信息后,在屏幕上显示,循环读入直到文件结束。最后关闭文件。

在采用 fread 函数和 fwrite 函数操作结构变量时,一个很常见的错误就是写入和读取时采用了不同的方式。例如,写入时按照结构大小工作,而读取时按照结构元素逐个读取,这样就会产生意想不到的结果。所以写入和读出一定要采用相同的方式。

11.7　文件的随机读写

前面介绍的对文件的读写方式都是顺序读写,即读写文件只能从头开始,按照数据的先后顺序读写各个数据。因此,顺序文件的存取只需关心文件指针是在文件头还是在文件尾,一般不关心文件指针的精确位置,读写总是在指针的当前位置上进行。当文件刚打开时,文件指针位于文件头,进行读写时文件指针会自动移动。在某些情况下,例如,写数据后希望从头读出文件中的数据,这时就需要用 rewind 函数将文件指针重新指向文件头或者先将文件关闭然后再打开。

但是在实际问题中常要求只读写文件中某一指定的部分,即随机存取文件。文件的随机存取是将数据写入文件的指定位置或从文件的指定位置读取数据。这时就需要精确知道文件指针的当前位置。

实现随机读写的关键是要按要求移动位置指针,该操作称为文件的定位。实现文件定位的函数主要有 3 个,即 rewind、fseek 和 ftell。

11.7.1　文件头定位函数

文件头定位函数 rewind 的调用形式为:

```
rewind(文件指针);
```

其中,文件指针是已经打开的文件指针。该函数的功能是把文件的读写位置重新定位在文件的开头,并清除文件结束标志和错误标志。该函数没有返回值。

下面举例说明该函数的用法。

【例 11-8】 把一个文件的内容显示在屏幕上,并同时复制到另一个文件。

【程序】

```
#include<stdio.h>
void main()
```

```
{
    FILE *fp1,*fp2;
    fp1=fopen("file1.c","r");          /*以读方式打开源文件*/
    fp2=fopen("file2.c","w");          /*以写方式打开目标文件*/
    while(!feof(fp1))                   /*读取源文件中的字符并显示到屏幕上*/
        putchar(fgetc(fp1));
    rewind(fp1);                        /*将 fp 重新定位在文件的开头*/
    while(!feof(fp1))                   /*再次读取源文件中的字符并写入目标文件*/
        fputc(fgetc(fp1),fp2);
    fclose(fp1);
    fclose(fp2);
}
```

【说明】　在这个程序中,文件 file2.c 被读了两次,在两次读之间要重新将文件的位置指针重新指向文件的开头,在这里使用 rewind 函数来实现文件头的重定位。

11.7.2　文件随机定位函数

用 fseek 函数可随机移动文件指针到指定的位置。

fseek 函数的调用形式为:

fseek(fp,offset,origin);

其中,fp 是文件指针,offset 表示移动的字节数(即偏移量),origin 表示从何处开始计算偏移量。

该函数的功能是将文件指针移到以 origin 为起始点,且偏移量为 offset 个字节的地方。

ANSI C 和大多数 C 版本要求偏移量 offset 是 long 型数据,以便在文件长度大于 64KB 时不会出错。当用常量表示位移量时,要求加后缀"L"。当 offset 为负时,表示向文件头的方向移动。当 offset 为正时,表示向文件尾的方向移动。当 offset 为 0 时,表示不移动。

origin 表示从何处开始计算位移量,规定的起始点有 3 种:文件开头、文件当前位置和文件末尾,分别用数字 0,1,2 表示,其表示方法如表 11.3 所示。

表 11.3　指针初始位置表示法

符　号　名	数　字　表　示	含　　义
SEEK_SET	0	文件开头
SEEK_CUR	1	文件当前位置
SEEK_END	2	文件末尾

例如:

fseek(fp,100L,0);表示把文件指针从文件头向后移动 100 个字节。

fseek(fp,-100L,2);表示把文件指针从文件尾向前移动 100 个字节。

fseek(fp,0L,SEEK_SET)；表示把文件指针定位在文件开头。它的作用与 rewind(fp)；的作用相同。

在文本文件中由于要进行字符转换，计算位置时往往会出现错误。故 fseek 函数一般用于二进制文件。但是只要一个文件中的各个数据项具有相等的长度，该文件既可以顺序存取，也可以随机存取，而不管它是文本文件还是二进制文件。此外，完全由 ASCII 码字符组成的文本文件与二进制文件也没有区别。

下面举例说明 fseek 函数的使用方法。

【例 11-9】 将一个文本文件连接到另一文本文件的末尾。

【程序】

```c
#include<stdio.h>
#include<stdlib.h>
void main()
{
    FILE * fp1,* fp2;
    if((fp1=fopen("file1.txt","r"))==NULL)        /* 以读方式打开文本文件 */
    {
        printf("Cannot open file !");
        exit(-1);
    }
    if((fp2=fopen("file2.txt","r+"))++NULL)        /* 以读写方式打开文本文件 */
    {
        printf("Cannot open file !");
        exit(-1);
    }
    fseek(fp2,0L,SEEK_END);                        /* 将文件指针移动到文件的末尾 */
    while(!feof(fp1))
        fputc(fgetc(fp1),fp2);                     /* 读取文件 fp1 中的字符写入文件 fp2 中 */
    fclose(fp1);
    fclose(fp2);
}
```

【例 11-10】 将已经保存在磁盘文件 stud_dat.txt 中的学生信息读出并显示。其中学生的信息包括姓名、学号、年龄和性别。

【分析】 首先通过 fseek 函数随机移动文件指针到指定的位置，再用 fread 函数读取一个学生的信息到结构数组中，并显示结构数组中的内容。因为在磁盘文件 stud_dat.txt 中保存的学生信息是用结构的形式进行存放的，所以读取的时候仍然要以结构的形式来读取，否则会出现错误。

【程序】

```c
#include<stdio.h>
#include<stdlib.h>
struct student
```

```
{
    char name[20];
    int num;
    int age;
    char sex;
};
void main()
{
    struct student stud[10];
    int i;
    FILE * fp;
    if ((fp=fopen("stud_dat.dat", "rb"))==NULL)
    {
        printf("can not open file\n");
        exit(0);
    }
    for(i=0; i<10; i+=2)
    {
        fseek(fp, i * sizeof(struct student_type), SEEK_SET);
        fread(&stud[i], sizeof(struct student_type), 1, fp);
        printf("%s %d %d %c\n",stud[i].name, stud[i].num, stud[i].age, stud[i].sex);
    }
    fclose(fp);
}
```

11.7.3　文件当前位置函数

文件的当前位置可用 ftell 函数获得。ftell 函数的调用方式是：

```
n=ftell(fp);
```

该函数以一个文件指针为参数，返回一个 long 类型的值，它对应于文件的当前位置。在保存文件的当前位置（这样在程序的后面就可以使用）时，该函数非常有用。n 表示当前位置的相对于偏移量（以字节为单位）。这意味着已经读取（或写入）了 n 个字节。若出错时，返回值为 $-1L$。

例：

```
long i;
if((i=ftell(fp))==-1L)
    printf("The file error has occurred at %ld\n",i);
```

该程序段可以通知用户在文件的什么位置出现了错误。

如果一个二进制文件中存放的是若干个结构类型的数据（该结构类型名为 student），则可以使用 fseek 函数和 ftell 函数来确定文件的长度（字节数）及文件中所包含的数据块的个数 k。例如：

```
fseek(fp,0L,SEEK_END);          /*将文件指针移动到文件的末尾*/
n=ftell(fp);                    /*将文件指针相对于文件头的字节数赋值给 n*/
k=n/sizeof(struct student);     /*k 为文件中所包含的数据块的个数*/
```

11.8 其他函数

C 语言还提供一些函数来检查输入输出函数调用中的错误及清除键盘缓冲区。

1. 文件结束检测函数 feof

feof 函数的调用形式为：

```
feof(文件指针);
```

其功能是判断文件是否处于文件结束位置,如文件结束,则返回值为 1,否则为 0。

2. 读写文件出错检测函数 ferror

ferror 函数的调用形式为：

```
ferror(文件指针);
```

其功能是检查文件在用各种输入输出函数进行读写时是否出错。如 ferror 返回值为 0 表示未出错,否则表示有错。

3. 文件出错标志和文件结束标志置 0 函数 clearerr

clearerr 函数的调用形式为：

```
clearerr(文件指针);
```

其功能是清除出错标志和文件结束标志,使它们为 0 值。

4. 清除键盘缓冲区 fflush 函数

fflush 函数的调用形式为：

```
fflush(fp);
```

该函数的功能是如果打开的文件用于输出,则该函数使缓冲区的内容被写到相应的文件中去(清仓);如果被打开的文件用于输入,则该函数将清除键盘缓冲区的内容。正常时,函数返回 0,出错时返回 EOF。

习题 11

11.1 C 文件操作有什么特点？什么是缓冲文件系统？什么是非缓冲文件系统？两者的区别是什么？

11.2 什么是文件类型指针？通过文件类型指针访问文件有什么好处？

11.3 解释文件的打开与关闭的含义。为什么要打开和关闭文件？

11.4 如果一个文件被顺序地组织,这意味着文件访问必须是顺序的吗？为什么？

11.5 对应于 stdin 的设备是什么？对应于 stdout 的设备是什么？

11.6 什么函数可用于把文件指针定位到文件中的任何位置？

11.7 假设在你的计算机上存放了以下内部文件：data. txt,price. txt 和 exper. dat。
   (1) 编写两条语句来打开这些外部文件(作为输入文本文件)。
   (2) 使用一条语句来打开这些外部文件(作为输入文本文件)。
   (3) 编写两条语句来打开这些外部文件(作为输出文本文件)。
   (4) 使用一条语句来打开这些外部文件(作为输出文本文件)。

11.8 使用 getchar 和 fputc 函数,编写一个程序,从键盘接收一行文本,将其中的小写字母
   转换为大写字母(其他的字符不变)后写入一个名为 text. txt 的文件,直到按回车键
   为止。

11.9 请编写一个函数,比较两个文件,如果相等,则返回 0,否则返回 1。在主函数中调用
   此函数,并显示结果。

11.10 已知文件 stuinfo. dat 中存放了若干学生的学号、姓名及数学、英语、计算机 3 门课
   的成绩,具体格式为：
   第 1 行存放一个不定长的整数,代表学生的个数 n。
   第 2 行开始,每行存放一个学生的数据。
   如下所示：

3				
2001	李　伟	66	77	88
2002	文仕其	76	85	78
2003	黄国文	88	68	83

   其中,各行中的每个数据间用空格分开,姓名是不定长的字符串,其余数据是不定长
   的整数。请编写程序读入这些数据,并按总分从高到低的顺序排序后输出到文件
   stusort. dat 中。

11.11 使用 fseek 和 ftell 函数用反序读取一个文件,从最后一个字符到第一个字符。每个
   字符在读取的同时也被显示在显示器上。

11.12 把数字 92.22,88.25,67.58,79.54 作为双精度数值写入一个名为 results 的二进制
   文件中。在写入数据到这个文件后,再从这个文件读取数据,计算所读取的 4 个数
   的平均值并显示这个平均值。

11.13 用文本编辑器建立一个文本文件 stuinfo. txt,存放 n 个学生的基本信息,包括班号、学
   号、所在院系、性别、年龄。用文本编辑器再建立另一个文本文件 grdinfo. txt,存放这 n
   个学生的学号和各门功课的成绩(文件格式自行设计)。编写程序实现以下功能。
   (1) 输入 1 个新学生的基本信息后可以保存到文件 stuinfo. txt 中,输入 1 个新学生
      的学号和各门功课的成绩可以保存到文件 grdinfo. txt。

(2) 学生基本信息的检索：①输入 1 个学生的学号或姓名，检索得到该学生的全部信息（包括班号、学号、所在院系、性别、年龄和各门功课的成绩）；②输入单课成绩或统计成绩（总分或平均分）的相关条件，检索得到满足条件的学生的全部信息（包括班号、学号、所在院系、性别、年龄和各门功课的成绩），将检索结果按合理格式保存在文件中。

(3) 输入 1 个学生的学号，删除与这个学生相关的所有信息（包括基本信息和各门功课成绩）。

附　录

附录 A　ASCII 字符编码一览表

ASCII 码		字　符	ASCII 码		字　符	ASCII 码		字　符	ASCII 码		字　符
十进制	十六进制		十进制	十六进制		十进制	十六进制		十进制	十六进制	
000	00	NUL	032	20	SP	064	40	@	096	60	'
001	01	SOH(^A)	033	21	!	065	41	A	097	61	a
002	02	STX(^B)	034	22	"	066	42	B	098	62	b
003	03	ETX(^C)	035	23	#	067	43	C	099	63	c
004	04	EOT(^D)	036	24	$	068	44	D	100	64	d
005	05	END(^E)	037	25	%	069	45	E	101	65	e
006	06	ACK(^F)	038	26	&	070	46	F	102	66	f
007	07	BEL(^G)	039	27	'	071	47	G	103	67	g
008	08	BS(^H)	040	28	(	072	48	H	104	68	h
009	09	HT(^I)	041	29	)	073	49	I	105	69	i
010	0A	LF(^J)	042	2A	*	074	4A	J	106	6A	j
011	0B	VT(^K)	043	2B	+	075	4B	K	107	6B	k
012	0C	FF(^L)	044	2C	,	076	4C	L	108	6C	l
013	0D	CR(^M)	045	2D	—	077	4D	M	109	6D	m
014	0E	SO(^N)	046	2E	.	078	4E	N	110	6E	n
015	0F	SI(^O)	047	2F	/	079	4F	O	111	6F	o
016	10	DLE(^P)	048	30	0	080	50	P	112	70	p
017	11	DC1(^Q)	049	31	1	081	51	Q	113	71	q
018	12	DC2(^R)	050	32	2	082	52	R	114	72	r
019	13	DC3(^S)	051	33	3	083	53	S	115	73	s
020	14	DC4(^T)	052	34	4	084	54	T	116	74	t
021	15	NAK(^U)	053	35	5	085	55	U	117	75	u
022	16	SYN(^V)	054	36	6	086	56	V	118	76	v
023	17	ETB(^W)	055	37	7	087	57	W	119	77	w
024	18	CAN(^X)	056	38	8	088	58	X	120	78	x
025	19	EM(^Y)	057	39	9	089	59	Y	121	79	y
026	1A	SUB(^Z)	058	3A	:	090	5A	Z	122	7A	z
027	1B	ESC	059	3B	;	091	5B	[	123	7B	{
028	1C	FS	060	3C	<	092	5C	\	124	7C		
029	1D	GS	061	3D	=	093	5D	]	125	7D	}
030	1E	RS	062	3E	>	094	5E	^	126	7E	~
031	1F	US	063	3F	?	095	5F	_	127	7F	del

附录 B   C 语言运算符

优先级	运算符	含义	运算类型	结合性
1	( )	圆括号、函数参数表	单目运算符	自左向右
	[ ]	数组元素下标	双目运算符	自左向右
	−>	指向结构体成员		
	.	引用结构体成员		
2	!	逻辑非	单目运算符	自右向左
	~	按位取反		
	++、−−	增1、减1		
	−	求负		
	*	指针间接引用运算符		
	&	取地址运算符		
	(类型表示符)	强制类型转换运算符		
	sizeof	取占内存大小运算符		
3	*、/、%	乘、除、整数求余	双目算术运算符	自左向右
4	+、−	加、减	双目算术运算符	自左向右
5	<<、>>	左移、右移	双目位运算符	自左向右
6	<、<=	小于、小于等于	双目关系运算符	自左向右
	>、>=	大于、大于等于		
7	== 、!=	等于、不等于	双目关系运算符	自左向右
8	&	按位与	双目位运算符	自左向右
9	∧	按位异或	双目位运算符	自左向右
10	|	按位或	双目位运算符	自左向右
11	&&	逻辑与	双目逻辑运算符	自左向右
12	||	逻辑或	双目逻辑运算符	自左向右
13	?:	条件运算符	三目运算符	自右向左
14	=	赋值运算符	双目运算符	自右向左
	+=、−=、*=、/=、%=、&=、∧=、|=、<<=、>>=	复合赋值运算符	双目运算符	自右向左
15	,	逗号运算符	顺序求值运算	自左向右

说明:

(1) 运算符的结合性只对相同优先级的运算符有效,也就是说,只有表达式中相同优先级的运算符连用时,才按照运算符的结合性所规定的运算顺序运算。而不同优先级的运算符连用时,先操作优先级高的运算符。

(2) 对于上表所罗列的优先级关系可按照如下方法记忆:首先记两边,初等运算符( )、[ ]、−>、.的优先级最高,逗号运算符最低,赋值运算符和复合赋值运算符次低。其次,单目运算符的优先级高于双目运算符,双目运算符的优先级高于三目运算符。最后,算术运算符优先级高于其他双目运算符,移位运算符高于关系运算符,关系运算符高于除移位之外的位运算符,位运算符高于逻辑运算符。

附录 C C 语言中的关键字

关 键 字	用　　途
auto	指定变量的存储类型是自动型变量,是默认值
break	跳出循环或 switch 语句
case	定义 switch 语句中的 case 子句
char	定义字符型变量或指针
const	定义常态变量或参数
continue	在循环语句中,结束本次循环,回到循环体的开始处重新执行循环体
default	定义 switch 语句中的 default 子句
do	定义 do…while 语句
double	定义双精度浮点型变量
else	定义 if…else 语句中的 else 子句
enum	定义枚举类型
extern	声明外部变量或函数
float	定义浮点型变量或指针
for	定义 for 循环语句
goto	定义 goto 语句,实现程序转移
if	定义 if 语句或 if…else 语句实现分支
int	定义整型变量或指针
long	定义长整型变量或指针
register	定义变量的存储类型是寄存器变量,已过时
return	从函数返回
short	定义短整型变量或指针
signed	定义有符号的整型或字符型变量或指针
sizeof	获取某变量或数据类型所占内存的大小(单位:字节),是运算符
static	定义变量的存储类型是静态变量,或指定函数是静态函数
struct	定义结构体类型
switch	定义 switch 语句,实现多路分支
typedef	为数据类型定义别名
union	定义联合类型
unsigned	定义无符号的整型或字符型变量或指针
void	定义空类型变量或空类型指针或定义函数无返回值
while	定义 while 循环语句

附录 D 常用标准库函数

不同的 C 语言编译系统所提供的标准库函数的数目和函数名及函数功能并不完全相同。限于篇幅,本附录只列出 BC 3.0 和 VC 6.0 提供的一些常用库函数。读者在编程时若用到其他库函数,请查阅所用系统的库函数手册。

1. 数学函数 头文件 math. h

函数名	函数原型	函数功能	返 回 值	说 明
abs	int abs(int i)	求整数 i 的绝对值	计算结果	
acos	double acos(double x)	计算 $\cos^{-1}(x)$ 的值	计算结果	x 应在 $-1\sim1$ 的范围内
asin	double asin(double x)	计算 $\sin^{-1}(x)$ 的值	计算结果	x 应在 $-1\sim1$ 的范围内
atan	double atan(double x)	计算 $\tan^{-1}(x)$ 的值	计算结果	
ceil	double ceil(double x)	求出不小于 x 的最小整数	该整数的双精度实数	
cos	double cos(double x)	计算 $\cos(x)$ 的值	计算结果	x 的单位为弧度
exp	double exp(double x)	求 e^x 的值	计算结果	
fabs	double fabs(double x)	求实数 x 的绝对值	计算结果	
floor	double floor(double x)	求出不大于 x 的最大整数	该整数的双精度实数	
fmod	double fmod (double x,double y)	求整除 x/y 的余数	返回余数的双精度数	
labs	Long labs(long n)	求长整数 n 的绝对值	计算结果	
log	Double log(double x)	求 $\log_e x$,即 lnx	计算结果	
log 10	Double log10(double x)	求 $\log_{10} x$	计算结果	
pow	Double pow(double x, double y)	求 x^y	计算结果	
sin	Double sin(double x)	计算 $\sin(x)$ 的值	计算结果	x 的单位为弧度
sqrt	double sqrt(double x)	计算 $\sqrt{x}$	计算结果	$x\geqslant0$
tan	double tan(double x)	计算 $\tan(x)$ 的值	计算结果	x 的单位为弧度

(注:在源程序中使用数学函数时,应在该源程序中包含其头文件 math. h)

2. 字符处理函数　　　　　　　　　　　　　　　　　　　　　头文件 ctype.h

函 数 名	函 数 原 型	函 数 功 能	返 回 值
isalnum	int isalnum(int ch)	检查 ch 是否为字母（alpha）或数字（numeric）	是字母或数字,返回 1;否则返回 0
isalpha	int isalpha(int ch)	检查 ch 是否为字母	是,返回 1;否则返回 0
isascii	int isascii(int ch)	检查 ch 是否为 ASCII 码字符（ASCII 码在 0～127 之间）	是,返回 1;否则返回 0
iscntrl	int iscntrl (int ch)	检查 ch 是否为控制码字符（ASCII 码在 0～31 之间）	是,返回 1;否则返回 0
isdigit	int isdigit (int ch)	检查 ch 是否为数字字符（'0'～'9'）	是,返回 1;否则返回 0
isgraph	int isgraph (int ch)	检查 ch 是否可显示字符（ASCII 码在 33～126 之间,不包括空格）	是,返回 1;否则返回 0
islower	int islower (int ch)	检查 ch 是否为小写字母（'a'～'z'）	是,返回 1;否则返回 0
isprint	int isprint (int ch)	检查 ch 是否可打印字符（ASCII 码在 32～126 之间,包括空格）	是,返回 1;否则返回 0
ispunct	int ispunct (int ch)	检查 ch 是否为标点字符（不包括空格）,即除字母、数字和空格以外的所有可打印字符	是,返回 1;否则返回 0
isspace	int isspace(int ch)	检查 ch 是否为空格、跳格符（制表符）或换行符	是,返回 1;否则返回 0
isupper	int isupper (int ch)	检查 ch 是否为大写字母（'A'～'Z'）	是,返回 1;否则返回 0
isxdigit	int isxdigit(int ch)	检查 ch 是否为一个十六进制数字字符（即 '0'～'9', 或'A'～'F', 或'a'～'f'）	是,返回 1 否,返回 0
tolower	int tolower (int ch)	将 ch 转换为小写字母	返回 ch 所代表的字符的小写字母
toupper	int toupper (int ch)	将 ch 转换为大写字母	返回 ch 所代表的字符的大写字母

（注:在源程序中使用字符处理函数时,应在该源程序中包含其头文件 ctype. h）

3. 字符串处理函数　　　　　　　　　　　　　　　　　　　头文件 string. h

函数名	函 数 原 型	函 数 功 能	返 回 值
strcpy	char * strcpy(char * str1,const char * str2)	将字符串 str2 复制到字符串 str1 中	返回 str1 指针
strncpy	char * strncpy(char * str1,const char * str2,unsigned int count)	将字符串 str2 中前 count 个字符复制到字符串 str1 中	返回 str1 指针
strlen	unsigned int strlen (const char * str)	统计字符串 str 中字符的个数（不包含'/0'）	返回字符个数
strcat	char * strcat(char * str1,const char * str2)	将字符串 str2 连接到 str1 之后	返回 str1 指针
strncat	char * strncat(char * str1,const char * str2,unsigned int count)	将字符串 str2 中前 count 个字符连接到字符串 str1 之后,并以\0结束	返回 str1 指针
strcmp	int strcmp (const char * str1, const char * str2)	按字典顺序比较两个字符串 str1 和 str2(大小写敏感)	str1<str2,返回负数 str1=str2,返回 0 str1>str2,返回正数

续表

函数名	函数原型	函数功能	返回值
stricmp	int stricmp(const char * str1, const char * str2)	按字典顺序比较两个字符串 str1 和 str2(大小写不敏感)	str1＜str2,返回负数 str1＝str2,返回 0 str1＞str2,返回正数
strncmp	int strncmp(const char * str1, const char * str2, unsigned int count)	按字典顺序比较两个字符串 str1 和 str2 前 count 个字符的字串(大小写敏感)	str1＜str2,返回负数 str1＝str2,返回 0 str1＞str2,返回正数
strnicmp	int strnicmp(const char * str1, const char * str2, unsigned int count)	按字典顺序比较两个字符串 str1 和 str2 前 count 个字符的字串(大小写不敏感)	str1＜str2,返回负数 str1＝str2,返回 0 str1＞str2,返回正数
strset	char * strset(char * str,char c)	将字符串 str 中的每个字符都设成 c	返回 str 指针
strnset	char * strnset(char * str,char c,unsigned int count)	将字符串 str 中的前 count 个字符都设成 c	返回 str 指针
strchr	char * strchr(const char * str, char c)	在字符串 str 中查找第一次出现字符 c 的位置	返回该位置的指针; 没找到则返回 NULL
strrchr	char * strrchr(const char * str, char c)	在字符串 str 中反向查找第一次出现字符 c 的位置	返回该位置的指针; 没找到则返回 NULL
strstr	char * strstr(const char * str1, const char * str2)	找出 str2 字符串在 str1 字符串中第一次出现的位置	返回该位置的指针; 没找到则返回 NULL
strupr	char * strupr(char * str)	将字符串 str 中的字母转换为大写字母	返回 str 指针
strlwr	char * strlwr(char * str)	将字符串 str 中的字母转换为小写字母	返回 str 指针

(注:在源程序中使用字符串处理函数时,应在该源程序中包含其头文件 string. h)

4. 动态内存分配函数　　　　　　　头文件 stdlib. h 或 malloc. h

函数名	函数原型	函数功能	返回值
calloc	void * calloc(unsigned n, unsigned size)	分配 n 个数据项的内存连续空间,每项大小为 size 字节	成功,返回分配的内存单元的起始地址;如果不成功,返回 NULL
free	void free(void * p)	释放 p 所指的内存区	无返回值
malloc	void * malloc(unsigned size)	分配 size 字节的存储区	成功,返回分配的内存单元的起始地址;如果不成功,返回 NULL
realloc	void * realloc(void * p, unsigned size)	将 p 所指向的已分配内存区的大小改为 size	返回指向该内存区的指针

(注:在源程序中使用动态内存分配函数时,应在该源程序中包含其头文件 stdlib. h 或 malloc. h)

5. 内存操作函数

头文件 string. h

函数名	函 数 原 型	函 数 功 能	返 回 值
memcpy	void * memcpy (void * to, const void * from, unsigned int count)	从 from 指向的内存区向 to 指向的内存区复制 count 个字节；如果两内存区重叠，不定义该内存区的行为	返回指向 to 的指针
memset	void * memset (void * buf, int ch, unsigned int count)	把 ch 的低字节复制到 buf 指向的内存区的前 count 个字节处，常用于把某个内存区域初始化为已知值	返回 buf 指针
memmove	void * memmove(void * to, const void * from, unsigned int count)	从 from 指向的内存区向 to 指向的内存区复制 count 个字节；如果两内存区域重叠，则复制仍进行，但把内容放入 to 后修改 from	返回指向 to 的指针
memcmp	int memcmp(const void * buf1, const void * buf2, unsigned int count)	比较 buf1 和 buf2 指向的内存区前 count 个字节信息	buf1＜buf2,返回负数 buf1＝buf2,返回 0 buf1＞buf2,返回正数

　　(注：在源程序中使用内存操作函数时,应该在该源程序中包含其头文件 string. h。在 BC 3.1 下也可使用 mem. h,在 VC 6.0 下可使用 memory. h)

6. 缓冲文件系统的输入/输出函数

头文件 stdio. h

函数名	函 数 原 型	函 数 功 能	返 回 值
fclose	int fclose(FILE * fp)	关闭 fp 所指的文件,释放文件缓冲区	成功返回 0,否则返回 1
feof	int feof (FILE * fp)	检查文件是否结束	遇到文件结束符返回 1 值,否则返回 0
ferror	int ferror (FILE * fp)	检查文件 fp 所指向的文件中的错误	无错时返回 0,有错时返回 1
fflush	int fflush (FILE * fp)	如果 fp 所指向的文件是"写打开"的,则将输出缓冲区的内容物理地写入文件；若文件是"读打开"的,则清除输入缓冲区的内容。在这两种情况下,文件维持打开不变	成功返回 0；出现写错误时,返回 EOF
fgetc	int fgetc (FILE * fp)	从 fp 所指定的文件中取得下一个字符	返回所得到的字符；若读入出错,返回 EOF
fgetchar	int fgetchar(void)	从标准输入设备中取得下一个字符	返回所得到的字符；若读入出错,返回 EOF
fgets	char * fgets(char * buf, int n, FILE * fp)	从 fp 指定的文件中读取一个长度为(n-1)的字符串,存入起始地址为 buf 的空间	返回地址 buf；若遇文件结束或出错,返回 NULL
fopen	FILE * fopen(const char * filename, const char * mode)	以 mode 指定的方式打开名为 filename 的文件	成功,返回一个文件指针,失败则返回 NULL 指针
fprintf	int fprintf (FILE * fp, const char * format,args,…)	把 args 的值以 format 指定的格式输出到 fp 所指定的文件中	实际输出的字符数
fputc	int fputc (int ch, FILE * fp)	将字符 ch 输出到 fp 指向的文件中	成功,则返回该字符；否则返回 EOF

函 数 名	函 数 原 型	函 数 功 能	返 回 值
fputchar	int fputchar(char ch)	将字符 ch 输出到标准输出设备上	成功,则返回该字符;否则返回 EOF
fputs	int fputs(const char * str, FILE * fp)	将 str 指向的字符串输出到 fp 所指定的文件	成功返回 0;若出错返回 1
fread	int fread(char * pt,unsigned int size,unsigned int n,FILE * fp)	从 fp 所指定的文件中读取大小为 size 的 n 个数据项,存到 pt 所指向的内存区	返回所读的数据项个数,若遇到文件结束或出错,返回 0
fscanf	int fscanf(FILE * fp,char * format,args,…)	从 fp 指定的文件中按 format 给定的格式将输入数据送到 args 所指向的内存单元(args 是指针)	已输入的数据个数
fseek	int fseek(FILE * fp,long int offset,int base)	将 fp 所指向的文件的位置指针移到以 base 所指出的位置为基准、以 offset 为位移量的位置	成功,返回当前位置;否则返回—1
ftell	long ftell (FILE * fp)	返回 fp 所指向的文件中的读写位置	返回 fp 所指向的文件中的读写位置
fwrite	unsigned int fwrite (const char * ptr,unsigned int size, unsigned int n,FILE * fp)	把 ptr 所指向的 n * size 个字节写到 fp 所指向的文件中	写到 fp 文件中的数据项的个数
getc	int getc(FILE * fp)	从 fp 所指向的文件读入一个字符	返回所读的字符;若文件结束或出错,则返回 EOF
getchar	int getchar()	从标准输入设备读取并返回下一个字符(以回车符结束)	返回所读字符;若文件结束或出错则返回—1
gets	char * gets(char * str)	从标准输入设备读入字符串,放到 str 所指向的字符数组中,一直读到接收新行符或 EOF 时为止,新行符不作为读入串的内容,变成'\0'后作为该字符串的结束	成功返回 str 指针;否则返回 NULL 指针
printf	int printf (const char * format,args,…)	将输出表列 args 的值按 format 规定的格式输出到标准输出设备	输出字符的个数;若出错返回负值
putc	int putc (int ch, FILE * fp)	把一个字符 ch 输出到 fp 所指的文件中	输出的字符 ch;若出错返回 EOF
putchar	int putchar(char ch)	把字符 ch 输出到标准输出设备	输出的字符 ch;若出错返回 EOF
puts	int puts(const char * str)	把 str 指向的字符串输出到标准输出设备,将'\0'转换为回车换行	返回换行符;若失败返回 EOF
rename	int rename (const char * oldname, const char * newname)	把 oldname 所指的文件名改为由 newname 所指的文件名	成功返回 0;出错返回 1
rewind	void rewind(FILE * fp)	将 fp 指示的文件中的位置指针置于文件开头位置,并清除文件结束标志	无返回值
scanf	int scanf (const char * format,args,…)	从标准输入设备按 format 指向的字符串规定的格式,输入数据给 args 所指向的单元	读入并赋给 args 的数据个数。遇到文件结束返回 EOF;出错返回 0

(注:在源程序中使用缓冲文件系统的输入/输出函数时,应在该源程序中包含其头文件 stdio. h)

7. 数据类型转换函数

头文件 stdlib.h

函数名	函 数 原 型	函 数 功 能	返 回 值
atof	double atof(const char * str)	把字符串 str 转换成双精度浮点值。串中必须含合法的浮点数,否则返回值无定义	返回转换后的双精度浮点值
atoi	int atoi(const char * str)	把字符串 str 转换成整型值。串中必须含合法的整形数,否则返回值无定义	返回转换后的整型值
atol	long atol(const char * str)	把字符串 str 转换成长整型值。串中必须含合法的整形数,否则返回值无定义	返回转换后的长整型值
itoa	char * itoa(int value,char * str,int radix)	将整数 value 转换成用 radix 进制表示的字符串 str。进制 radix 必须在 2~36 之间	指向 str 的指针
ltoa	char * ltoa (long value,char * str,int radix)	将长整数 value 转换成用 radix 进制表示的字符串 str。进制 radix 必须在 2~36 之间	指向 str 的指针
ultoa	char * ultoa (unsigned long value,char * str,int radix)	将无符号长整数 value 转换成用 radix 进制表示的字符串 str。进制 radix 必须在 2~36 之间	指向 str 的指针

(注:在源程序中使用数据类型转换函数时,应在该源程序中包含其头文件 stdlib.h)

8. 其他常用函数

函数名	函 数 原 型	函 数 功 能	返 回 值
sprintf	#include<stdio.h> int sprintf(char * str,const char * format,args,…)	将输出表列 args 的值按 format 规定的格式输出到字符串 str 中	输出字符的个数;若出错返回负值
sscanf	#include<stdio.h> int sscanf(char * str,char * format,args,…)	从字符串 str 中按 format 给定的格式将输入数据送到 args 所指向的内存单元(args 是指针)	已输出的数据个数
getch	#include<conio.h> int getch(void)	从控制台取得一个字符,无回显	返回所读字符
getche	#include<conio.h> int getche(void)	从控制台取得一个字符	返回所读字符
exit	#include<stdlib.h> void exit(int code)	执行该函数时,程序立即正常终止,清空和关闭任何打开的文件。程序正常退出状态由 code 等于 0 或 EXIT-SUCCESS 表示,非 0 值或 EXIT-FAILURE 表示错误	无返回值
rand	#include<stdlib.h> int rand(void)	产生 0 到 RAND-MAX 之间的随机数,RAND-MAX 至少是 32767	返回随机数
srand	#include<stdlib.h> void srand(unsigned int seed)	为 rand 函数生成的伪随机数序列设置起点种子值	无返回值
random	#include<stdlib.h> int random(int num)	产生 0 到 num−1 之间的随机数	返回随机数
randomize	#include<stdlib.h> void randomize(void)	为 random 函数生成的伪随机数序列设置起点种子值	无返回值

参 考 文 献

［1］ 谭浩强著. C 程序设计(第三版). 北京:清华大学出版社,2005.7

［2］ 王敬华等编著. C 语言程序设计教程. 北京:清华大学出版社,2005.10

［3］ 杨起帆等编著. C 语言程序设计教程. 杭州:浙江大学出版社,2006.4

［4］ 曹计昌等编著. C 语言程序设计. 北京:科学出版社,2008.2

［5］ 王晓冬. 算法设计与分析. 北京:清华大学出版社,2003

［6］ ISO 的 C 语言标准:ISO/ IEC 9899：1999 (E)

［7］ S. P. Harbison,G. L. Steele. C 语言参考手册. 北京:机械工业出版社,2003

读者意见反馈

亲爱的读者：

感谢您一直以来对清华版计算机教材的支持和爱护。为了今后为您提供更优秀的教材，请您抽出宝贵的时间来填写下面的意见反馈表，以便我们更好地对本教材做进一步改进。同时如果您在使用本教材的过程中遇到了什么问题，或者有什么好的建议，也请您来信告诉我们。

地址：北京市海淀区双清路学研大厦 A 座 602 室 计算机与信息分社营销室 收

邮编：100084　　　　　　　　　　电子邮件：jsjjc@tup.tsinghua.edu.cn

电话：010-62770175-4608/4409　　　邮购电话：010-62786544

教材名称：C 语言程序设计基础

ISBN：978-7-302-21642-1

个人资料

姓名：＿＿＿＿＿＿＿　　年龄：＿＿＿＿＿＿　所在院校/专业：＿＿＿＿＿＿＿＿＿

文化程度：＿＿＿＿＿＿　　通信地址：＿＿＿＿＿＿＿＿＿＿＿＿＿＿＿

联系电话：＿＿＿＿＿＿　　电子信箱：＿＿＿＿＿＿＿＿＿＿＿＿＿＿＿

您使用本书是作为：□指定教材 □选用教材 □辅导教材 □自学教材

您对本书封面设计的满意度：

□很满意 □满意 □一般 □不满意　改进建议＿＿＿＿＿＿＿＿＿＿＿＿＿＿＿

您对本书印刷质量的满意度：

□很满意 □满意 □一般 □不满意　改进建议＿＿＿＿＿＿＿＿＿＿＿＿＿＿＿

您对本书的总体满意度：

从语言质量角度看 □很满意 □满意 □一般 □不满意

从科技含量角度看 □很满意 □满意 □一般 □不满意

本书最令您满意的是：

□指导明确 □内容充实 □讲解详尽 □实例丰富

您认为本书在哪些地方应进行修改？（可附页）

＿＿＿＿＿＿＿＿＿＿＿＿＿＿＿＿＿＿＿＿＿＿＿＿＿＿＿＿＿＿＿＿＿＿＿＿＿

＿＿＿＿＿＿＿＿＿＿＿＿＿＿＿＿＿＿＿＿＿＿＿＿＿＿＿＿＿＿＿＿＿＿＿＿＿

您希望本书在哪些方面进行改进？（可附页）

＿＿＿＿＿＿＿＿＿＿＿＿＿＿＿＿＿＿＿＿＿＿＿＿＿＿＿＿＿＿＿＿＿＿＿＿＿

＿＿＿＿＿＿＿＿＿＿＿＿＿＿＿＿＿＿＿＿＿＿＿＿＿＿＿＿＿＿＿＿＿＿＿＿＿

电子教案支持

敬爱的教师：

为了配合本课程的教学需要，本教材配有配套的电子教案（素材），有需求的教师可以与我们联系，我们将向使用本教材进行教学的教师免费赠送电子教案（素材），希望有助于教学活动的开展。相关信息请拨打电话 010-62776969 或发送电子邮件至 jsjjc@tup.tsinghua.edu.cn 咨询，也可以到清华大学出版社主页（http://www.tup.com.cn 或 http://www.tup.tsinghua.edu.cn）上查询。